普通高等教育“十二五”规划教材
国家级精品课程

机械设计基础

刘舟　韩亚利　主编

国防工業出版社
·北京·

内 容 简 介

本书是按照应用型本科院校和高职高专院校机械设计基础课程教学要求，采用最新的国家标准，结合近年来教学改革的经验与成果编写而成。书中简化理论推导，注重实际应用，突出应用型本科教育、高职高专教育特点。

本书共11章，主要内容包括绪论、平面机构结构分析、平面机构运动力学分析、平面连杆机构、挠性传动、齿轮传动、轮系、其他常用机构、轴、轴承和连接等。各章配有一定数量的习题供学习时使用。

本书可作为应用型本科院校和高职高专院校机械类专业和近机类专业机械设计基础课程教材，也可供有关工程技术人员参考。

图书在版编目(CIP)数据

机械设计基础/刘舟，韩亚利主编 .--北京：国防工业出版社，2015.2 重印

普通高等教育“十二五”规划教材

ISBN 978-7-118-06682-1

Ⅰ.①机… Ⅱ.①刘… ②韩… Ⅲ.①机械设计一高等学校：技术学校一教材 Ⅳ.①TH122

中国版本图书馆 CIP 数据核字(2010)第 027592 号

※

国防工業出版社出版发行

(北京市海淀区紫竹院南路 23 号 邮政编码 100048)

天利华印刷装订有限公司印刷

新华书店经售

*

开本 787×1092 1/16 **印张** 15 **字数** 341 千字

2015 年 2 月第 1 版第 2 次印刷 **印数** 4001—6000 册 **定价** 26.00 元

(本书如有印装错误，我社负责调换)

国防书店：(010)88540777　　发行邮购：(010)88540776

发行传真：(010)88540755　　发行业务：(010)88540717

《机械设计基础》
编 委 会

主　编　刘　舟　韩亚利

副主编　李桂芹　陈　波

参　编　韩敏建　陶　静　耶建宁　陈运胜

前　言

为适应应用型本科教育和高等职业技术教育改革的不断深入和技术应用型人才培养要求，本书在传统机械原理和机械零件教材的基础上，对原有的经典内容进行了精选和重组，以机械设计能力为主线，按照机械类职业岗位技术要求安排教学内容。本书着重讲解基本概念、基本原理、基本方法，简化理论推导，强化实践应用，体现“必需、够用”原则，强调培养学生的创新能力和解决实际问题的能力，并使学生通过思考分析而获得多种能力的培养训练。

本书可作为应用型本科、高职高专机械类和近机类专业教学大纲规定为 80 学时～120 学时的机械设计基础课程的教学用书，也可作为其他同类学校相关专业的教材。

全书由刘舟、韩亚利任主编，李桂芹、陈波任副主编。具体编写分工为：刘舟编写第 1 章，李桂芹编写第 2 章，陈运胜编写第 3 章，韩敏建编写第 4 章 、第 8 章、第 10 章，韩亚利编写第 5 章，陶静编写第 6 章，陈波编写第 7 章、第 9 章，耶建宁编写第 11 章。全书由刘舟统稿。

本书在编写过程中得到了西安航空学院、长沙航空职业技术学院、武汉工业职业技术学院、陕西工业职业技术学院、陕西航空职业技术学院、广州华立科技职业学院的大力支持与帮助，在此表示衷心感谢！

限于编者水平，书中疏漏和不妥之处在所难免，恳请广大读者批评指正。

编　者

目　录

第1章　绪　论

1.1　机械概述

机器在人类生活和生产中占有非常重要的地位，它是人类利用和转变机械能，在生产时借以减轻体力劳动和提高生产率的主要工具。例如数控机床可以通过编程来控制操作系统进行一系列的动作，从而完成对工件的各种复杂的加工；机器人可以代替人类完成危险作业和高强度的劳动；计算机可以快速实现信息的处理与传递。使用机器进行生产的水平是衡量一个国家现代化程度的重要标志之一。

图 1-1 所示的单缸内燃机，由多个实体组成。当可燃气体在缸体 7 内燃烧推动活塞 1 时，与之相连的连杆 2 会带动曲轴 3 转动，通过齿轮 4 和 5、凸轮 6 等向外输出运动和动力。通过可燃气体在缸体内吸气、压缩、燃烧、排气这一工作循环将热能转化成机械能。

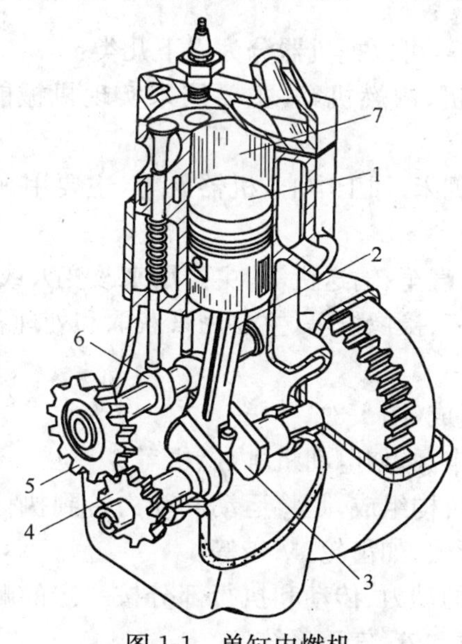

图 1-1　单缸内燃机

1—活塞；2—连杆；3—曲轴；4、5—齿轮；6—凸轮；7—缸体。

图 1-2 所示的颚式破碎机也由多个实体组成，电动机的转动通过带传动带动偏心轴转动，进而使动颚板作平面运动，与定颚板共同实现破碎物料的功能。

1. 机器特征

机器的种类繁多，结构和用途各异，但从结构和功能上看，各种机器都具有以下三个特征。

（1）都是人为实体的组合。

（2）各个组成实体单元之间具有确定的相对运动。

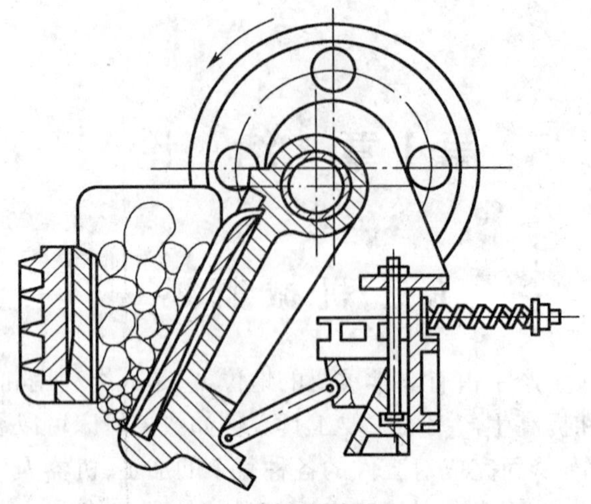

图 1-2　颚式破碎机

(3)能实现能量转换或完成有用的机械功。

仅具备前两个特征的称为机构,使多个实体组合可以实现预期的机械运动。

一般把机器和机构统称为机械。

2. 机器分类

按照构造、用途和性能等,可以把机器分为以下几类:

(1)动力机械。如电动机、内燃机等,主要用来实现机械能与其他形式能量之间的转换。

(2)加工机械。如数控机床、加工中心、机器人等,主要用来改变物料的结构形态、形式和状态。

(3)运输机械。如飞机、汽车、输送机等,主要用来改变人或物料的空间位置。

(4)信息机械。如计算机、摄像机等,主要用来获取和处理各类信息。

3. 机器组成

机器一般由四大部分组成(图 1-3)。

(1)原动部分。动力的来源,如电动机、内燃机等。

(2)传动部分。由各类机构组成,是将运动和动力传到执行部分的中间环节,可以改变运动速度的大小和运动形式,如齿轮、V 带等。

(3)控制部分。使机器的动力、传动和执行部分按一定的顺序和规律运动,包括各类控制机构、电气装置、计算机和液、气压系统等。

(4)执行部分。直接完成任务的部分,如刀具、机械手等。

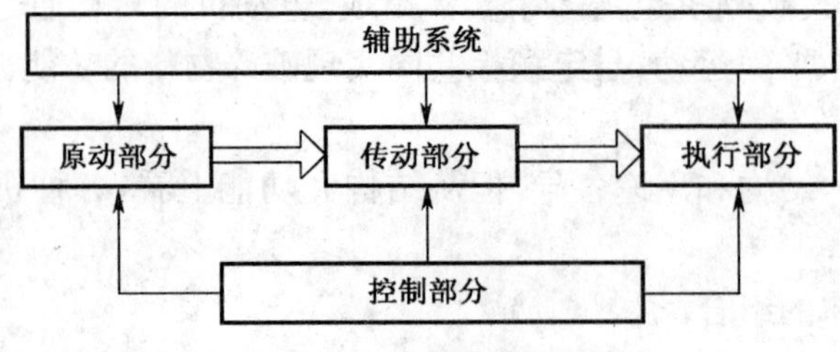

图 1-3　机器组成框图

机构由构件组成，构件是指机构中形成相对独立运动的实体单元，机械中不可拆卸的制造单元称为零件。构件可以是单一零件，也可以是多个零件的刚性组合体。零件分为两类：一类是通用零件，指一般机械中普遍使用的零件，如螺栓、螺母等；另一类是专用零件，指在特定类型机器中使用的零件，如活塞、曲轴等。

1.2 机械设计基本要求及主要设计准则

机械设计是指规划和设计实现预期功能的新机械或改进原有机械的性能，应满足的基本要求是在满足预期功能的前提下，性能好、效率高、成本低，在预定使用期限内安全可靠、操作方便、维修简单和造型美观等。

机械设计的主要内容是首先制定设计任务书，涵盖机器的功能、经济性的估计、制造要求方面的大致估计、基本使用要求，以及完成设计任务的预计期限等；确定机械的工作原理，选择合适的机构；拟定设计方案；进行运动分析和动力分析，计算作用在各构件上的载荷；进行零部件工作能力的计算；总体设计和结构设计，绘制总体装配图和零件图；编制技术文件；最后联系加工、采购标准件、安装、试车、验收、鉴定到产品定型结束整个设计过程。

机械的类型很多，功用各有不同，对每个零件的要求也不完全一样，但对设计的基本要求大致有工作可靠性和经济性两方面。

1.2.1 工作可靠性的要求

为了使机械在预定的工作期限内可靠地工作，防止个别零件破坏或失效而影响整个机器的正常运行，在设计机械零件时应满足下列要求。

1. 强度

具有适当的强度是设计零件时必须满足的最基本要求。强度是指零件在工作中断裂或发生较大的塑性变形。强度失效除了用于安全保护装置中预定适时破坏的零件（如安全销）外，对任何零件都应当避免。

2. 刚度

刚度是指在一定载荷下，零件抵抗弹性变形的能力。刚度不够将影响机器的正常工作。例如机床主轴的挠度必须在许可范围内，否则就会影响机床的正常工作。

3. 寿命

零件正常工作延续的时间叫做零件的寿命。有些零件在工作初期虽然能够满足各种要求，但在工作一定时间后，却可能由于某些原因而失效。

影响零件寿命的主要因素有材料的疲劳、材料的腐蚀及相对运动零件接触表面的磨损。实际上，大部分机械零件在交变应力作用下工作，因而疲劳破坏是引起零件失效的主要因素。

4. 可靠度

零件可靠度的定义和机器可靠度的定义是相同的，即在规定的使用时间（寿命）内和预定的环境条件下，零件能够正常地完成其功能的概率。

零件的失效率与时间的关系如图 1-4 所示。这个曲线常被形象化地称为浴盆曲线，

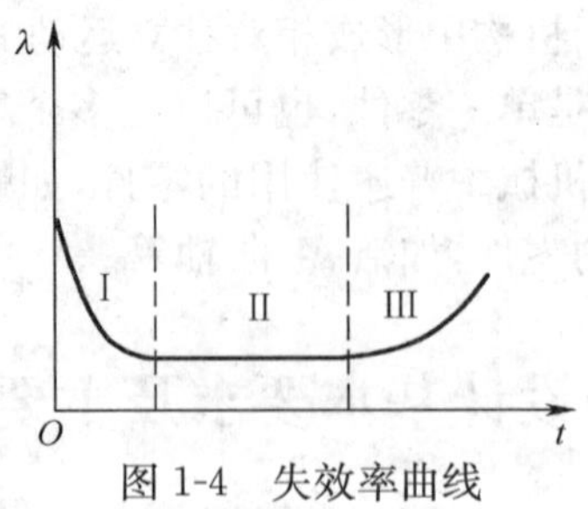

图 1-4　失效率曲线

一般是用试验的方法求得的。该曲线分为三段。

第Ⅰ段代表早期失效阶段。在这一阶段中，失效率由开始时很高的数值急剧地下降到某一稳定的数值。引起这一阶段失效率特别高的原因是零部件中所存在的初始缺陷，如铸件的内部砂眼过大、零件上未被发现的加工裂纹、安装不正确、接触表面未经磨合等。在这一阶段可通过跑合避免过高的失效率，防止事故的发生。

第Ⅱ段代表正常使用阶段。在此阶段内如果发生失效，一般总是由于偶然的原因而引起的(如短期过载)，故其发生是随机的，失效率则表现为一常数。

第Ⅲ段代表损坏阶段。由于长时间的使用而使零件发生磨损、腐蚀、疲劳裂纹扩展等原因，使失效率急剧地增加。良好的维护和及时更换要发生破坏的零件，就可以延缓机器进入这一阶段工作的时间。

1.2.2　经济性要求

设计机械时应最大限度地考虑经济性要求，力求费用少、效率高、维修简便。满足经济性要求主要考虑如下几个方面。

1. 良好的工艺性

在一定条件下，应以最低的费用制造出合乎技术要求的机械零件。为此需要合理选择毛坯，设计零件结构形状应简单合理，并规定适当的制造精度及表面粗糙度值。

2. 合理选择材料

在满足机械的一定工作要求下，应优先选用价格便宜和供应充分的材料，同时可用适当的热处理方法改善材料的力学性能。

3. 减小质量

对绝大多数机械零件来说，都应当力求减小其质量。减小质量首先可以节约材料，其次可以减小运动零件的惯性，减小作用于构件上的惯性载荷，改善机器的动力性能。

4. 标准化、系列化、通用化的要求

标准化、系列化、通用化通称“三化”。在不同类型、不同规格的机器中有相当多的零部件是相同的，考虑零部件的尺寸、结构要素、材料性能、检验方法、设计方法等制定出统一的标准，将这些零部件加以标准化，并按尺寸不同加以系列化。通用化是指系列之内或跨系列的产品之间尽量采用同一结构和尺寸的零部件。“三化”是长期生产实践和科研成果的技术总结，设计者毋须重复设计，可直接从有关手册、样本中选用，从而简化生产管理和获得较高的经济效益。

“三化”是我国现行的很重要的一项技术政策，具有很多优越性：

(1)由专门化的工厂对用途广泛的零部件进行集中生产制造,可以提高质量,降低成本。

(2)统一材料的性能指标,使其能够相互比较,提高了零部件和机器的可靠性。

(3)采用标准结构的零部件简化了设计工作,缩短了设计周期,提高了设计质量。

(4)增强互换性,简化机器的维修工作。

(5)有利于增加产品品种,扩大生产批量,达到产品的优质、高产和低消耗等。

"三化"程度的高低通常也是评定产品的指标之一。

1.2.3 机械零件设计的一般步骤

(1)根据零件的使用要求,选择零件的类型和结构。

(2)根据机器的工作要求,计算作用在零件上的载荷。

(3)根据零件的工作条件及对零件的特殊要求(如温度、腐蚀性等),选择适当的材料及热处理工艺。

(4)分析零件的主要失效形式,找出设计准则,确定出零件的基本尺寸。

(5)根据工艺性和标准化等原则及相连接和相配合的零件进行零件的结构设计。

(6)根据各方面的要求进行详细的校核计算,以判定结构的合理性。

(7)画出零件的工作图,并写出计算说明书。

计算和结构设计都是设计工作中的重要内容,计算往往要在初步结构构思的基础上将其抽象为数学模型后进行。在实际工作中,并不是所有零件都必须通过计算才能决定尺寸的,有些情况下结构设计占了设计工作量中一个较大的比例。

1.3 本课程的性质、任务和学习要求

本课程所学内容是有关机械的基础知识,是机械类各专业必修的一门重要的技术基础课程。现代世界各国之间的竞争主要表现为综合国力的竞争。提高我国的综合国力,需要创造大量优良的机械来装备各行各业,实现生产的机械化和自动化。所以,机械工业是国家综合国力发展的基石,机械设计基础课程在培养机械类创造性人才中起着不可或缺的作用。

课程的研究对象是机械中常用机构以及一般工作条件下和常用参数范围内的通用零部件,研究其工作原理、结构特点、运动和动力性能、基本设计理论、计算方法以及一些零部件的选用与维护。

机械设计基础是理论性和实践性都很强的机械类专业的主干课程之一,是机械工程师的必修课程。学生应综合应用各先修课程的基础理论和生产知识,解决常用机构和通用零部件的分析与设计问题,了解其工作原理、类型、特点及应用的基础知识,掌握常用机构的基本理论和设计方法,掌握通用零部件的失效形式、设计准则与设计方法,具备机械设计实验技能和设计简单机械及传动装置的基本技能。

机械设计基础是一门技术基础课程,较工程力学等理论课程更加结合工程实际,但它不具体研究某种机械,只是探讨各种机械中的一些共性问题和常用机构。因此,在学习过程中,要着重理解基本概念和基本原理,掌握常用机构和零部件的分析与综合,注意培养

运用所学知识发现、分析和解决工程实际问题的能力。

(1)学会综合运用所学知识。本课程的教学目标是解决生产生活中的简单机械设计问题，这就要求要对本课程和其他课程知识融会贯通，综合应用。

(2)注重理论、技能与实践相结合。机械设计基础是实践性较强的课程，学习过程中除了要完成课程所安排的实验、设计训练外，要注重理论知识和实践、制造环节的结合。

(3)注意培养把理论计算与结构设计、工艺结合解决设计问题的能力。计算对解决设计问题很重要，但不是唯一要求的能力。实践中所发生的许多问题很复杂，难以用纯理论的方法来解决，所以常常使用经验公式以及简化计算，计算步骤和计算结果也不具备唯一性。

现代机械日益向高速、重载、低噪、高精度、高效率等方向发展，新概念、新理论、新方法、新工艺不断出现，为了适应这种情况，新的研究课题与日俱增，新的研究方法层出不穷。作为机械设计学科，其研究领域十分广阔，具有丰富的内涵。

习　题

1-1　简述机器的组成和类型。

1-2　区分机器、机构和机械概念。

1-3　列举具有下列功能的机器实例：原动机、将机械能转换为其他形式能量的机器、传递机械能的机器、变换和传递信息的机器。

1-4　指出汽车、录音机、车床的各个组成部分。

第 2 章　平面机构结构分析

2.1　机构的组成

2.1.1　构件及其类型

构件是彼此相对运动的运动单元体。一个构件可以是一个单独制造的零件，如图 2-1(a)所示的简单连杆；也可以是由若干零件连接构成的组合体，如图 2-1(b)所示。

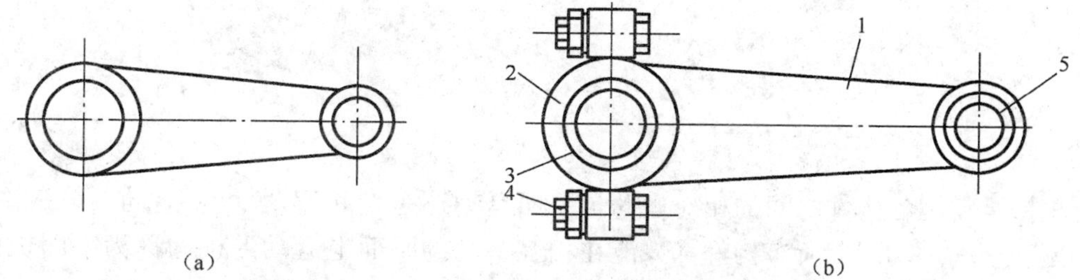

图 2-1　连杆结构

(a) 连杆；(b) 组合体。

1—连杆体；2—连杆头；3—轴瓦；4—螺栓、垫圈、螺母；5—轴套。

构件依其在机构中的地位和功能区分为机架、主动件、联运件和从动件。如图 2-2 所示内燃机主体机构，其机架是机构中相对静止、支承各运动构件运动的构件，如汽缸体 4；主动件又称为原动件或输入件，是输入运动和动力的构件，如活塞 1；从动件又称为被动件或输出件，是直接完成机构运动要求、跟随主动件运动的构件，如曲柄 3；联运件是连接主动件、从动件的中介构件，如连杆 2。

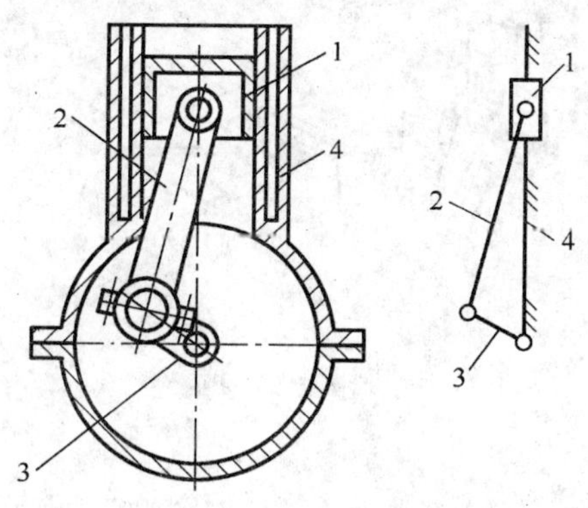

图 2-2　内燃机结构

1—活塞；2—连杆；3—曲柄；4—汽缸体。

2.1.2 运动副

机构中各个构件之间必须有确定的相对运动，因此，构件的连接既要使两个构件直接接触，又能产生一定的相对运动，这种直接接触的活动连接称为运动副。在图 2-3 中，轴承中的滚动体与内外圈的滚道(图 2-3(a))，啮合中的一对齿廓(图 2-3(b))、滑块与导轨(图 2-3(c))，均保持直接接触，并能产生一定的相对运动，因而都构成了运动副。两构件上直接参与接触而构成运动副的点、线或面称为运动副元素。

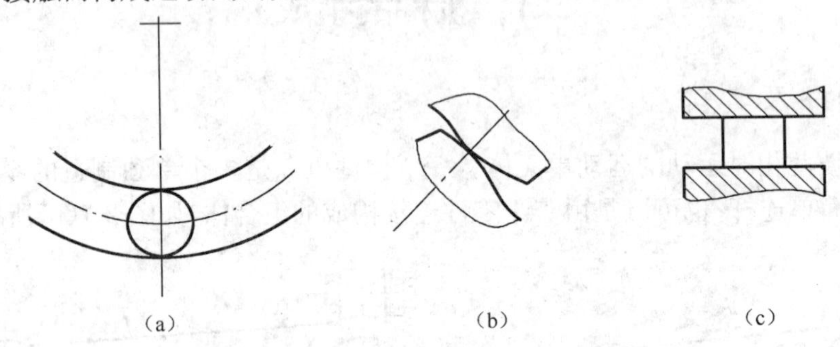

图 2-3 运动副
(a)高副；(b)高副；(c)低副。

根据运动副各构件之间的相对运动是平面运动还是空间运动，可将运动副分成平面运动副和空间运动副。所有构件都只能在相互平行的平面上运动的机构称为平面机构，平面机构的运动副称为平面运动副。

按两构件间的接触特性，平面运动副可分为低副和高副。

1. 低副

两构件间为面接触的运动副称为低副。根据构成低副的两构件间的相对运动特点，又分为转动副和移动副。

两构件只能作相对转动的运动副为转动副。图 2-4(a)、(b)中轴承与轴颈的连接，铰链连接等都属转动副。

移动副是两构件只能沿某一轴线相对移动的运动副，如图 2-4(c)、(d)所示。

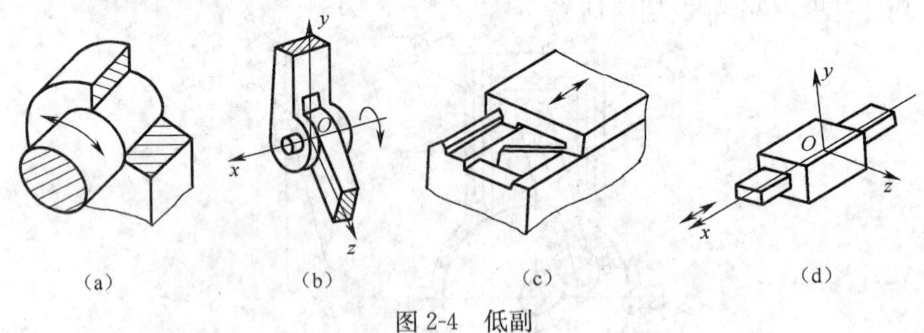

图 2-4 低副

2. 高副

两构件间为点、线接触的运动副称为高副，如图 2-5 所示的车轮与钢轨、凸轮与从动件、齿轮啮合等均为高副。

常用的运动副还有球面副(球面铰链)，如图 2-6(a)所示；螺旋副(图 2-6(b))，均为空

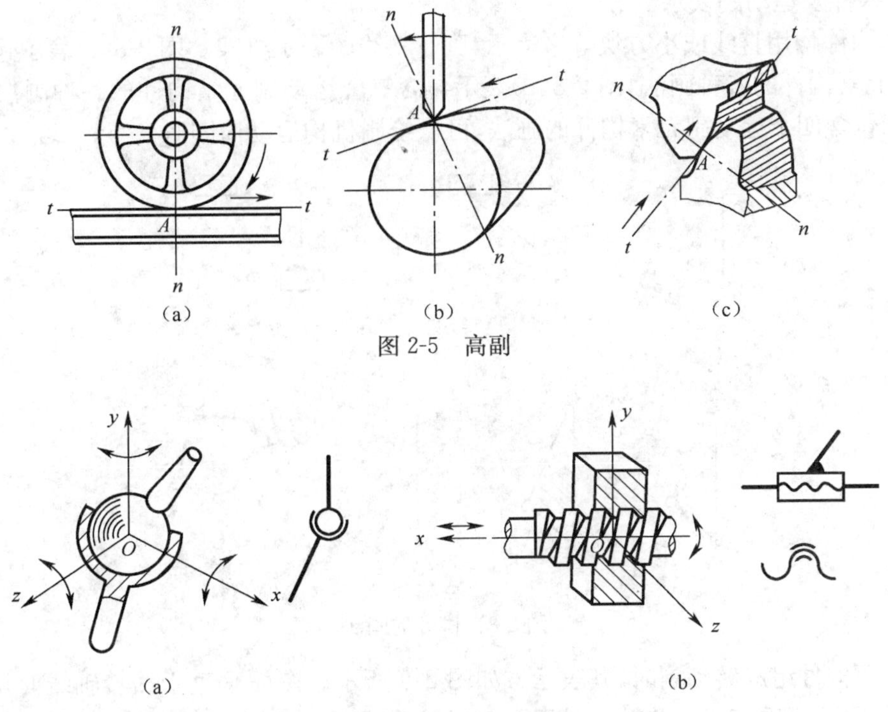

图 2-5　高副

图 2-6　空间运动副

间运动副。

2.1.3　运动链和机构

两个以上的构件通过运动副连接而成的系统称为运动链。运动链分为闭式运动链和开式运动链两种。所谓闭式运动链是指组成运动链的每个构件至少包含两个运动副，组成一个首末封闭的系统，而开式运动链的构件中有的构件只包含一个运动副，它们不能组成一个封闭的系统，如图 2-7 所示。

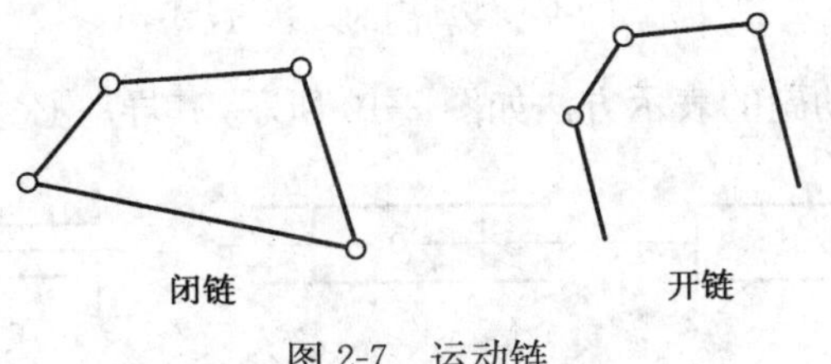

图 2-7　运动链

2.2　平面机构运动简图的绘制

实际构件的外形和结构往往很复杂，在研究机构运动时，为了突出与运动有关的因素，将那些无关的因素删减掉，保留与运动有关的外形，用规定的符号来代表构件和运动副，并按一定的比例表示各种运动副的相对位置。这种表示机构各构件之间相对运动的简化图形，称为机构运动简图。机构运动简图与原机构具有完全相同的运动特性。

1. 构件及运动副表示

(1)构件均用直线或小方块等来表示,画有斜线的表示机架。图 2-8(a)表示包含两个运动副元素构件的各种画法,图 2-8(b)表示包含三个运动副元素构件的各种画法,图 2-8(c)表示包含四个运动副元素构件的画法,可供绘制机构运动简图时参考。

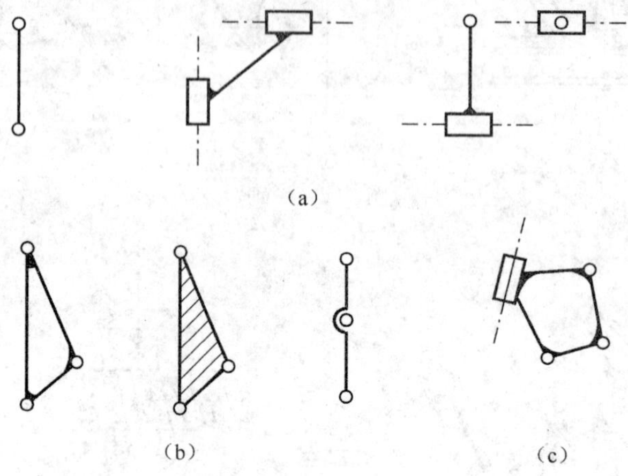

图 2-8 构件的画法

(2)两构件组成转动副时,其表示方如图 2-9 所示。图面垂直于回转轴线时用图 2-9(a)表示;图面不垂直于回转轴线时用图 2-9(b)表示。表示回转副的圆圈,其圆心必须与回转轴线重合。

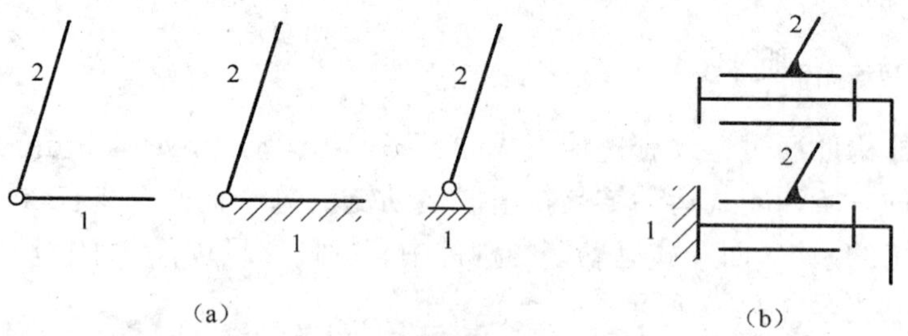

图 2-9 转动副的表达方法

(3)两构件组成移动副的表示方法如图 2-10 所示,其导路必须与相对移动方向一致。

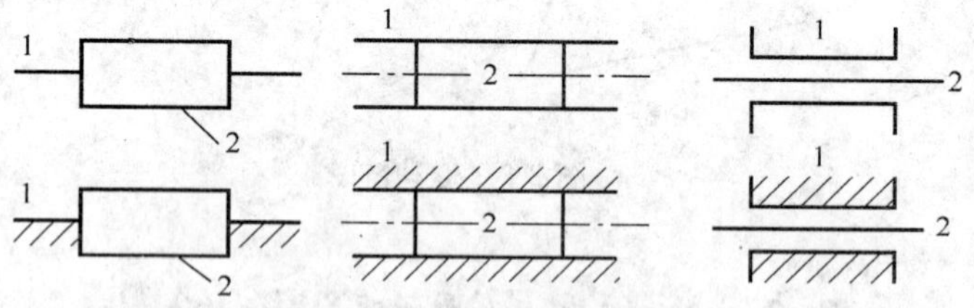

图 2-10 移动副的表达方法

(4)两构件组成平面高副时,其运动简图中应画出两构件接触处的曲线轮廓,对于齿轮,常用点画线画出其节圆,对于凸轮、滚子,习惯上画出其全部轮廓,如图 2-11 所示。

2. 运动简图的绘制步骤

(1)分析机械的运动原理和结构情况,确定其原动件、机架、执行部分和传动部分。

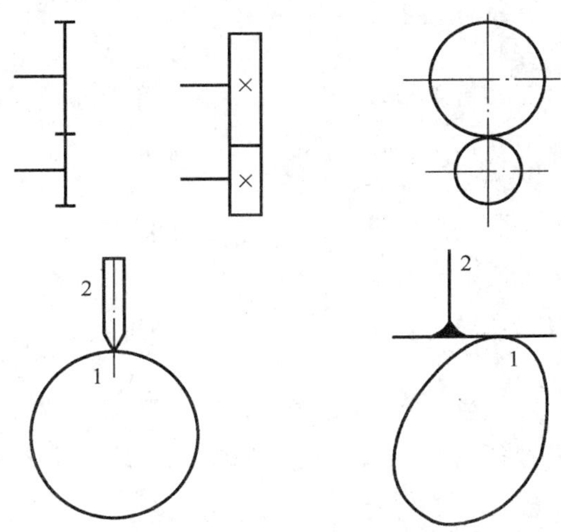

图 2-11　平面高副的表达方法

(2)沿着运动传递路线,逐一分析每个构件间相对运动的性质,以确定运动副的类型和数目。

(3)恰当地选择视图平面,通常可选择机械中多数构件的运动平面为视图平面,必要时也可选择两个或两个以上的视图平面,然后将其展到同一图面上。

(4)选择适当的比例尺,定出各运动副的相对位置,并用各运动副的代表符号、常用机构的运动简图符号和简单的线条,绘制机构运动简图。

(5)从原动件开始,按传动顺序标出各构件的编号和运动副的代号。在原动件上标出箭头以表示其运动方向。

例 2-1　绘制图 2-12 所示内燃机的机构运动简图。

解:(1)分清固定件(机架),确定主动件、从动件及数目。由图 2-12 可知,汽缸体 1 是机架,缸内活塞 4 是主动件,曲柄 2、连杆 3、推杆 7(两个)、凸轮 8(两个)和齿轮 9(两个)、10 是从动件。

(2)确定运动副类型和数目。由活塞开始,机构的运动路线如下:

活塞 → 连杆 → 曲柄～小齿轮 → 大齿轮～凸轮 → 滚子 → 推杆

注:～表示两构件同轴。

活塞与机架构成移动副,活塞与连杆构成转动副;连杆 3 与曲柄 2 构成转动副;小齿轮 10 与大齿轮 9(两个)构成高副,凸轮与滚子(两处)构成高副;滚子与推杆(两处)7 构成转动副;推杆 7 与机架(两处)构成移动副。曲柄、大齿轮、小齿轮、凸轮与机架(六处)分别构成转动副。

(3)选择适当投影面。这里选择齿轮的旋转平面为正投影面,确定各运动副之间的相对位置。

(4)选择恰当的比例尺。按照规定的线条和符号,按一定的比例绘制出该机构的运动简图,并注明原动件及标注构件号(图 2-13)。

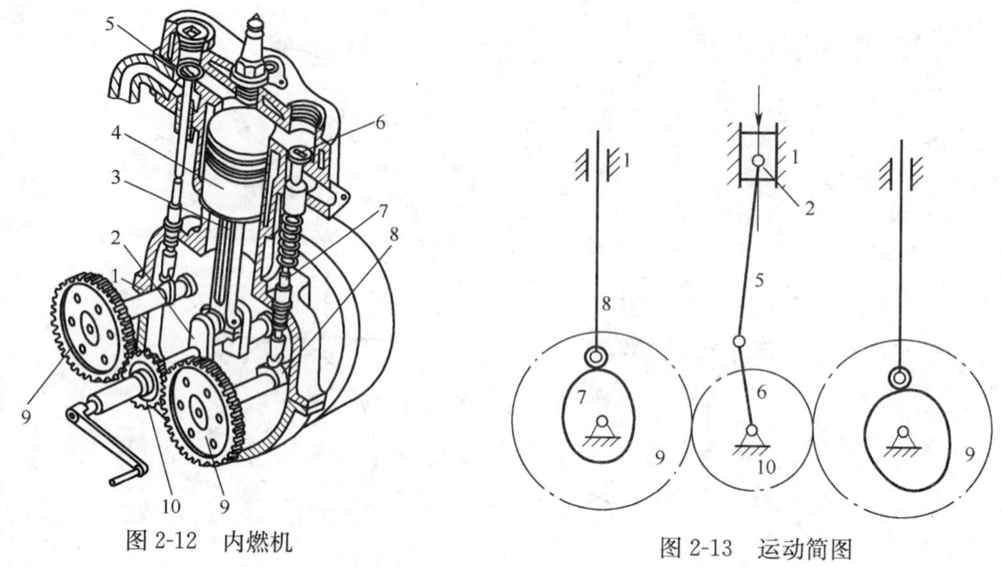

图 2-12　内燃机

图 2-13　运动简图

例 2-2　绘制图 2-14(a)所示颚式破碎机主体机构运动简图。

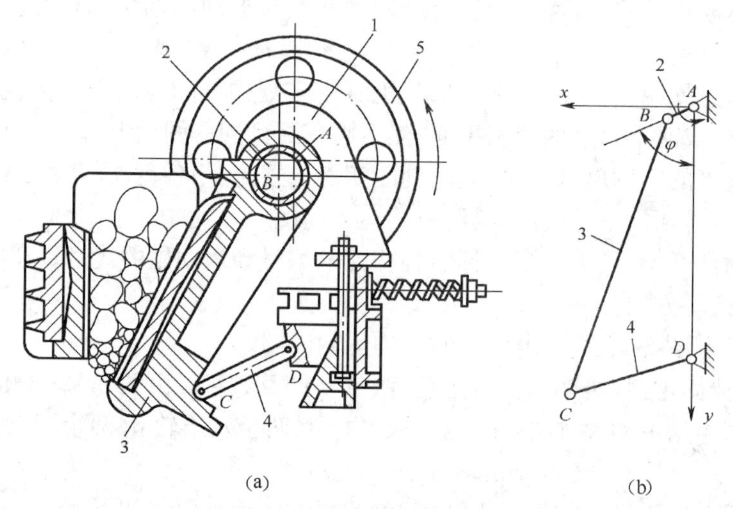

图 2-14　颚式破碎机的机构运动简图

(a)颚式破碎机;(b)机构运动简图。

解:(1)分析机构运动,识别机构的结构。图示的颚式破碎机中,带轮 5 和偏心轴 2 固接在一起绕轴心 A 转动,动颚 3 与机架 1 之间装有肘板 4,动颚运动时就可不断地破碎矿石。由此可知,机架 1、原动件(偏心轴)2、从动件(动颚)3 和肘板 4 等四个构件组成四杆机构。

偏心轴 2 与机架 1 绕轴心 A 相对转动,偏心轴 2 与动颚 3 绕轴心 B 相对转动。由此可知,整个机构有 A、B、C、D 四个转动副。

(2)选择视图平面、比例尺,绘制机构运动简图。对于平面机构,选构件运动平面为视图平面,因其已可将平面机构表达清楚,故不需再选辅助视图平面。所以本例选择图 2-14(b)所在平面为视图平面。

根据图纸的大小、实际机构的大小和能清楚表达机构的结构为依据,选择长度比例

尺 μ_1：

$$\mu_1=\frac{\text{实际尺寸(m)}}{\text{图上尺寸(mm)}}$$

在图 2-14(b)中，过机架 A、D 两点作坐标系 xAy，画转动副 A、B、C、D，各转动副间距离按比例计算。原动件 2 与 y 轴的夹角 φ 可自行决定。

用简单线条连成构件 2、3、4 及机架 1，在原动件 2 上标注带箭头的圆弧，在机架 1 上画出斜线，便得到图 2-14(b)所示的机构运动简图。

2.3 平面机构的自由度

2.3.1 自由度

两个构件以不同的方式相互连接，就可以得到不同形式的相对运动。而没有用运动副连接的作平面运动的构件，独自的平面运动有 3 个，即沿 x 轴方向和 y 轴方向的两个移动以及在 xOy 平面上绕任意点的转动(图 2-15)，构件的这种独立运动称为自由度。作平面运动的自由构件具有 3 个独立的运动，即具有 3 个自由度。

2.3.2 约束

当两构件之间通过某种方式连接而形成运动副时，如图 2-16 所示，构件 2 与固连在坐标轴上的构件 1 在 A 点铰接，构件 2 沿 x 轴方向和沿 y 轴方向的独立运动受到限制。这种限制构件独立运动的作用称为约束。

对平面低副，由于两构件之间只有一个相对运动，即相对移动或相对转动，说明平面低副构成受到两个约束，因此有低副连接的构件将失去 2 个自由度。

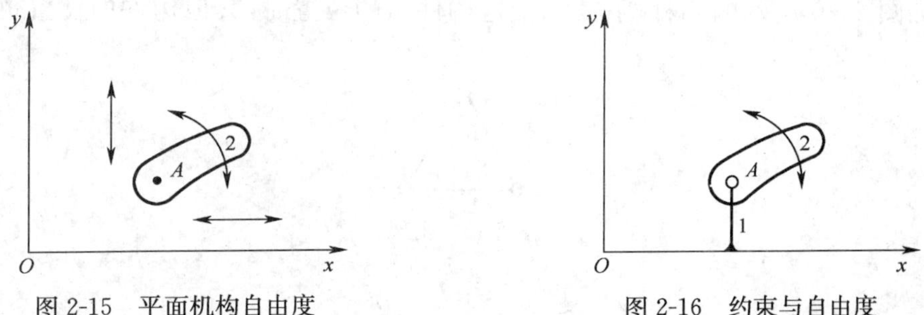

图 2-15　平面机构自由度　　图 2-16　约束与自由度

对平面高副，如齿轮副或凸轮副(图 2-16)构件 2 可相对构件 1 绕接触点转动，又可沿接触点的切线方向移动，只是沿公法线方向的运动被限制。可见组成高副时的约束为 1，即失去 1 个自由度。

2.3.3 平面机构自由度的计算

机构相对机架(固定构件)所具有的独立运动数目，称为机构的自由度。

在平面机构中，设机构的活动构件数为 n，在未组成运动副之前，这些活动构件共有 $3n$ 个自由度。用运动副连接后便引入了约束，并失去了自由度，一个低副因有两个约束而将失去两个自由度，一个高副有一个约束而失去一个自由度，若机构中共有 P_L 个低副、P_H 个高副，则平面机构的自由度 F 的计算公式为

$$F=3n-2P_L-P_H$$

如图 2-17 所示的搅拌机，其活动构件数 $n=3$，低副数 $P_L=4$，高副数 $P_H=0$，则该机构的自由度为

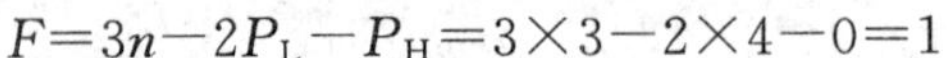

$$F=3n-2P_L-P_H=3\times3-2\times4-0=1$$

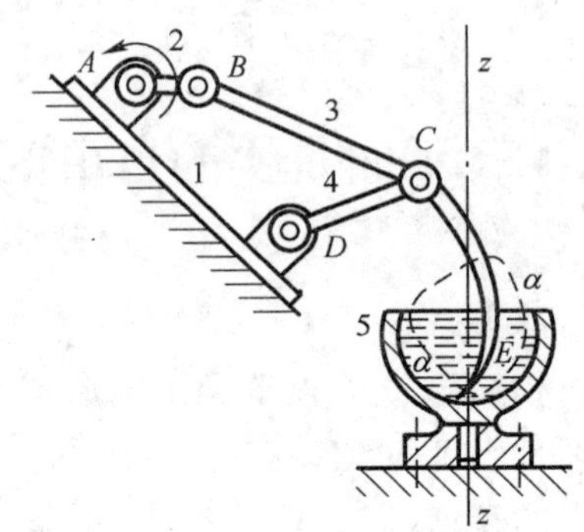

图 2-17　搅拌机

2.3.4　机构具有确定运动的条件

运动链和机构都是由机件和运动副组成的系统，机构要实现预期的运动传递和变换，必须使其运动具有可能性和确定性。如图 2-18 所示，由 3 个构件通过 3 个转动副连接而成的系统就没有运动的可能性。如图 2-19 所示的五杆系统，若取构件 1 作为主动件，当给定角度时，构件 2、3、4 既可以处在实线位置，也可以处在虚线或其他位置，因此，其从动件的位置是不确定的。但如果给定构件 1、4 的位置参数，则其余构件的位置就都被确定下来。如图 2-20 所示的四杆机构，当给定构件 1 的位置时，其他构件的位置也被相应确定。

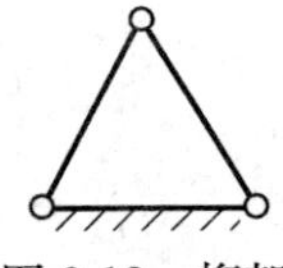

图 2-18　桁架

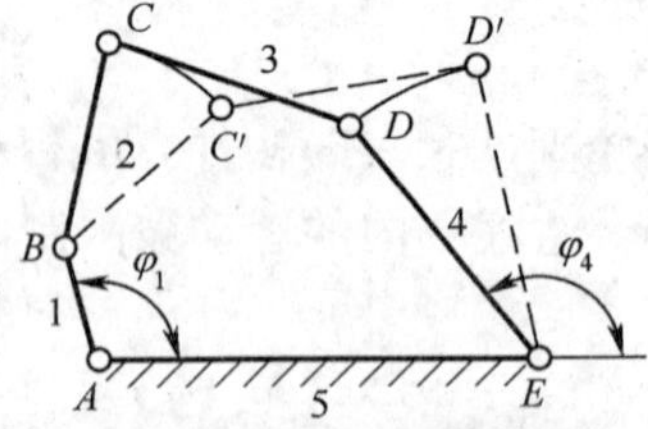

图 2-19　五杆铰链机构

由此可见，无相对运动的构件组合或无规则乱动的运动链都不能实现预期的运动变换。将运动链的一个构件固定为机架，当运动链中一个或几个主动件位置确定时，其余从动件的位置也随之确定，则称机构具有确定的相对运动。那么究竟取一个还是几个构件

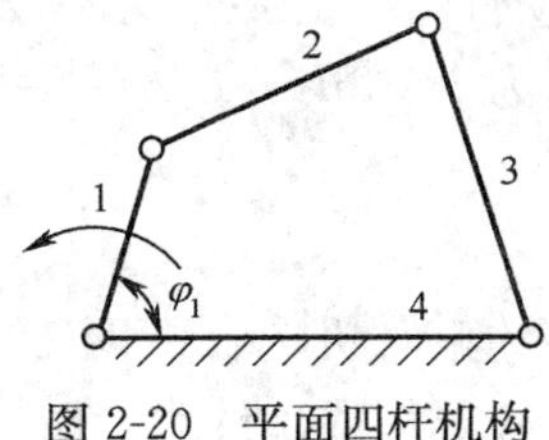

图 2-20　平面四杆机构

作主动件，这取决于机构的自由度。当机构的自由度大于零且主动件数目等于自由度数时，机构就具有确定的相对运动。

2.3.5 计算机构自由度的注意事项

1. 复合铰链

由两个以上构件组成两个或更多个共轴线的转动副，即为复合铰链。图 2-21(a)所示为三个构件在 A 处构成复合铰链。由其侧视图 2-21(b)可知，此三构件共组成两个共轴线转动副。当由 m 个构件组成复合铰链时，则应当组成$(m-1)$个共轴线转动副。

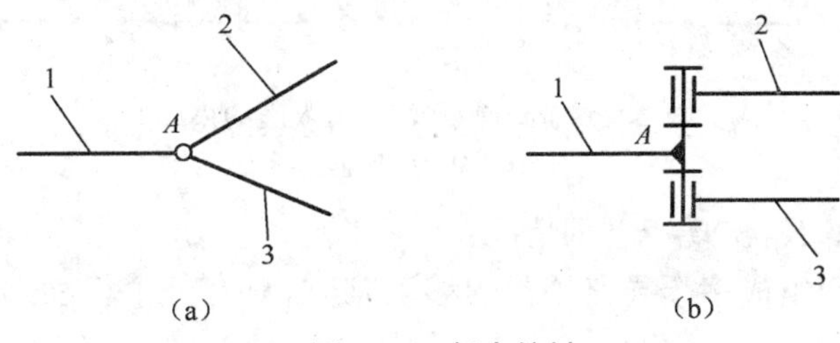

图 2-21　复合铰链

2. 局部自由度

机构中常出现一种与输出构件运动无关的自由度，称为局部自由度或多余自由度。在计算机构自由度时，可预先排除。如图 2-22(a)所示的平面凸轮机构中，为了减少高副接触处的磨损，在从动件上安装一个滚子 3，使其与凸轮轮廓线滚动接触。显然，滚子绕其自身轴线转动与否并不影响凸轮与从动件间的相对运动，因此，滚子绕其自身轴线的转动为机构的局部自由度，在计算机构的自由度时，应预先将转动副 C 除去不计，或如图

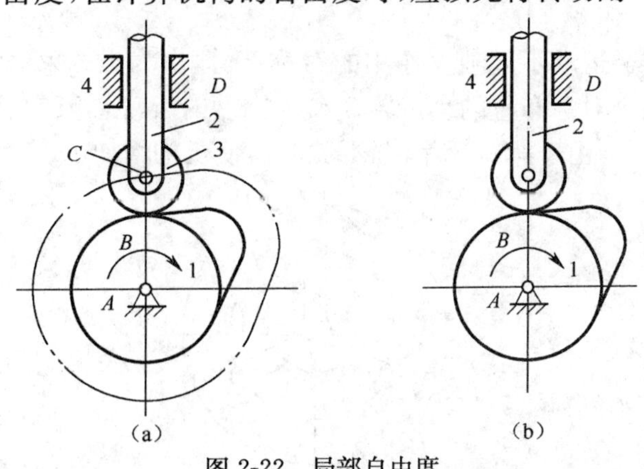

图 2-22　局部自由度

(a)平面凸轮机构；(b)去除局部自由度。

2-22(b)所示，设想将滚子 3 与从动件 2 固连在一起作为一个构件来考虑。这样在机构中，$n=2,P_L=2,P_H=1$，其自由度为 $F=3n-2P_L-P_H=3\times2-2\times2-1=1$，即此凸轮机构中只有一个自由度。

3. 虚约束

在运动副引入的约束中，有些约束对机构自由度的影响是重复的。这些对机构运动不起限制作用的重复约束，称为消极约束或虚约束，在计算机构自由度时，应当除去不计。

图 2-23(a)的平行四边形机构中，如果以 $n=4,P_L=6,P_H=0$ 来计算，则 $F=3n-2P_L-P_H=3\times4-2\times6-0=0$。显然计算结果不符合实际，其原因是，该运动链中的连杆作平移运动，因此，去掉一个构件的右图与左图的运动完全相同。这种起重复限制作用的约束称为虚约束。计算自由度时应先将产生虚约束的构件去掉（图 2-23(b)）再进行计算，结果为 $F=3n-2P_L-P_H=3\times3-2\times4-0=1$。

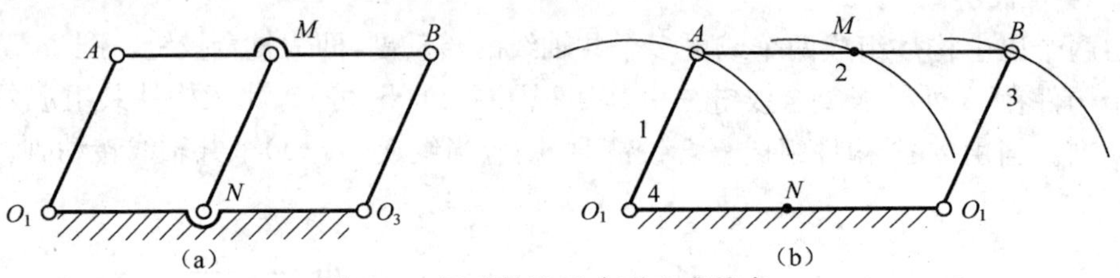

图 2-23　运动轨迹重合引入虚约束

(a)虚约束；(b)去除虚约束。

平面机构的虚约束常出现于下列情况：

(1)两个构件之间组成多个导路平行的移动副时，只有一个移动副起作用，其余都是虚约束。

(2)两个构件之间组成多个轴线重合的回转副时，只有一个回转副起作用，其余都是虚约束。如图 2-24 所示，两个轴承支撑一根轴，只能看作一个回转副。

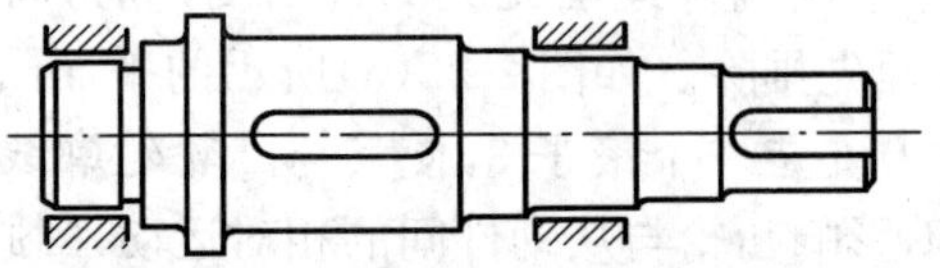

图 2-24　轴线重合的虚约束

(3)机构中对传递运动不起独立作用的对称部分，也为虚约束。如图 2-25 所示的轮系中，中心轮经过两个对称布置的小齿轮 2 和 2′驱动内齿轮 3，其中有一个小齿轮对传递运动不起独立作用。但由于第二个小齿轮的加入，使机构增加了一个虚约束。

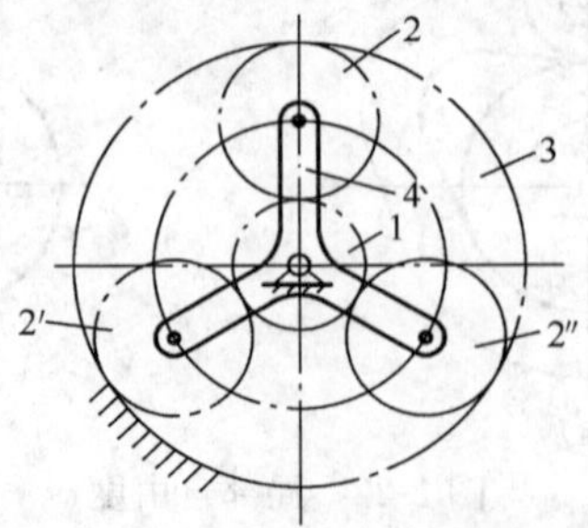

图 2-25　对称结构的虚约束

应当注意，对于虚约束，从机构的运动观点来看是多余的，但能增加机构的刚性，改善其受力状况，因而被广泛采用。但是虚约束对机构的几何条件要求较高，因此对机构的加工和装配提出了较高的要求。

例 2-3　计算图 2-26 所示大筛机构的自由度。

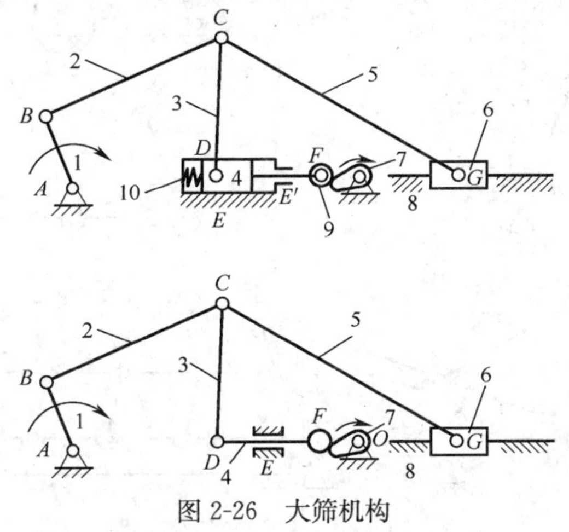

图 2-26　大筛机构

解:

(1)分析。构件 2、3、5 在 C 处组成复合铰链；滚子 9 绕自身轴线的转动为局部自由度；活塞 4 与缸体 8 在 E、E' 两处形成导路平行的移动副，其中之一为虚约束。弹簧不起限制作用，可略去。经以上处理后，得机构运动简图。其中 $n=7$，$P_L=9$，$P_H=1$。

(2)计算。由结构公式得 $F=3n-2P_L-P_H=2$，所以此机构应有两个原动件。

习　题

2-1　什么是高副？什么是低副？在平面机构中高副和低副各引入几个约束？

2-2　什么是机构运动简图？绘制机构运动简图的目的和意义是什么？

2-3　机构具有确定运动的条件是什么？若不满足这一条件，机构会出现什么情况？

2-4　绘制图 2-27 所示平面机构的机构运动简图。

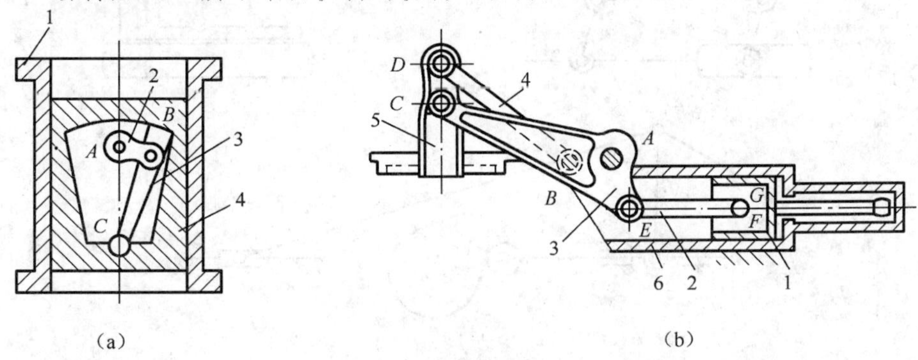

(a)　(b)

图 2-27

2-5 计算图 2-28 所示平面机构的自由度（机构中如有复合铰链、局部自由度、虚约束，予以指出）。

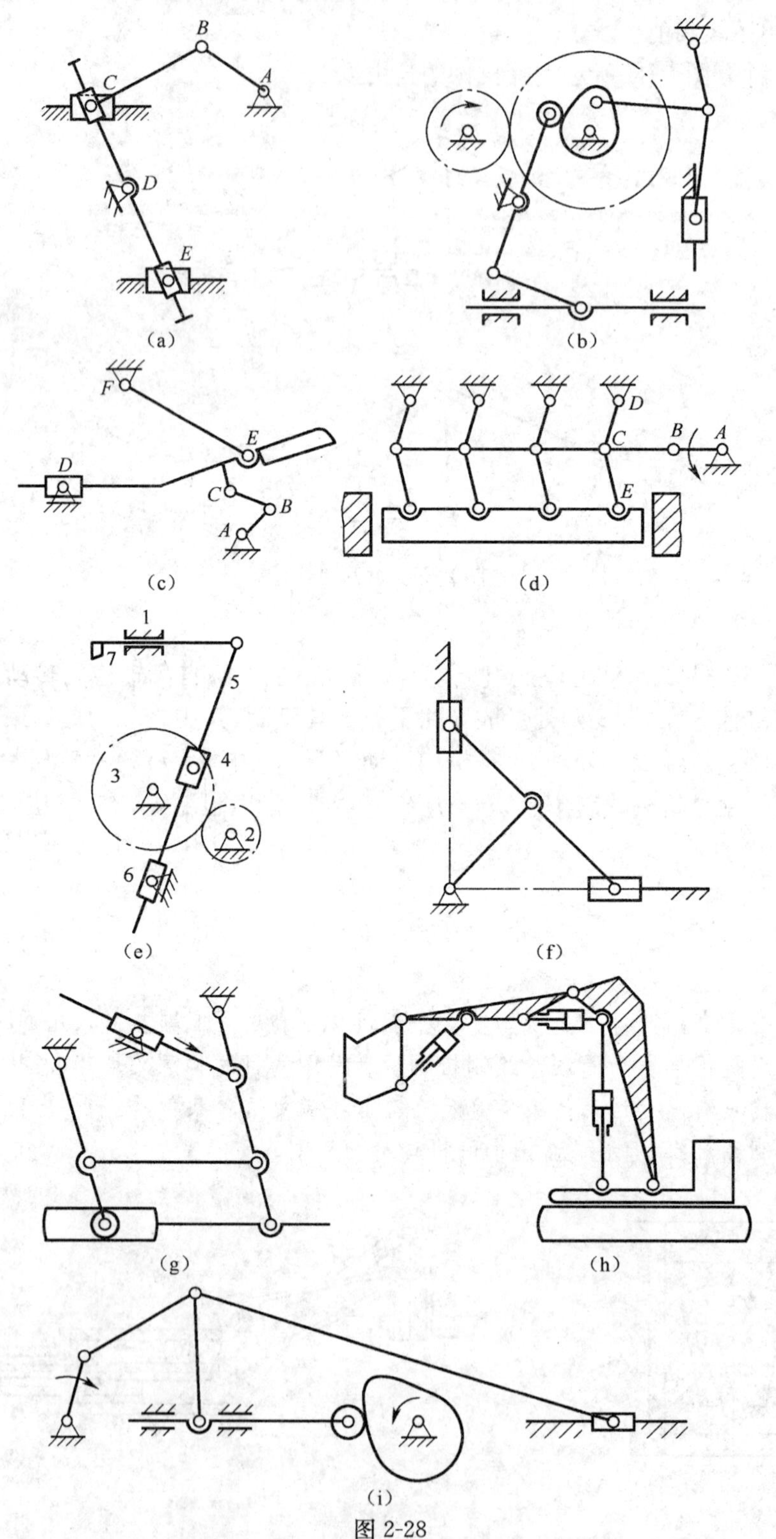

图 2-28

第3章　平面机构运动力学分析

机构的运动学参数和动力学参数反映了机构的工作性能，是认识、评价现有机构或改进、创造新机构的重要内容。

3.1　刚体运动力学基础知识

3.1.1　刚体基本运动

1. 刚体平动

刚体在运动过程中，其上任一直线始终与它原来的位置保持平行，这种运动称为刚体的平行移动，简称平动。在生产中平动的例子很多，例如摆式输送机送料槽的运动，如图3-1所示。

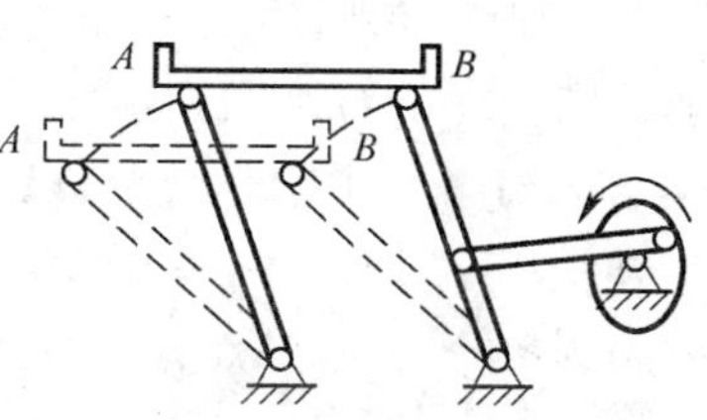

图3-1　摆式输送机

刚体平动时，其上各点的轨迹可以是直线，也可以是曲线。由于刚体上任意两点间的距离不变，而对于平动的刚体其上任意一条直线始终与它原来的位置平行，因此刚体平动时，其上各点的运动轨迹形状相同且彼此平行；每一瞬时，各点的速度、加速度也相同。

上述结论表明，刚体的平动可以用其上任一点的运动来代替，即研究刚体的平动，可以归结为研究刚体上任意一点的运动。

刚体的平动在工程实践中应用很广，图示摆式输送机用料槽 AB 的平动，可保证物料平稳、安全地输送。

2. 刚体定轴转动

工程中常见的电动机、皮带轮、齿轮等的运动及生活中常见的门窗的运动，都具有一个共同的特点，即在刚体运动的过程中，刚体内有一条直线始终保持不动，而其余各点均绕此直线作圆周运动。这种运动称为刚体的定轴转动，这条固定不动的直线称为转轴。

为确定转动刚体任一瞬时在空间的位置，以一固定平面为参考面，将另一动平面固结在转动刚体上。两个平面间的夹角 φ 就可以确定定轴转动刚体上任意一瞬时的空间位置，称为转角。刚体转动时，φ 角随时间 t 变化，是时间 t 的单值连续函数，可表示为 $\varphi=f(t)$。

角速度是描述刚体转动快慢和方向的物理量。定轴转动刚体的角速度 ω 等于其转角 φ 对时间的一阶导数，用字母 ω 表示，即

$$\omega=\frac{\mathrm{d}\varphi}{\mathrm{d}t}$$

角速度 ω 的单位是 rad/s。工程上常用每分钟转过的圈数表示刚体转动的快慢，称

为转速，用符号 n 表示，单位是 r/min。转速 n 与角速度的关系为

$$\omega=\frac{2\pi n}{60}=\frac{\pi n}{30}$$

角加速度 α 是表示角速度 ω 变化的快慢和方向的物理量。定轴转动的角加速度等于其角速度 ω 对时间的一阶导数，或等于其转角 φ 对时间的二阶导数，即

$$\alpha=\frac{\mathrm{d}\omega}{\mathrm{d}t}=\frac{\mathrm{d}^2\varphi}{\mathrm{d}t^2}$$

角加速度 α 是代数量，当 α 与 ω 同号时，表示角速度的绝对值随时间增加而增大，刚体作加速转动；反之，则作减速转动。角加速度 α 的单位是 rad/s^2。

3. 定轴转动刚体上各点的速度和加速度

在工程实际中，有时不仅要知道转动刚体的角速度和角加速度，而且需要知道其上某些点的速度和加速度（有时称为线速度和线加速度）。如切削工件时要计算切削速度，即转动工件与车刀接触点的速度、带式运输的传递速度（即带轮轮缘上一点的速度）、砂轮轮缘的线速度。

定轴转动刚体上各点的轨迹为圆周，圆心在转轴上，转动半径等于该点到转轴的距离。由于点的轨迹已知，因此可用自然法研究转动刚体上任一点的运动。

在刚体上任选一点 M，设它到转轴的距离为 R（图 3-2），$t=0$ 时，M 在 M_0 处，$\varphi_0=0$。取 M_0 为弧坐标 s 的原点，以转角增大的方向为 s 的正向，则点 M 的运动方程为

$$s=R\varphi$$

动点 M 的速度大小为

$$v=\frac{\mathrm{d}s}{\mathrm{d}t}=R\frac{\mathrm{d}\varphi}{\mathrm{d}t}=R\omega$$

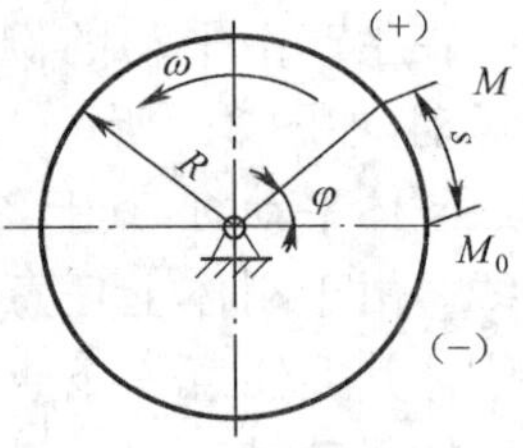

图 3-2　自然法

上式表明，定轴转动刚体上任意一点速度的大小，等于该点的转动半径与刚体角速度的乘积，它的方向垂直于转动半径，指向与角速度转向一致。刚体上各点速度大小与其转动半径成正比。因此转动刚体上通过且垂直于转轴的直线上各点，在同一瞬时其速度按线性规律分布。

定轴转动刚体上点 M 作圆周运动，因此这一点的加速度包括切向加速度 a_τ 和法向加速度 a_n：

$$a_\tau=\frac{\mathrm{d}v}{\mathrm{d}t}=R\frac{\mathrm{d}\omega}{\mathrm{d}t}=R\alpha$$

$$a_n=\frac{v^2}{\rho}=\frac{(R\omega)^2}{R}=R\omega^2$$

以上两式表明，定轴转动刚体上任意一点的切向加速度的大小等于该点的转动半径与刚体角加速度的乘积，方向与转动半径垂直，指向与角加速度的转向一致；法向加速度的大小等于该点的转动半径与刚体角速度平方的乘积，方向沿转动半径指向转轴。

点 M 的全加速度大小为

$$a=\sqrt{a_\tau^2+a_n^2}=R\sqrt{\alpha^2+\omega^4}$$

方向为

$$\tan\beta=\left|\frac{a_\tau}{a_n}\right|=\frac{|\alpha|}{\omega^2}$$

定轴转动刚体上各点的全加速度的大小与该点到转轴距离成正比，方向与转动半径成β角，且各点的β角均相同。因此转动刚体上通过且垂直于转轴的直线上各点，在同一瞬时加速度按线性规律分布，与速度分布规律相同。

转动刚体之间的运动传递在工程上应用很广，常见的传动系统有齿轮传动和皮带轮传动。设主动轴的角速度为ω_1（或转速n_1），从动轴的角速度为ω_2（或转速n_2），则两轴间的传动比i_{12}为

$$i_{12}=\frac{\omega_1}{\omega_2}=\frac{n_1}{n_2}$$

在定轴转动系统中，一般均假设各构件之间无相对滑动，因而两构件接触处的速度相同，据此可导出齿轮传动和皮带传动的传动比的计算公式。

3.1.2 刚体绕定轴转动的动力学基本方程

刚体对定轴转动的转动惯量与其角加速度的乘积，等于作用于刚体上各外力对该轴之距的代数和，即

$$J_z\frac{\mathrm{d}^2\varphi}{\mathrm{d}t^2}=J_z\frac{\mathrm{d}\omega}{\mathrm{d}t}=J_z\alpha=\sum M_z(F)$$

在一定外力作用下，刚体的转动惯量越大，转动的角加速度越小；转动惯量越小，转动的角加速度越大。这就是说刚体转动惯量的大小可以反映刚体转动状态改变的难易程度，因此转动惯量是度量刚体转动惯性大小的一个物理量。刚体绕定轴的转动惯量等于刚体内各质点的质量与质点到转轴的距离平方乘积的总和，即

$$J_z=\sum m_ir_i^2$$

转动惯量是标量，它的大小与刚体的质量大小、质量的分布情况有关。

在工程上，根据不同的需要，需要控制转动惯量的大小。例如，为了使机器运转稳定，在其转轴上安装一飞轮，并使飞轮的质量大部分集中在轮缘上，如图3-3所示。这样的飞轮转动惯量大，机器受到冲击时，角加速度变化较小，可以保持较平稳的运转状态。反之，在一些仪器、仪表中，希望指针的反映较灵敏，就应该减少它的转动惯量，为此可选择密度小的材料，如采用轻金属或塑料等来制作这些零件，同时尺寸要小一些，并且质量分布靠近转轴。

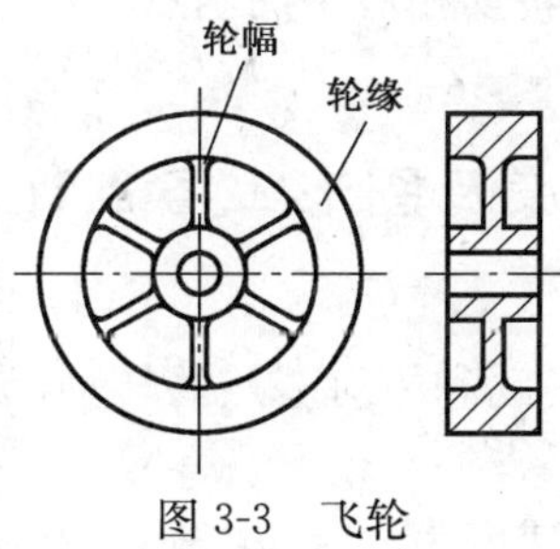

图3-3　飞轮

3.1.3 刚体平面运动

刚体平面运动是指刚体运动时，任何一点始终在平行于某一固定平面内作运动，例如偏置曲柄滑块机构中的连杆BC（图3-4），汽车沿直线行驶时车轮的运动（图3-5）。研究

任一和固定平面平行的平面运动就可以描述刚体的运动规律，也就是说，可用一薄片来表示刚体的运动。

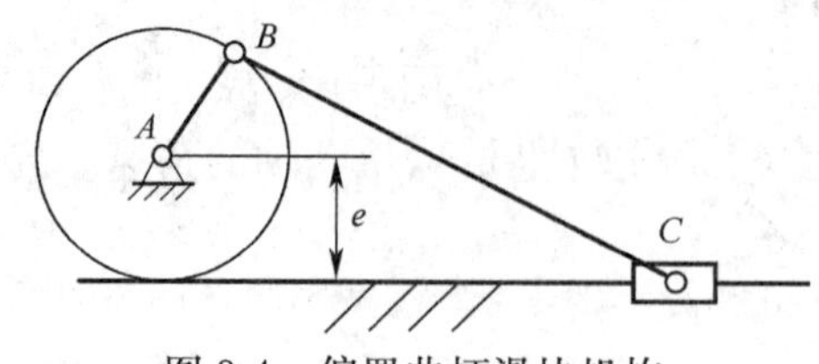

图 3-4　偏置曲柄滑块机构

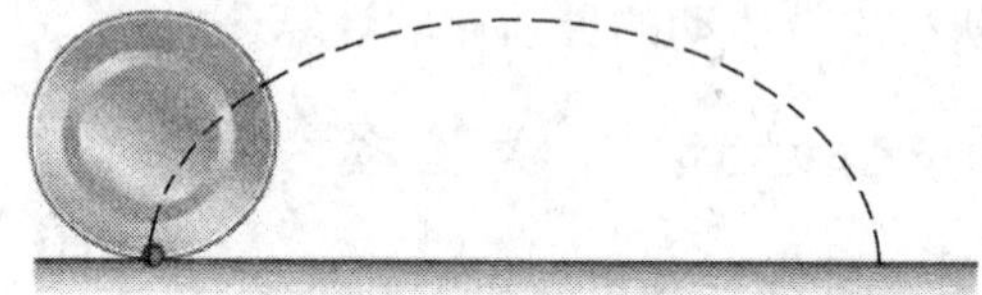

图 3-5　车轮

确定平面图形在 Oxy 坐标系内的位置只需确定任一线段 $O'M$ 在 Oxy 中的位置。确定 AB 线段的位置，需确定坐标($x_O{}'$，$y_O{}'$，φ)，如图 3-6 所示。O'点称为基点。

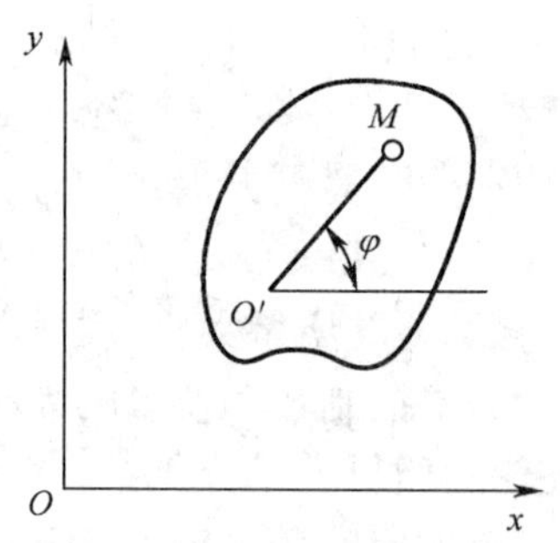

图 3-6　平面图形空间位置

刚体平面运动可视为在刚体绕其上任取一点(基点常取质心)的平动和绕基点的转动这两种运动的合成。

平动随基点的不同而不同，转动相对不同基点转过的角位移、角速度和角加速度都是相同的，即转动与基点选择无关。

3.1.4　平面图形的角速度及图形上各点速度分析

1. 基点法(图 3-7)

平面运动可分解为随基点平动和相对基点的转动，设已知 A 点速度 v_A 和角速度 ω，求图形上任一点 B 的速度。

基于运动分解思想，B 点的速度为 $v_B = v_A + v_{BA}$，如图 3-8 所示。

2. 速度投影定理

平面运动刚体上任意两点的速度在此两点连线上的投影相等，如图 3-9 所示。从另一角度而言，平面图形是从刚体上截取的，图形上 A、B 两点的距离应保持不变。所以这两点的速度在 AB 方向的分量必须相等，否则两点距离必将伸长或缩短。因此，速度投影

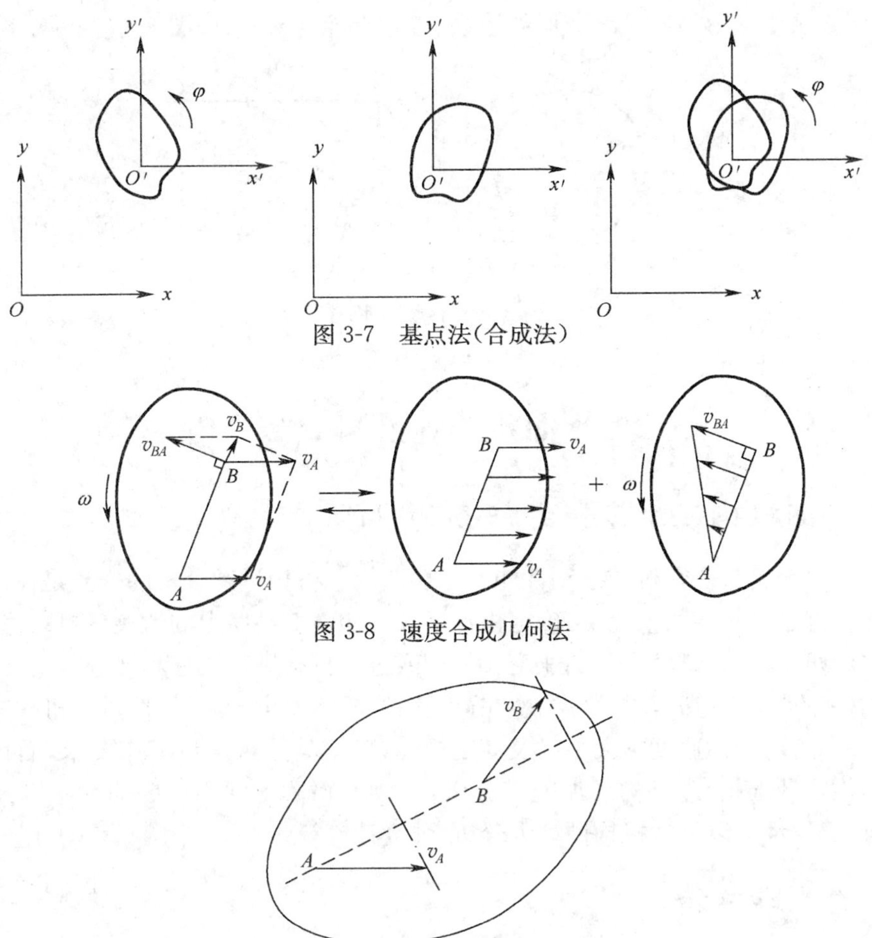

图 3-7 基点法(合成法)

图 3-8 速度合成几何法

图 3-9 速度投影定理

定理对所有的刚体运动形式都是适用的。

应用速度投影定理分析平面图形上点的速度的方法称为速度投影定理法。

3. 速度瞬心法

根据基点法公式$\boldsymbol{v}_B=\boldsymbol{v}_A+\boldsymbol{v}_{BA}$，若 $v_A=0$，则 $v_B=v_{BA}$，$v_B=AB\omega$。

某瞬时平面图形上速度为零的那一点称为该瞬时平面图形的瞬时速度中心，简称速度瞬心。一般情况下，每瞬时平面图形上速度瞬心是唯一存在的。瞬心可以在刚体上，也可以在刚体外。对瞬心而言，刚体上任一点的速度都垂直于瞬心与该点的连线。

确定瞬心的几种常用方法如下：

(1)已知两点速度方向，即可确定瞬心，如图 3-10 所示。

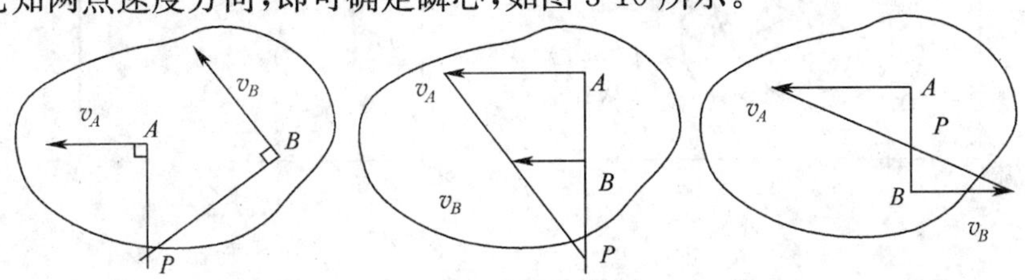

图 3-10 速度瞬心

(2)已知平面图形沿某一线或面纯滚动，接触点即为瞬心，如图 3-11 所示。

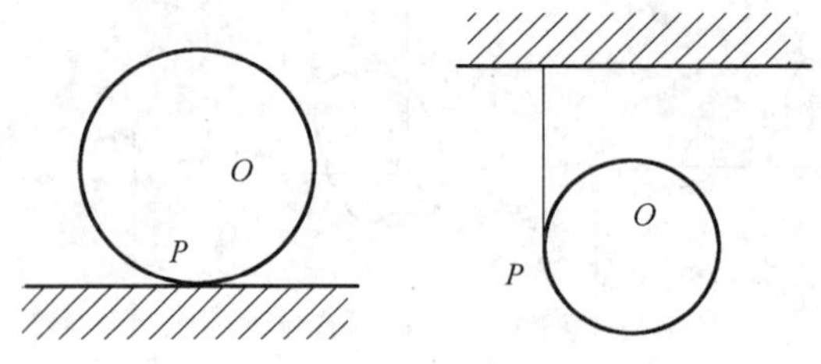

图 3-11　纯滚动瞬心

3.2　平面机构速度瞬心法分析

3.2.1　平面机构速度分析的任务和目的

运动力学分析是研究机械运动性能的必要前提。机构运动分析的任务是在已知机构尺寸及原动件运动规律的情况下，确定机构中其他构件上某些点的轨迹、位移、速度、加速度及构件的角位移、角速度和角加速度。例如通过对机构进行位移和轨迹分析，可以了解机构中构件运动所需空间，以及各构件在运动时会不会发生干涉等；通过对机构进行速度分析，可以了解从动件速度的大小以及变化规律，确定其是否满足工作要求，而且为加速度分析提供了基础；通过机构的加速度分析，可以了解从动件加速度的大小以及变化规律，进而计算惯性力以及对机构做动力分析、强度计算等。

3.2.2　速度瞬心法

1. 瞬心概念

当两构件 1、2 作平面相对运动时，在任一瞬时，都可以认为它们是绕某一点作相对转动，该点称为瞬时速度中心，简称瞬心，两构件在其瞬心处是没有相对速度的，所以瞬心可定义为互相作平面相对运动的两构件上，瞬时相对速度为零的点。也就是具有同一瞬时绝对速度的重合点。或者说，瞬时速度相等的重合点(即等速点)。

2. 瞬心含义

瞬心可以分成绝对瞬心和相对瞬心(图 3-12)。若两刚体之一是静止的，则其瞬心称

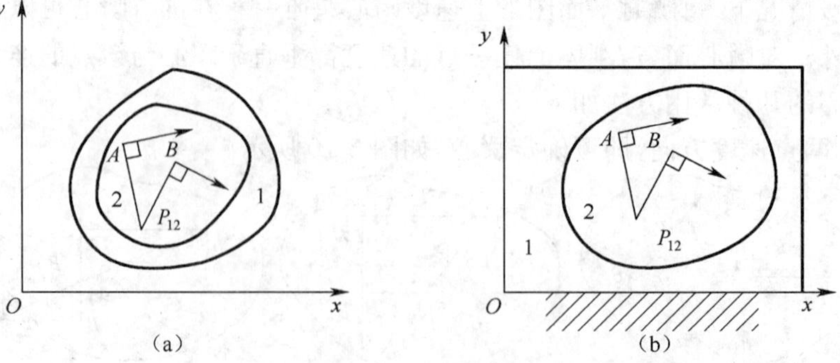

图 3-12　瞬心
(a)相对瞬心；(b)绝对瞬心。

为绝对速度瞬心。若两刚体都是运动的，则其瞬心称为相对瞬心。构件 i 和构件 j 的瞬心用符号 P_{ij} 表示。

两个构件有一个瞬心，由 N 个构件(含机架)组成的机构，其总的瞬心数为 k，则

$$k=\frac{N(N-1)}{N}$$

3. 机构中瞬心位置的确定

1)直接观察法

(1)以转动副连接的两构件的瞬心就在铰接中心(图 3-13)。

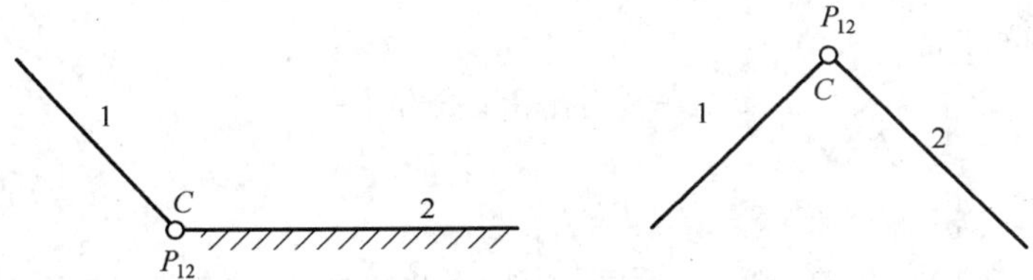

图 3-13 转动副连接

(2)以移动副连接的两构件的瞬心在垂直运动导路无穷远处(图 3-14)。

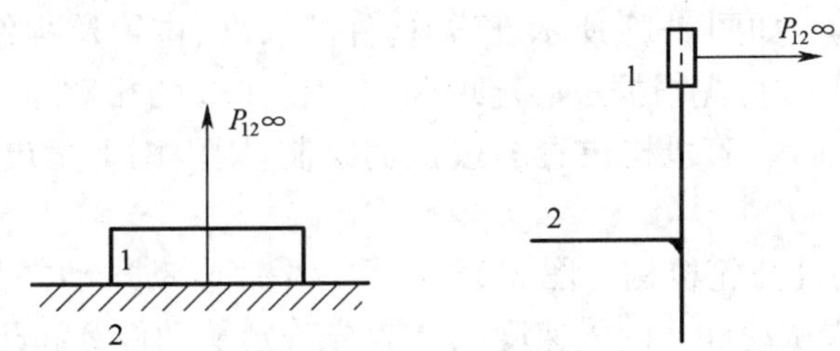

图 3-14 移动副连接

(3)以平面高副连接的两构件的瞬心位置如图 3-15 所示。

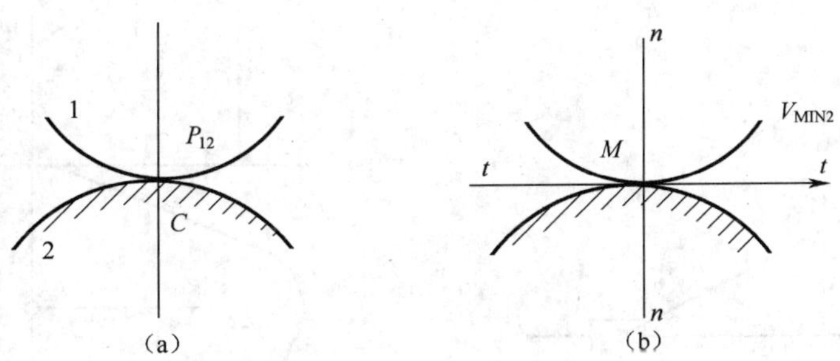

图 3-15 平面高副连接

(a)无滑动的滚动、在接触点 C 处；(b)滑动的滚动、在接触点的公法线上。

2)三心定理法

所谓三心定理是指作平面运动的三个构件共有三个瞬心，它们位于同一直线上。在此举例讨论三心定理的应用。

(1)铰链四杆机构。铰链四杆机构共有 6 个瞬心，其位置如图 3-16 所示，除四个相互接触的绝对瞬心外，瞬心 P_{13} 和 P_{24} 由三心定理确定。

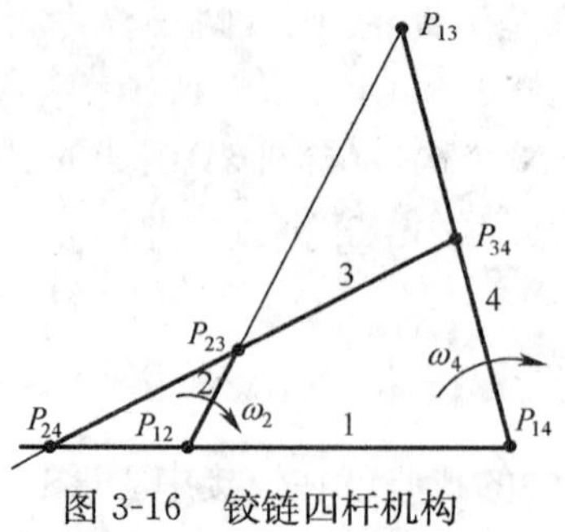

图 3-16　铰链四杆机构

根据瞬心的特性有

$$v_{P13}=\omega_1 l_{P14P13}=\omega_3 l_{P13P34}$$

则

$$\omega_1/\omega_3=l_{P13P34}/l_{P14P13}$$

如图 3-16 所示，P_{13}在P_{34}和P_{14}的同一侧，因此ω_1和ω_3的方向相同，如果P_{13}在P_{34}和P_{14}之间，则ω_1和ω_3的方向相反。运用相同的方法也可求得该机构其他两构件的角速度比的大小和角速度转向。

(2)曲柄滑块机构。如图 3-17 所示，已知构件的长度、位置及构件 1 的角速度ω_1，求滑块C的速度。为求v_C，可先根据三心定理确定构件 1、3 的相对速度瞬心P_{13}。根据瞬心定义$v_C=v_{P13}=\omega_1 l_{AP13}$。若机构位置图按比例绘制，则由图上量出$l_{AP13}$并经比例折算即可得$v_C$。

(3)平底直动从动件凸轮机构。图 3-18 所示为平底直动从动件凸轮机构，设已知凸轮 1 的角速度ω_1，要求从动件 2 的线速度v_2。首先确定从动件 2 和凸轮 1 的相对速度瞬心P_{12}，过接触点M作凸轮轮廓与从动件的公法线n-n，因为P_{23}在垂直于从动件移动方向的无穷远处，所以过P_{13}作从动件移动方向的垂线可得瞬心连线$P_{13}P_{23}$，它与公法线$n—n$的交点即为相对瞬心P_{12}，则$v_2=\omega_1 l_{P13P12}$。

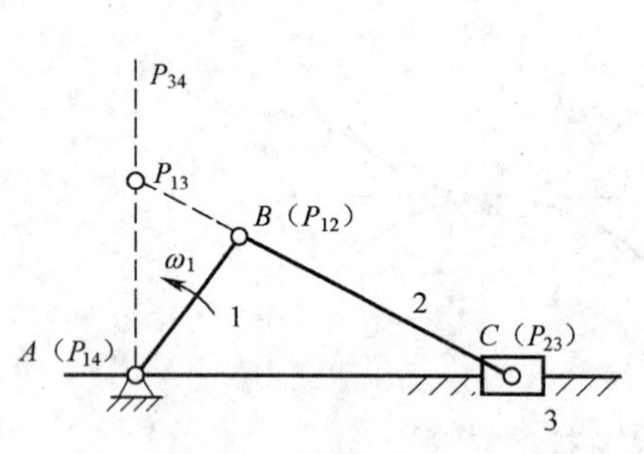

图 3-17　曲柄滑块机构

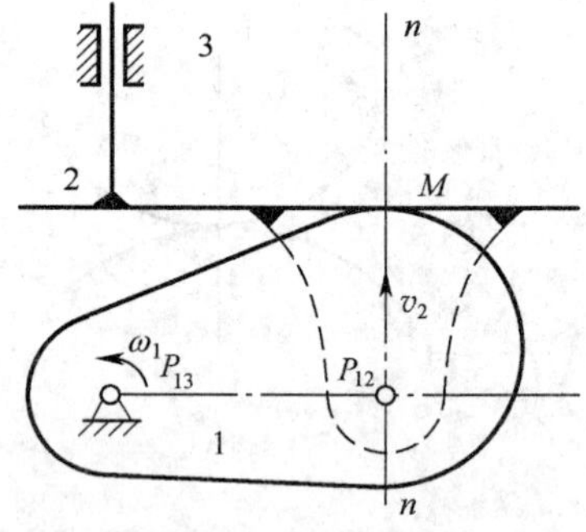

图 3-18　凸轮机构

对于简单的平面机构，特别是平面高副机构利用瞬心进行速度分析是比较简便的。但对于构件数目较多的复杂机构，由于瞬心数目很多，求解时就比较复杂。这种方法不适用于求解机构的加速度问题。

关于机构速度分析和加速度分析，常用的方法与相对运动图解法和解析法，有前述内容和相关力学知识可以对各构件的速度作出详细分析，具体内容请参考相关书籍。

3.3 平面机构力分析的任务、目的和方法

3.3.1 机构力分析的目的和方法

在机构运动过程中，其各个构件都受到力的作用，所以机构的运动过程也是机构传力和做功的过程。作用在机械上的力，不仅是影响机械的运动和动力性能的重要参数，而且也是决定相应构件尺寸及结构形状等的重要依据。所以不论是设计新的机械，还是为了合理地使用现有的机械，都必须对机构的受力情况进行分析。

研究机构力分析的目的有两个。

(1)确定运动副中的反力。对于设计机构各个零件和校核其强度、测算机构中的摩擦力和机械效率等，都必须已知机构的运动副反力。

(2)确定机构需加的平衡力或平衡力矩。这是确定机器工作时所需的驱动功率或能承受的最大负荷等必需的数据。

3.3.2 运动副中的摩擦

机械运动时，在运动副中将产生摩擦力。运动副中的摩擦力是一种有害阻力，它不仅会造成动力的浪费，从而降低机械效率；而且会使运动副元素磨损，从而削弱零件的强度，降低运动精度和工作可靠性。而另一方面在某些情况下机械中的摩擦又是有用的，在一些机械中，就正是利用摩擦来工作的，例如常见的带传动、夹紧机构、摩擦离合器和制动器等。因此不论是为了尽可能地减小其不利的影响，还是为了在需要时更充分地发挥其有用的方面，都必须研究运动副中的摩擦。

1. 移动副中的摩擦

如图 3-19 所示，滑块 A 与平面 B 组成平面移动副，设 F 为作用在滑块 A 上的所有外力的合力，它与接触面法线间的为 β。当 F 的作用线位于接触表面 ab 之内时，滑块 A 的一面紧压在平面 B 上。如将力 F 沿接触面和其法向分成 F_x 和 F_y 两分力，则 F_x 将使滑块 A 向左运动或具有运动的趋势。

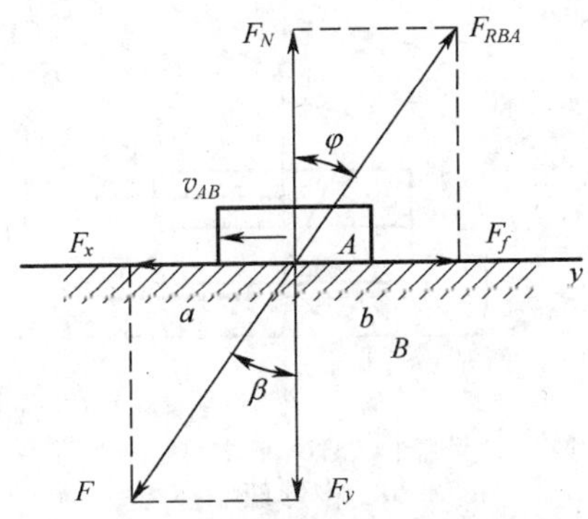

图 3-19 移动副中的摩擦

此时，在运动副中便存在反作用力。如图 3-19 所示，以 A 为示力体，则 B 作用于 A 的总反力为 F_{RBA}，它可分解为正压力 F_N 和摩擦力 F_f。其中 F_N 与 F_y 大小相等而方向相

反。F_f 的方向与 A 相对 B 的速度 v_{AB} 的方向(或相对运动趋势的方向)相反,起阻止运动的作用,$F_x/F_y=\tan\beta$。

根据滑动摩擦的基本定律,F_f 的大小为 $F_f=fF_N$,F_N 与 F_f 的合力即为平面 B 作用于滑块 A 上的全反力 F_{RBA}。全反力与 F_N 之间的夹角为 φ,φ 称为摩擦角。$F_f/F_N=\tan\varphi=f$,$\varphi=\arctan f$,即 φ 的大小取决于摩擦系数 f。全反力 F_{RBA} 的方向恒与所作用的构件的运动方向或运动趋势方向成一钝角 $90°+\varphi$。

由前述推导可得

$$F_x=F_y\tan\beta=F_N\tan\beta=F_f\frac{\tan\beta}{\tan\varphi}$$

分析上式可知:

(1)当 $\beta<\varphi$ 时,外力 F 作用在摩擦角范围之内,$F_f>F_x$。此时若滑块 A 原来就在运动,则 A 作减速运动直至静止不动;若滑块 A 原来不动,则此时无论外力 F 的大小如何,滑块 A 都不能运动。这种不管驱动力多大,由于摩擦力的作用而使机构不能运动的现象称为自锁。

(2)当 $\beta=\varphi$ 时,$F_f=F_x$,即外力 F 的作用线与总反力 F_{RBA} 的作用线重合。因此,若滑块 A 原来就在运动,则 A 作等速运动;若滑块 A 原来不动,则 A 保持不动,处于自锁的临界状态。

(3)当 $\beta>\varphi$ 时,F 作用在摩擦角范围外,此时 $F_f<F_x$,滑块 A 作加速运动。

2. 楔形面摩擦

如图 3-20(a)所示,楔形滑块 A 被载荷 F_Q 压在夹角为 2θ 的楔形槽 B 中,已知与 A、B 同材料,其摩擦系数为 f。如果沿楔形槽轴线 z 的方向加一驱运力 F 后,楔形滑块以等速在楔形槽中滑动,这时滑块的两个接触面上各有一个正压力 F_N 和一个摩擦力 F_f。以滑块为示力体,根据其平衡条件得 $F_f=fF_N=F/2$。画出 xy 平面中力三角形,如图 3-20(b)所示。由图知 $F_Q=2F_N\sin\theta$,得

$$F_f=fF_Q/(2\sin\theta)=f_VF_Q/2$$

或

$$F=f_VF_Q$$

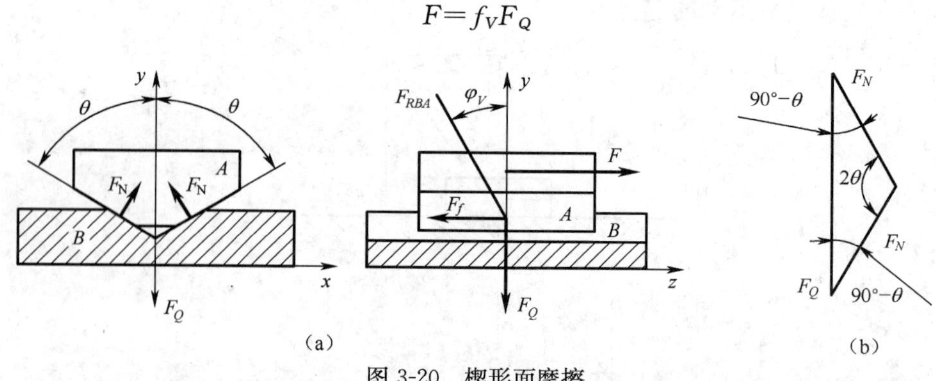

图 3-20 楔形面摩擦

式中:$f_V=f/\sin\theta$,称为楔形滑块的当量摩擦系数,其值恒大于 f,即楔形滑块的摩擦总大于平滑块的摩擦,因此前者适用于需要增加摩擦力的摩擦传动(例如 V 带传动和楔形轮缘的摩擦轮传动)和三角螺纹的螺旋中,同时楔形槽有承受侧向推力的作用,所以也应用

于机床的导轨上。

与平滑块类似，使 $f_V = \tan\varphi_V$，其中 φ_V 称为当量摩擦角，楔形槽加于楔形滑块的总反力 F_{RBA} 与移动方向也存在偏角$(90° + \phi_V)$，如图 3-20(a)所示。

3. 转动副中的摩擦

在实际机构中常见的转动副都可以看成由轴和轴承构成。轴安装在轴承中的部分称为轴颈，载荷作用于其半径方向，称为径向轴颈；载荷作用于其轴线方向，称为止推轴颈。在此讨论径向轴颈转动副中的摩擦。

如图 3-21(a)所示，设半径为 r 的轴颈 A 在径向载荷 F_Q、驱动力矩 M 作用下相对轴承 B 以等角速 ω_{AB} 回转，此时 A 和 B 间便存在运动副反力。通常认为沿轴向压力分布是均匀的，故只在其端面研究其力的关系。

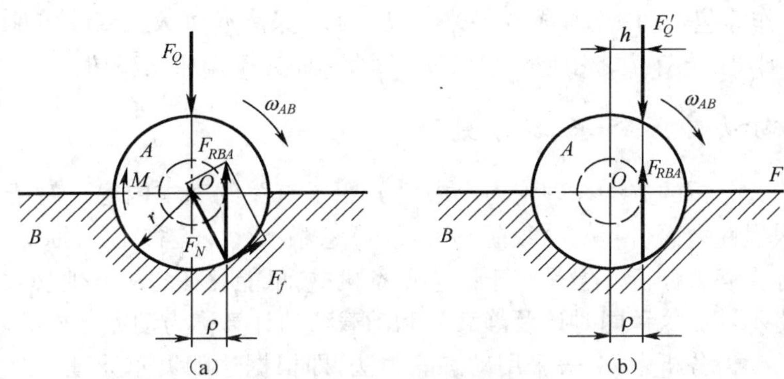

图 3-21 转动副中的摩擦

取 A 为示力体，则 B 加于 A 的总反力为 F_{RBA}。根据平衡条件可知 $F_{RBA} = -F_Q$，又 F_{RBA} 与 F_Q 构成一阻止轴颈转动的力偶矩 M_f，与 M 相平衡。设 F_{RBA} 与 F_Q 之间距离为 ρ，则 $M_f = F_{RBA}\rho$。

将 F_{RBA} 在轴颈的作用点处分解成通过轴心 O 和切于轴颈的两个分力 F_N 和 F_f，由于正压力 F_N 对点 O 力矩为零，故只有 F_f 构成力偶矩 M_f 起阻止轴颈运动的作用。M_f 称为摩擦力矩。如 A、B 之间存在间隙，则两者近似成线接触，符合滑动摩擦的基本定律，即 $F_f = fF_N$，故

$$F_{RBA} = \sqrt{F_N^2 + F_f^2} = \sqrt{1 + f^2}\,F_N$$

则

$$M_f = F_f r = fF_N r = \frac{f}{\sqrt{1 + f^2}} F_{RBA} r$$

由以上两式相比较可知：

$$\rho = \frac{f}{\sqrt{1 + f^2}} r = f_V r \quad 且 \quad M_f = F_{RBA} f_V r = F_Q f_V r$$

式中：f 为滑动摩擦数，$F_V = \dfrac{f}{\sqrt{1 + f^2}}$称为径向轴颈转动副的当量摩擦系数。

应当强调指出，总反力 F_{RBA} 相对载荷 F_Q 作用线的偏移距离 ρ 值只取决于当量摩擦系数和轴颈半径，当 F_Q 方向改变时，F_{RBA} 的方向一定随之改变，但相对轴心 O 始终偏移一个距离 ρ，即 F_{RBA} 总与以 O 为圆心、ρ 为半径的圆相切。与摩擦角的作用相同，此圆可

以确定总反力作用线的位置，故称为摩擦圆。由于摩擦力矩阻止相对运动，故 F_{RBA} 对轴心的力矩方向必与 ω_{AB} 相反，所以在计及摩擦力的机构力分析中，利用摩擦圆、构件间相对运动的方向和构件的力平衡条件，便可确定各运动副中总反力的作用线位置，并进一步求出其大小和方向。

根据力偶等效定律，可将驱动力偶矩 M 与载荷合并成一合力 F_Q'，其大小仍为 F_Q，作用线偏移距离为 $h=M/F_Q$，如图 3-21(b)所示。由此可知：

(1)当 $h<\rho$ 时，F_Q' 与摩擦圆相割，$M<M_f$。因此，若轴颈 A 原来就在运动，则 A 将作减速运动直至静止不动；若 A 原来不动，则此时无论 F_Q' 大小如何，A 都不能转动。这就是在转动副中发生的自锁现象。

(2)当 $h=\rho$ 时，F_Q' 与摩擦圆相切，$M=M_f$，即图中所示位置。因此，若轴颈 A 原来就在转动，则 A 作等速转动；若轴颈 A 原来不动，则 A 保持不动，处于自锁的临界状态。

(3)当 $h>\rho$ 时，F_Q' 在摩擦圆外，$M<M_f$，因此，轴颈 A 作加速转动。

3.3.3 机构动力分析基本方法

研究机构力分析的方法在理论力学中已介绍了有关的基本内容。对于低速机械，由于运动构件因惯性力而引起的动载荷不大，故可忽略不计。这种不计动载荷而仅考虑静载荷的计算称为静力分析。但是对于高速重型机械，可能存在超过其他静载荷的动载荷，因此不能忽略不计。这种同时计及静载荷和动载荷的计算称为动力分析。

在机构的动力分析中，一般采用动态静力法，即根据达朗贝尔原理，假想地将惯性力加在产生该力的构件上，则在惯性力和所有的其他外力作用下，该机构或其中构件都可以认为是处于平衡状态，因此可以用静力学的方法进行计算，这种动力计算方法称为动态静力法。

对机械进行动态静力分析时，除了应确定机构所受的所有外力(驱动力、生产阻力及重力)外，还应计算各构件在运动过程中产生的惯性力。机构力分析的方法有图解几何法和解析法两种。

习　题

3-1 简述速度多边形和加速度多边形的特性。

3-2 简述摩擦角概念。机械中摩擦是否全是有害的?

3-3 简述自锁概念。

3-4 什么是速度瞬心? 机构瞬心的数目如何计算?

3-5 速度瞬心的判定方法是什么? 直观判定有几种?

3-6 速度瞬心的用途是什么?

3-7 平面机构运动分析的内容、目的和方法是什么?

3-8 什么是基点法? 什么样的条件下用基点法? 动点和基点如何选择?

3-9 正切机构的运动简图如图 3-22 所示，其长度比例尺 $\mu_L=2$ mm/mm。图中的构件 1 均为原动件，且已知 $\omega_1=10$rad/s 。试分别求出其全部瞬心点，并用瞬心法分别求出:构件 3 的速度 v_3、构件 2 上速度为零的点 I_2和构件 2 的角速度 ω_2。

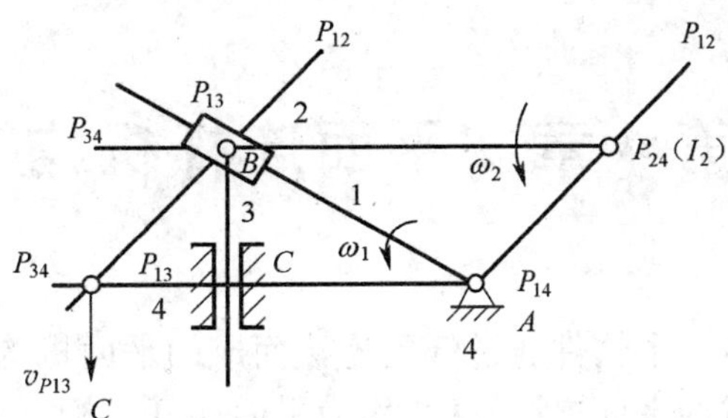

图 3-22

3-10 在图 3-23 所示的机构中,已知:$L_{AB}=38$mm,$L_{CE}=20$mm,$L_{DE}=50$mm,$x_D=150$mm,$y_D=60$mm;构件 1 以逆时针等角速度 $\omega_1=20$rad / s 转动。试求出此机构的全部瞬心点,并用向量多边形法求出构件 3 的角速度 ω_3和角加速度 ε_3,以及点 E 的速度 v_E 和加速度 a_E。

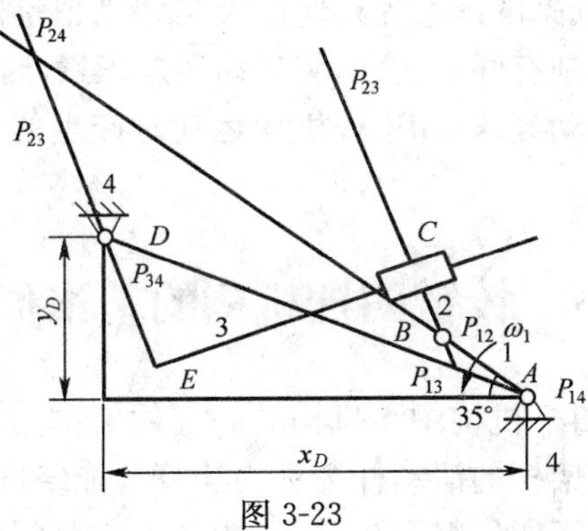

图 3-23

第4章 平面连杆机构

平面连杆机构是由若干个构件通过低副连接而成的平面机构,也称低副机构。由四个构件通过低副连接而成的平面连杆机构,称为平面四杆机构。如果所有低副均为回转副,这种四杆机构就称为铰链四杆机构,它是平面四杆机构最基本的形式,其他形式的四杆机构都可看作是在它的基础上演化而成的。

平面连杆机构在各种机器和仪表中得到了广泛的应用。其优点有:①平面连杆机构中的运动副都是低副,组成运动副的两构件之间为面接触,压强小、耐磨损,可承受较大的载荷;②低副的接触面容易加工,容易获得较高的制造精度;③连杆很长,可较长距离传递运动,适合于操纵机构;④低副的约束为几何约束(靠形状限制运动),无需附加约束装置。平面连杆机构的缺点:①低副有间隙,会引起运动误差积累,运动精度不高;②连杆机构设计复杂,难于实现复杂的运动规律;③连杆机构运动时产生的惯性力难以平衡,所以不适用于高速的场合。

4.1 铰链四杆机构的基本形式

在图4-1所示的铰链四杆机构中。机构的固定件4称为机架;与机架相连的杆1和杆3称为连架杆;连接两连架杆的活动杆2称为连杆。能绕同定铰链中心(A 或 D)作整周转动的连架杆称为曲柄,不能作整周转动、只能在一定范围内摆动的连架杆称为摇杆。由此,按连架杆的运动形式可将铰链四杆机构分为三种基本形式:曲柄摇杆机构、双曲柄机构和双摇杆机构。

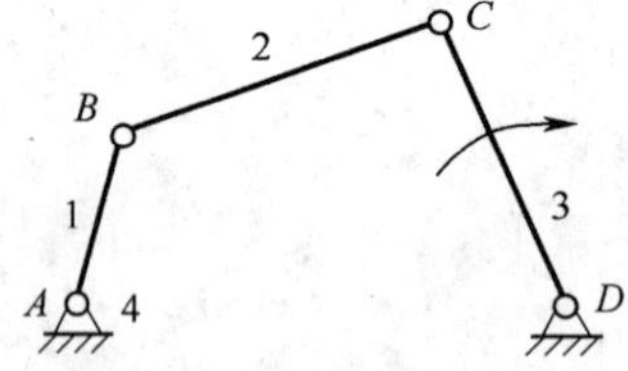

图4-1 曲柄摇杆机构

4.1.1 曲柄摇杆机构

铰链四杆机构的两个连架杆中,若一个是曲柄,另一个是摇杆,则称为曲柄摇杆机构(图4-1)。在铰链四杆机构中除机架外,其他构件均可作原动件,通常多以曲柄或摇杆为原动件。当以曲柄为主动件时,曲柄作匀速转动,摇杆作非匀速往复摆动,连杆作平面运动。图4-2为曲柄摇杆机构的应用实例。

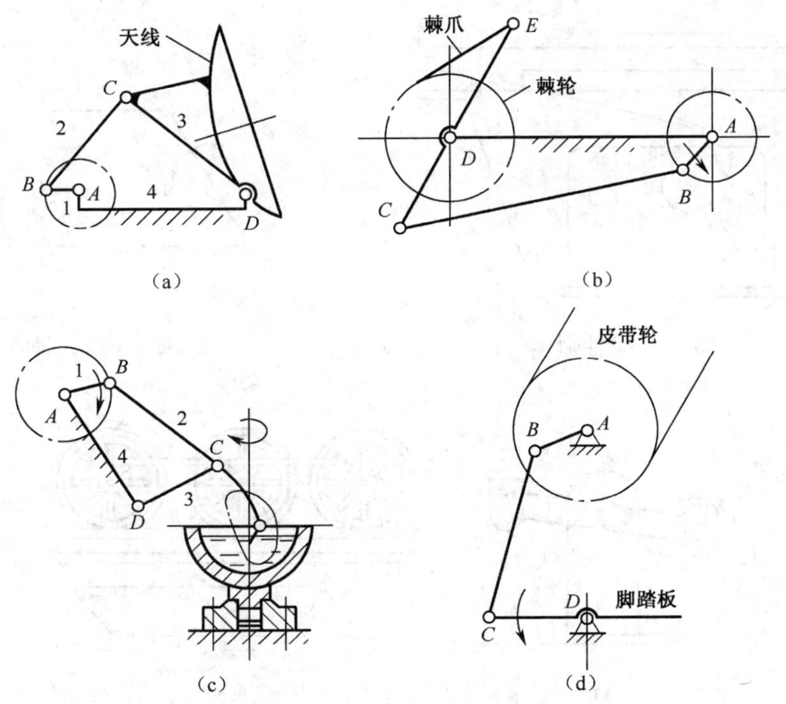

图 4-2　曲柄摇杆机构的应用实例

(a)雷达;(b)牛头刨床横向进给机构;(c)搅拌机搅拌机构;(d)缝纫机踏板机构。

4.1.2　双曲柄机构

在铰链四杆机构中,若两连架杆都是可相对机架作整周回转的曲柄,此机构称为双曲柄机构(图 4-3)。图 4-4 所示为插床的主机构。在图 4-5 所示的惯性筛中,当原动曲柄 AB 等速回转时,从动曲柄 CD 作变速转动,从而使筛体 6 具有较大变化的加速度。利用加速度所产生的惯性力,使被筛材料达到理想的筛分效果。

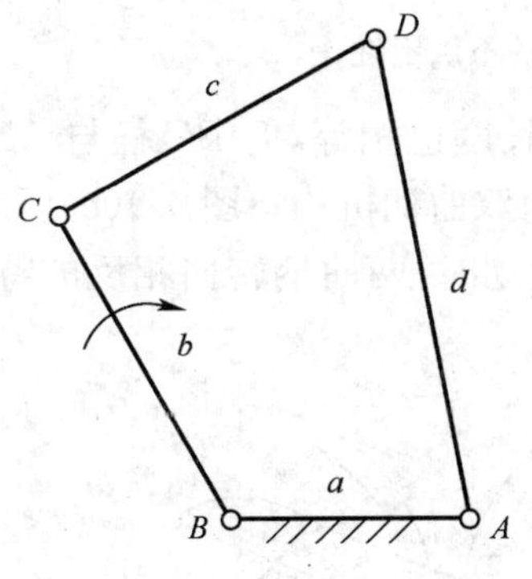

图 4-3　双曲柄机构

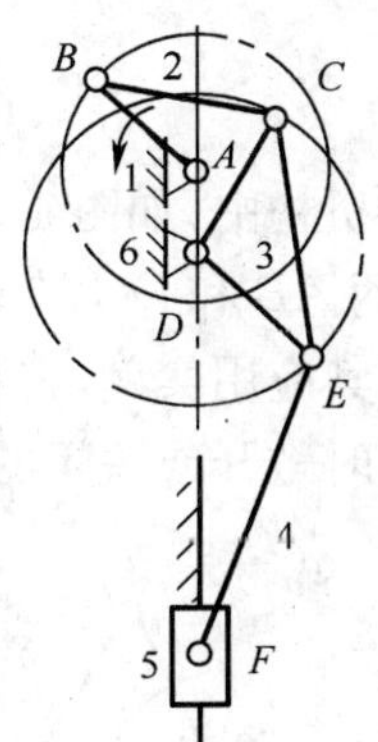

图 4-4　插床主机构

在双曲柄机构中,若两曲柄平行且相等,称为平行双曲柄机构(图 4-6)。这种机构的特点是主动曲柄(AB)和从动曲柄(DC)以相同的角速度转动,而连杆作平动。图 4-7 是平行双曲柄机构的应用实例。

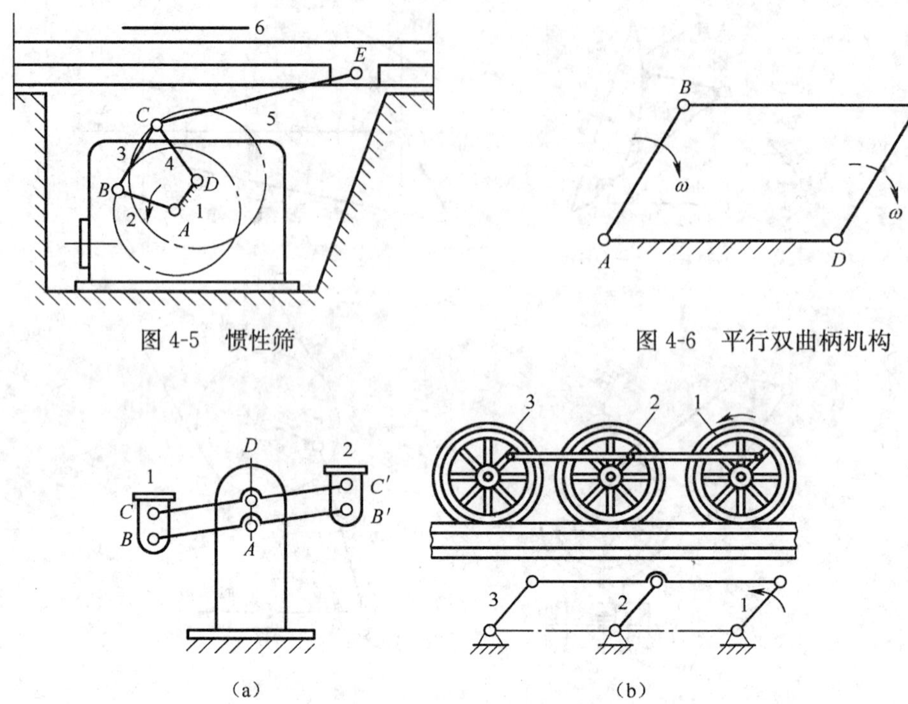

图 4-5　惯性筛

图 4-6　平行双曲柄机构

(a)　(b)

图 4-7　平行双曲柄机构的应用实例

(a)天平机构；(b)机车车轮联动机构。

平行双曲柄机构的两曲柄在运动到 A、B、C、D 四点共线的位置时，却会出现从动曲柄反向运动的可能，如图 4-8 所示。

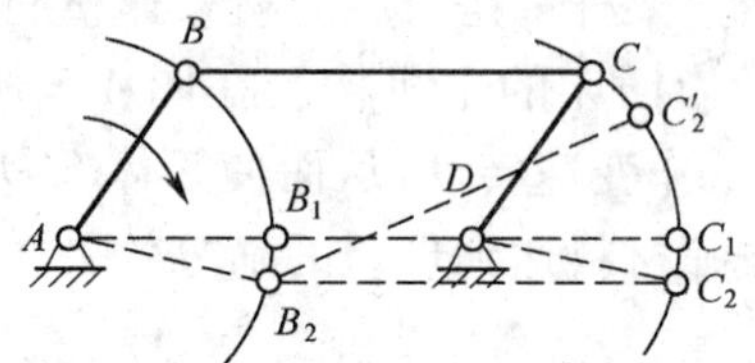

图 4-8　平行双曲柄机构运动的不确定性

这时的机构中，如图 4-9(a)所示，虽然其对应边长度也相等，但 BC 杆与 AD 杆并不平行，两曲柄 AB 和 DC 转动方向也相反，故称为反向双曲柄机构。图 4-9(b)所示的车门启闭机构为其应用实例，它是利用反向双曲柄机构运动时，两曲柄转向相反的特性，达到两扇车门同时敞开或关闭的目的。

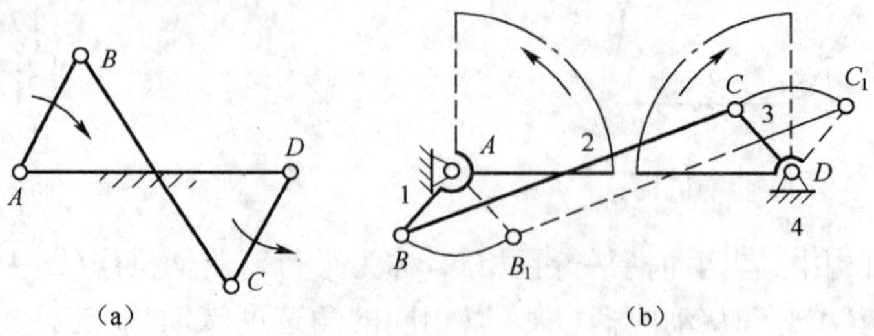

(a)　(b)

图 4-9　反向双曲柄机构及其应用实例

4.1.3 双摇杆机构

当铰链四杆机构中的两连架杆都是摇杆时，称为双摇杆机构，如图 4-10 所示。图 4-11 所示为港口起重机的双摇杆机构 $ABCD$。选择适当的杆长，它可使悬挂重物作近似水平直线移动，保证吊装平稳。在双摇杆机构中，若两摇杆的长度相等，则称等腰梯形机构，如图 4-12 中汽车前轮的转向机构。

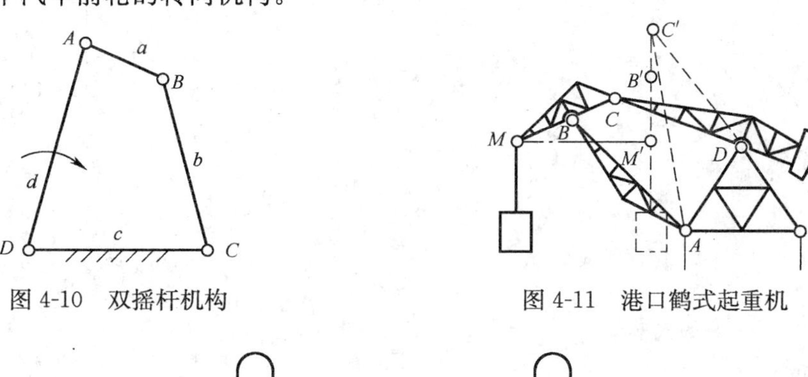

图 4-10　双摇杆机构　　图 4-11　港口鹤式起重机

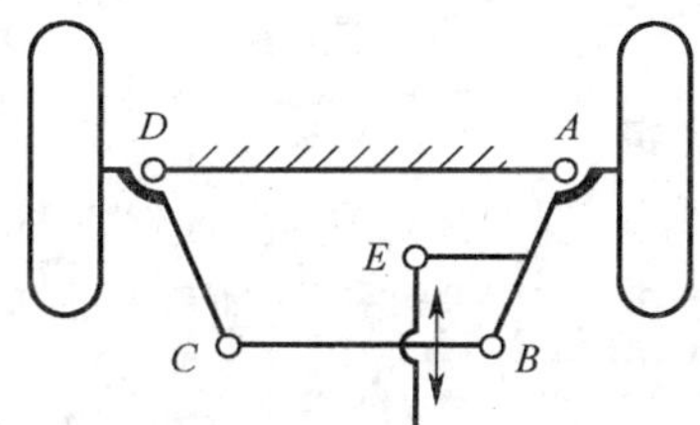

图 4-12　汽车转向机构

4.2　铰链四杆机构曲柄存在条件

在图 4-13 所示的铰链四杆机构中，杆件 1、2、3、4 的杆长分别为 a、b、c、d。

1. $a<d$

连架杆 AB 能作整周转动为曲柄。与 A、B 两回转副分别相连的 a、b 杆之间和 a、d 杆之间均能相对地作整周的回转运动。把 A、B 两回转副叫作整转副。

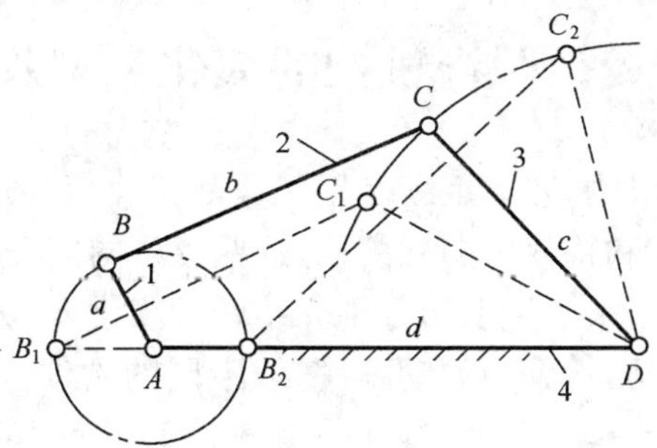

图 4-13　铰链四杆机构曲柄的存在条件

由曲柄定义可知，在图 4-13 所示的铰链四杆机构中，若使杆 1 成为曲柄。它必须能绕铰链 A 相对机架作整周转动，即必须使铰链 B 能转过 B_2 点（距离 D 点最近）和 B_1 点（距离 D 点最远）两个特殊位置，此时杆 1 和杆 4 共线。

由$\triangle B_1C_1D$,可得

$$a+d\leqslant b+c \tag{4-1}$$

由$\triangle B_2C_2D$,可得

$$a\leqslant(d-a)+c$$

或

$$c\leqslant(d-a)+b$$

整理后可得

$$a+b\leqslant d+c \tag{4-2}$$

$$a+c\leqslant d+b \tag{4-3}$$

整理式(4-1)、式(4-2)、式(4-3)三式,可得

$$a\leqslant c \tag{4-4}$$

$$a\leqslant b \tag{4-5}$$

$$a\leqslant d \tag{4-6}$$

可见,AB 杆为最短杆。

2. $d<a$

用同样的方法可得,d 为最短杆。

综合分析式(4-1)～式(4-6)及图 4-13,可得出铰链四杆机构中存在曲柄的条件:

(1)最短杆和最长杆长度之和小于或等于其他两杆长度之和。这一条件也称做杆长和条件。

(2)最短杆是连架杆或机架。

在图 4-13 中可以看到,最短杆两端的回转副均是整转副($a<d$ 时,a 杆两端的回转副是整转副;$d<a$ 时,d 杆两端的回转副是整转副)。

当满足杆长和条件时:

①以最短杆为机架,可得到双曲柄机构;

②以最短杆的相邻杆为机架时,可得到曲柄摇杆机构;

③以最短杆的对面杆件为机架时得到双摇杆机构。

当不能满足杆长和条件时,(无论以谁为机架)只能得到双摇杆机构。

4.3 铰链四杆机构的演化类型及应用

前述的三种铰链四杆机构,还远远满足不了实际工作机械的需要,在生产实践中,常常采用多种不同外形、结构和特性的四杆机构,这些类型的四杆机构可以看作是由铰链四杆机构通过不同方法演化而来的。下面分别介绍几种演化方法及演化后的变异机构。

常用的演化方法:①变回转副为移动副;②取不同的构件作机架;③扩大回转副和移动副的尺寸。

4.3.1 铰链四杆机构演化为单滑块(或导杆)机构的过程

如图 4-14(a)所示,在此铰链四杆机构中,改变构件 DC 的形式便成为一滑块,如图 4-14(b)所示,滑块移动的轨迹是以 D 为中心、以 DC 长为半径的圆弧。当 DC 的长度变得

无穷大，D 点移至无穷远时，滑块移动的轨迹成为一条直线，如图 4-14(c)所示，此时的机构称为偏置式曲柄滑块机构，偏距为 e。若使 $e=0$，机构变为对心式曲柄滑块机构，如图 4-14(d)所示。

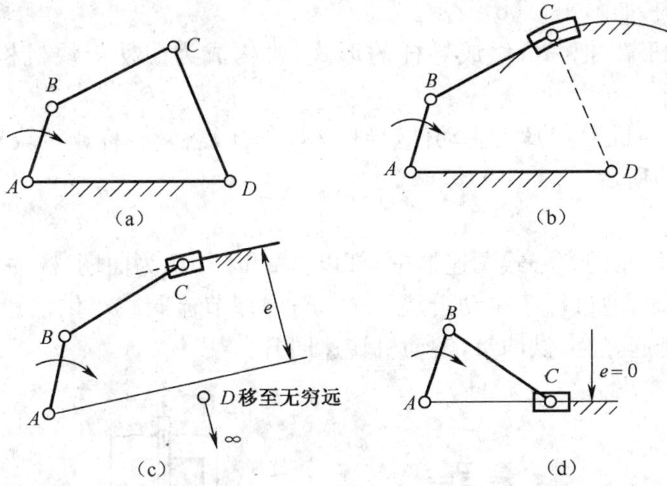

图 4-14　铰链四杆机构演化为单滑块(或导杆)机构的过程

4.3.2 取不同的构件作机架

如前述的铰链四杆机构中，在满足杆长和条件时，改变杆件的位置关系可分别得到曲柄摇杆机构、双曲柄机构和双摇杆机构。

针对对心式曲柄滑块机构，同样分别取不同的杆件为机架(以及改变构件的形式)，也可演化出不同的机构。

1. 单滑块(或导杆)机构的不同类型

如图 4-15(a)所示，取 AB 为机架，并把 AC 做成导杆的形式。

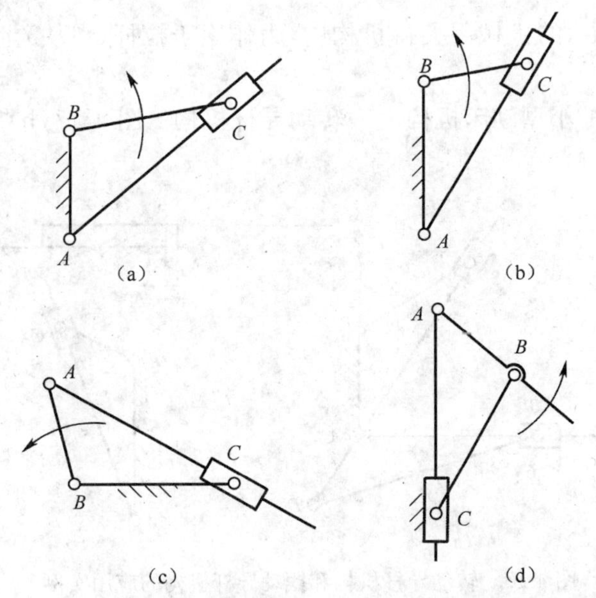

图 4-15　单滑块(或导杆)机构的不同类型

(1)当 $AB \leqslant BC$,以 BC 为曲柄时,BC 作整周的转动,导杆 AC 也作整周的转动,称为转动导杆机构,如图 4-15(a)所示。

(2)当 $AB > BC$,以 BC 为曲柄时,BC 作整周的转动,导杆 AC 只作一定角度的摆动,称为摆动导杆机构,如图 4-15(b)所示。

(3)取 BC 为机架,把 AC 做成导杆的形式,机构成为曲柄摇块机构,如图 4-15(c)所示。

(4)取滑块 C 为机架,AB 为主动件,导杆 AC 作往复移动,称作定块机构或移动导杆机构,如图 4-15(d)所示。

2. 应用实例

在图 4-16(a)所示的离心式调速器中,杆以 aA 和杆 aB 为曲柄,构件 1 为滑块。当转速升高、飞锤飞起时,通过杆 7 拉动滑块 1→2,3→4→节流阀减小供油量,使发动机转速下降;反之,杆 4 升起,加大供油量,发动机转速回升。

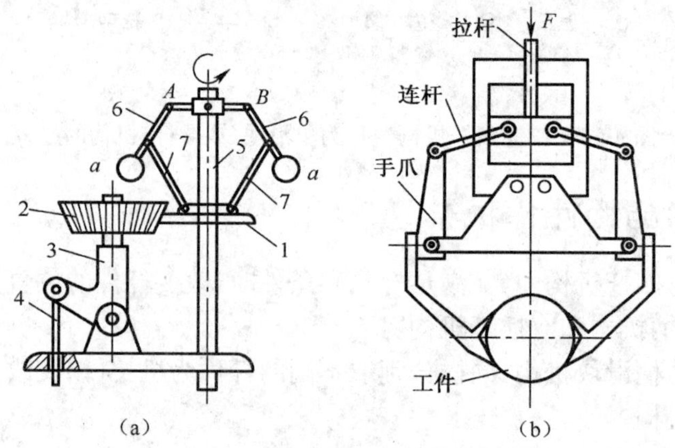

图 4-16 曲柄滑块机构的应用实例

(a)离心调速器;(b)机械手夹持机构。

在图 4-16(b)所示的机械手夹持机构中,力作用于拉杆(滑块)上→连杆→手爪(曲柄)→将工件夹起。

图 4-17(a)所示的小型刨床机构为一转动导杆机构。图 4-17(b)所示为用于牛头刨床的摆动导杆机构。

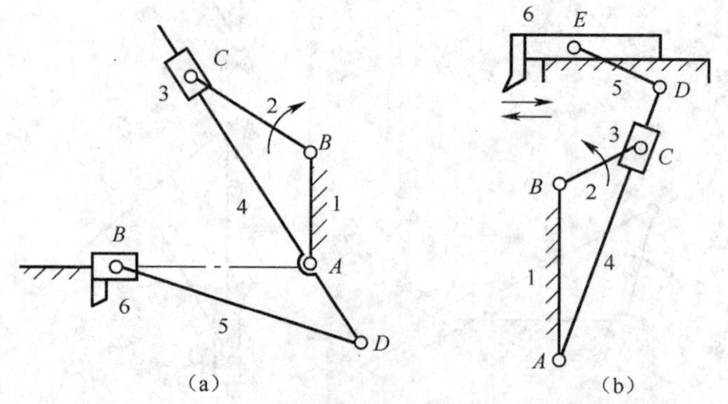

图 4-17 转动导杆机构和摆动导杆机构的应用实例

(a)小型刨床机构;(b)牛头刨床机构。

图 4-18(a)所示液压翻斗车是一曲柄摇块机构。油缸(摇块)中通过进排液压油推动活塞和活塞杆(移动导杆)翻起、放下货斗(曲柄)。在图 4-18(b)所示的玩具步行机构中,发条驱动曲柄 AB→腿脚(移动导杆,在摇块中移动)行走。

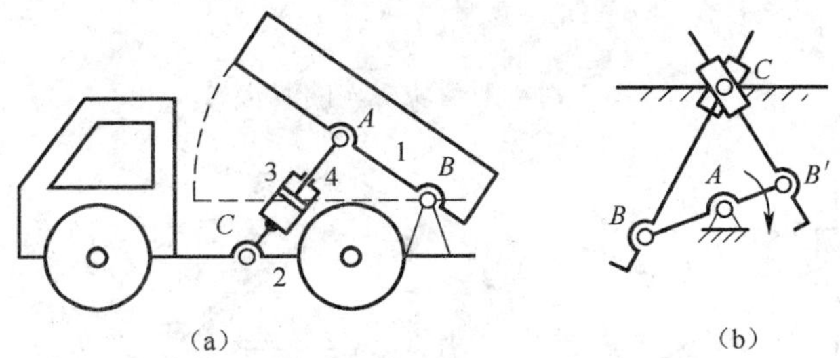

图 4-18　曲柄摇块机构的应用实例

(a)翻斗车;(b)玩具步行机构。

图 4-19 所示汲井机构为一定块机构。图中的井筒 3 相当于定块。

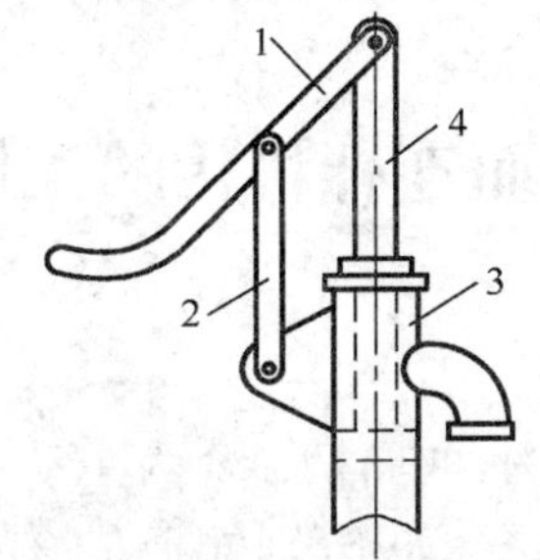

图 4-19　定块机构的应用实例——汲井

4.3.3　扩大回转副

当曲柄 AB 的实际尺寸很小但传递较大动力时,可将曲柄做成一圆盘,使圆盘的几何中心与其回转中心间的距离等于曲柄 AB 的长度,如图 4-20 所示,称为偏心轮机构(当半径很小时称为偏心轴)。

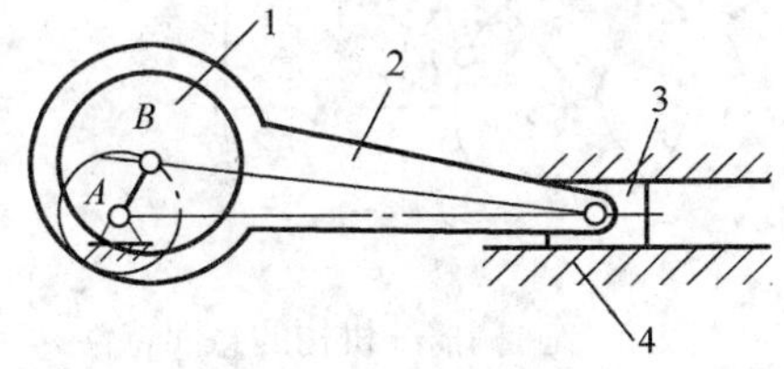

图 4-20　偏心轮机构

1—偏心轮;2—连杆;3—滑块;4—机架。

4.3.4　双滑块机构

如图 4-21 所示,如将曲柄滑块机构中曲柄 AB 的回转中心 A 向左移至无穷远处,曲柄 AB 与机架 AC 间的相对运动可认为是相对移动,此时的机构成为双滑块机构,如图 4-22(a)所示,其应用实例为椭圆仪(图 4-22(b))。

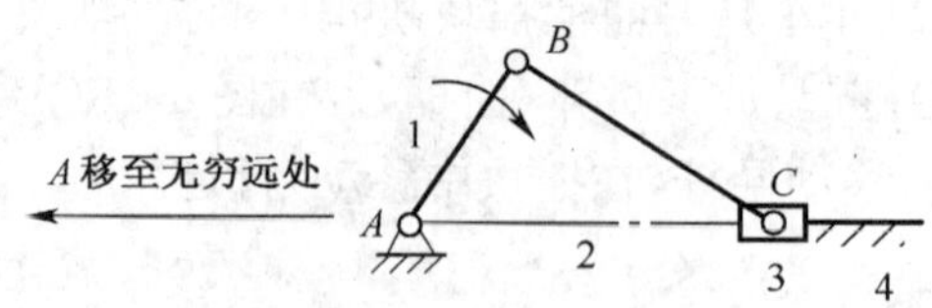

图 4-21　双滑块机构的演化

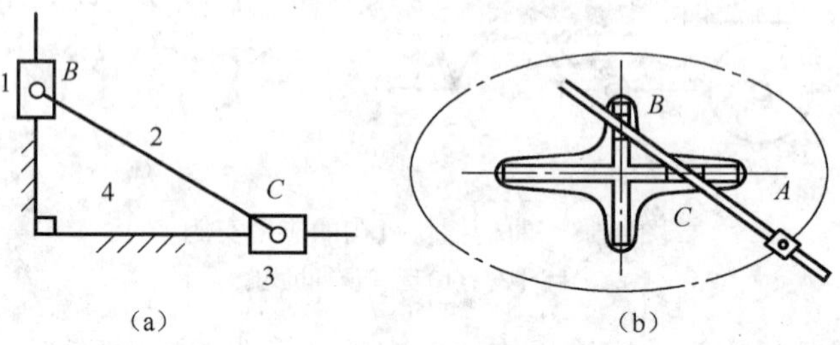

图 4-22　双滑块机构及椭圆仪

4.4　平面连杆机构的工作特性

4.4.1　急回特性

图 4-23 所示为一曲柄摇杆机构，取曲柄 AB 为主动件。在曲柄转动一周的过程中，有两次与连杆 BC 共线。这时的摇杆 DC 分别处于左、右两极限位置 DC_1 和 DC_2。摇杆处于两极限位置时所夹的锐角 φ，称作摇杆的摆角；θ 为对应于摇杆处于两极限位置时，曲柄两对应位置所在直线间所夹的锐角，称为极位夹角。φ 和 θ 的大小与机构中各构件的尺寸有关。

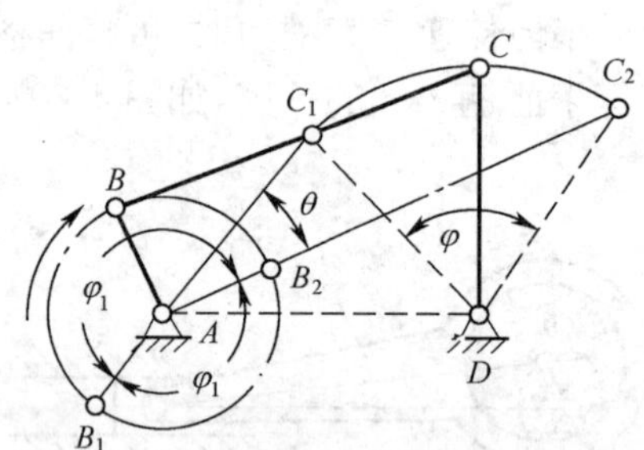

图 4-23　曲柄摇杆机构的急回特性

由图 4-23 中可见，当曲柄以角速度 ω 由位置 AB_1 顺时针转到位置 AB_2 时，转过角度 $\varphi_1=180°+\theta$，所需时间为 $t_1=\varphi_1/\omega=(180°+\theta)/\omega$；在同样的时间里，摇杆从 DC_1 摆到 DC_2，C 点的平均线速度为 $v_1=C_1C_2/t_1$，曲柄继续顺时针从 AB_2 转到 AB_1 时，转过角度 $\varphi_2=180°-\theta$，所需时间为 $t_2=\varphi_2/\omega=(180°-\theta)/\omega$；同样的时间里，摇杆从 DC_2 摆回到 DC_1，C 点的平均速度为 $v_2=eZ/t$。由于 $\varphi_2<\varphi_1$，$t_2<t_1$ 所以 $v_2>v_1$。说明当曲柄等速转动时，摇杆往返摆动的速度不相同，返回时速度较大。这种从动件返回行程的速度大于工作行程速度的性质，称为机构的急回特性，通常用行程速比系数 K 来表示：

$$K=\frac{\text{从动件返回行程的平均线速度 } v_2}{\text{从动件工作行程的平均线速度 } v_1}=\frac{as/t_2}{C_1C_2/t_1}=\frac{180°+\theta}{180°-\theta} \tag{4-7}$$

式(4-7)表明,只要 $\theta>0°$,则 $K>1$,机构就存在急回特性;极位夹角 θ 越大,K 值越大,急回运动性质也越显著。当 $\theta=0°$,即 $K=1$ 时,机构将无急回特性(θ 不可能$<0°$,所以 K 不可能<1)。

由式(4-7)可得极位夹角的计算公式,即

$$\theta=180°\frac{K-1}{K+1} \tag{4-8}$$

设计新机构时,总是根据对急回程度的要求先定出 K 值,再由式(4-8)算出极位夹角,然后设计各构件的尺寸。

4.4.2 压力角 α 和传动角 γ

1. 机构的压力角 α 和传动角 γ(图 4-24)

设计平面连杆机构时,除必须满足预定的运动要求外,还必须考虑机构的传动性能。设曲柄 AB 为原动件,若不计各杆件的质量和运动副中的摩擦力,则连杆 BC 为二力杆。它作用于从动构件摇杆 DC 的力 F 是沿着杆 BC 方向的。作用于从动件 DC 杆的力 F 与 DC 杆上 C 点处的速度 v_C 之间所夹的锐角 α 称为压力角。由图可知,力 F 沿 v_C 方向驱动摇杆运动的有效分力为

$$F_t=F\cos\alpha \tag{4-9}$$

而在垂直于 v_C 方向的分力为

$$F_r=F\sin\alpha \tag{4-10}$$

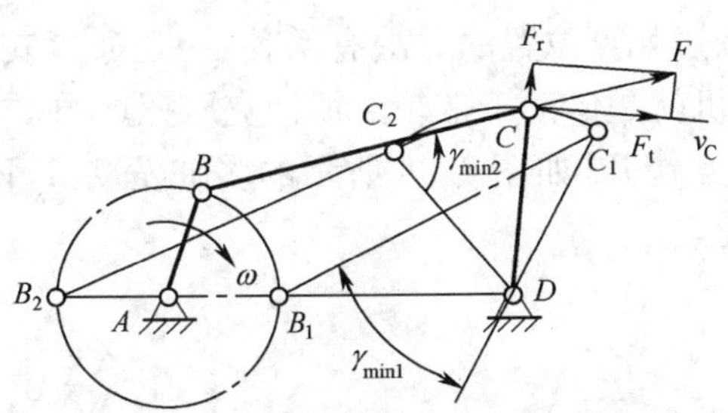

图 4-24 机构的压力角和传动角

可以看出,F_r 无助于摇杆的运动,反而会增加回转副处的径向压力和摩擦阻力,因此它是有害分力。显然,压力角越大,有效分力越小,对机构传动越不利。可以想象,当压力角 α 过大,有效分力产生的驱动力矩不足以克服运动副中的摩擦力矩时,机构将卡死,称为自锁;反之,压力角越小,对传动越有利。因此,压力角是衡量机构传动性能的重要指标。但在实际机构中测量压力角的大小却不方便,为方便度量,人们常用压力角的余角 γ 来衡量机构的传动性能,即 $\gamma=90°-\alpha$。它是传力杆件与从动杆两构件之间所夹的锐角,称为传动角。显然 γ 越大,对传动越有利;反之,则越不利。

2. 最小传动角 γ_{min}

机构在整个运行过程中 γ 的大小是变化的(0°~90°),为防止机构的最小传动角不至于过小,给机构的传动带来过大的不利影响,必须要认识机构最小传动角 γ_{min} 的位置并给

以限制。

如图 4-24 所示，在机构整个运转过程中，曲柄 AB 两次与机架 AD 共线，$B_1D=d-a$ 为$\angle BCD$ 所对边的最小值，$B_2D=d+a$ 为$\angle BCD$ 所对边的最大值；故$\angle B_1C_1D$ 为机构的最小传动角 γ_{min1}；$\angle B_2C_2D$ 为机构的最大传动角，当$\angle B_2C_2D$ 超过 90°时，应取其补角（因为传动角要取锐角），亦为机构的最小传动角 γ_{min2}。比较 γ_{min1} 与 γ_{min2} 取其小者为机构的最小传动角 γ_{min}。

通常对 γ 的限制条件是：$\gamma_{min}\geqslant 40°\sim 50°$。以传递运动为主的机构取偏于小值（甚至小到 30°）；以传递动力为主的机构取偏于大值。

4.4.3 机构的死点

1. 死点位置

所谓机构的死点位置就是指机构处于传动角 $\gamma=0°$时的位置。在曲柄摇杆机构中，当以摇杆 DC 为主动件、运行到 DC_1、DC_2 两位置时，从动件 AB 处于与传动杆件 BC_1、BC_2 共线的 AB_1 和 AB_2 位置，如图 4-25 所示，这时的 $\gamma=0°$（此时，力臂 $h=0$，有效转矩 $M=0$），故机构处于死点位置。

2. 闯过死点

机构处于死点位置，在许多情况下对传动是不利的。机构将被卡死或出现运动方向不确定的现象。例如，缝纫机的踏板机构（曲柄摇杆机构），踏下脚踏板（摇杆）到机构的死点位置，缝纫机就会断线（参阅图 4-2(d)）。内燃机的曲柄连杆机构（曲柄滑块机构），在滑块为主动件的冲程里，活塞运行到行程的两极限位置时，是机构的死点位置，如不使机器顺利闯过这一位置就会使机器停车。

实际机械中常用的闯过死点位置的方法有两种：一是通过安装在从动曲柄轴上飞轮的惯性闯过死点，如缝纫机就是借助于带轮的惯性克服死点的；二是利用多组机构错位排列，使各组机构的死点相互错开，如图 4-26 所示的多缸发动机，两组机构交错排列，使左右两组机构不同时处于死点。

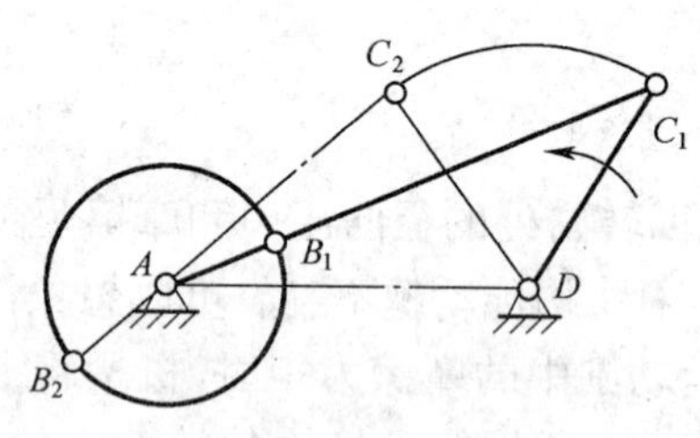

图 4-25　死点位置

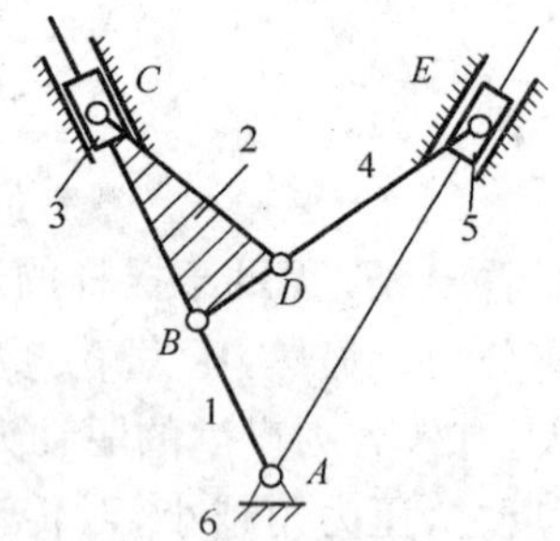

图 4-26　多缸发动机错列排位

在实际机械中，也常利用死点位置来实现一定的工作要求。例如飞机的起落架机构（图 4-27），在飞机着陆时，使机构处于死点位置，这时 B、C、D 共线，从而使飞机能承受巨大的着陆冲击。又如钻床夹具（图 4-28）利用死点位置时 B、C、D 三点共线夹紧工件，夹紧力保证了被钻削的工件不松脱。

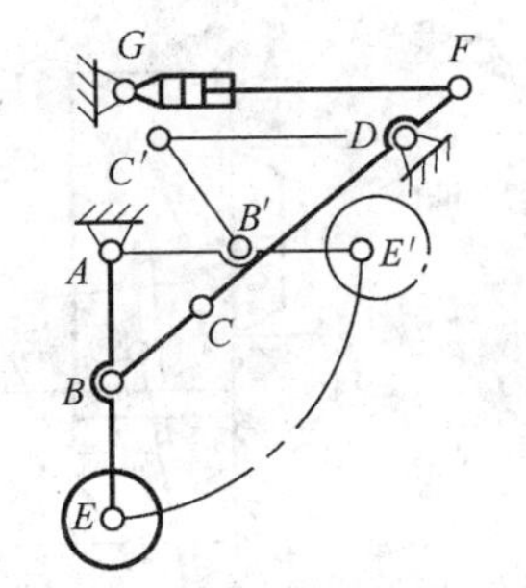

图 4-27 飞机的起落架机构

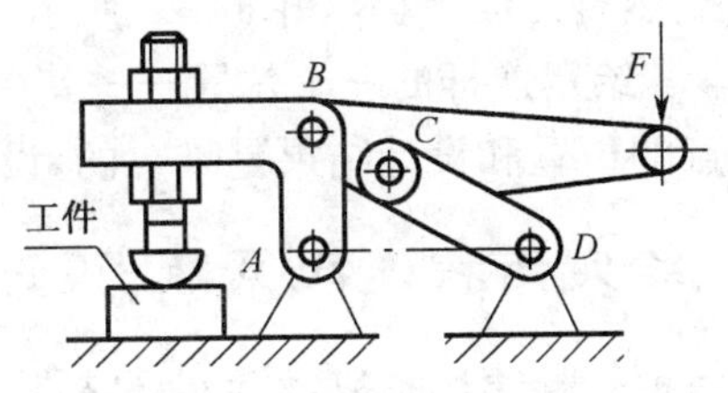

图 4-28 钻床夹具机构

4.5 平面连杆机构的设计

平面连杆机构的设计通常可以归纳为以下三类问题。

(1)实现刚体给定位置的设计。这类问题中的刚体通常就是连杆机构的连杆，因此这类问题就是实现连杆的给定位置的设计。

(2)实现给定运动规律的设计。例如，前述汽车车门的启闭机构，要求实现两扇门能有转角相同而转向相反的运动关系；前述的汽车转向机构要求两连架杆满足某函数关系使汽车能顺利转向；前述使机构能满足某一急回特性的要求以提高劳动生产率。

(3)实现给定的运动轨迹的设计。前述的鹤式起重机设计实现吊钩滑轮处的运动轨迹近似为一直线，避免起吊货物的上下起伏。本章仅介绍其中几类问题的设计。

平面连杆机构的设计方法有图解法、解析法、试验法和图谱法等。

图解法：直观，简单易行，对于某些不太复杂的问题比解析法方便有效。这种方法，对不同的设计要求，图解的方法各异，它是平面连杆机构设计的基本方法。但精确度较低，对于复杂问题很难解决。

试验法和图谱法：用于运动要求比较复杂的连杆机构的设计，或用于机构的初步设计。

解析法：设计精确，但计算量大。由于计算机和数值计算方法的发展，这一方法得以极大的推广应用。

4.5.1 实现连杆的给定位置的设计

例 4-1 要求设计一铰链四杆机构作为图 4-29 中所示炉门的翻转机构，以实现图中炉门的开启和闭合两动作位置。使炉门成为连杆机构中的连杆，就成为给定平面连杆机构中连杆的两位置，设计平面连杆机构的问题。

因给定了 B、C 两点的位置 B_1、B_2 和 C_1、C_2，因此该问题的实质就是要确定 A、D 两点的位置。

设计分析：分析曲柄摇杆机构各杆件的运动，可知 B 点的运动轨迹是以 A 为中心、以 AB 长为半径的圆；C 点的运动轨迹是以 D 为中心、以 DC 长为半径的圆弧。现已知连杆 BC 的两位置 B_1C_1、B_2C_2，即已知 B 点的两位置 B_1、B_2 和 C 点的两位置 C_1、C_2。因此，欲求 B_1、B_2 点所在圆的中心 A 的位置，它应在连线 B_1B_2 的垂直平分线 b_1b_2 上；欲求点 C_1、

C_2 所在圆弧的中心 D 的位置，它应在连线 C_1C_2 的垂直平分线 c_1c_2 上，显然有无数个解，如图 4-29 所示。

如本题给定连杆的三个位置——其中包含一中间位置，则 A、D 两点的位置和设计结果是唯一的，设计过程从略。

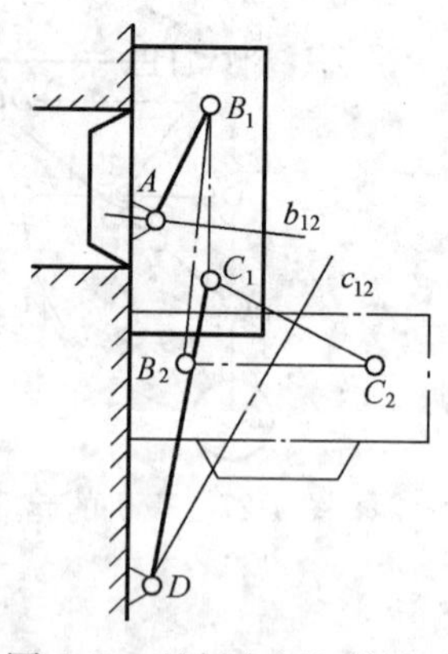

图 4-29　炉门启闭机构设计

4.5.2　给定行程速比系数，设计平面连杆机构

1. 给定行程速比系数，设计曲柄摇杆机构

已知行程速比系数 K、摇杆 DC 长度及其摆角 ψ，设计曲柄摇杆机构。

例 4-2　试设计一曲柄摇杆机构，并确定各杆长度。要求机构的行程度比系数 $K=1.4$，摇杆长度 $l_{DC}=300\text{mm}$，摇杆摆角 $\psi=75°$。

1）设计分析

根据已知条件，在图纸上确定回转中心 D 的位置后，可作出摇杆 DC 两极限位置 DC_1、DC_2 及摆角 ψ；由 $\theta=180°(K-1)/(K+1)$，可求出 θ 值；由图 4-23 可知 $AC_2=AB_2+B_2C_2=b+a$，$AC_1=B_1C_1-AB_1=b-a$，$\angle C_1AC_2=\theta$。

如果能运用几何学的定理、公理等保证铰链中心 A 点位置的确定，并能确定地作出 θ（这是求解此题的关键），则由上述关系可求出各杆长。

本题运用的几何学定理是：同圆上的圆心角＝2 倍的圆周角。在图 4-30 中，如能作出么$\angle C_1OC_2=2\theta$，那么，落在以 O 为圆心、以 OC_1（或 OC_2）为半径的圆周上的点，均可为铰链中心 A 点的位置，因为$\angle C_1AC_2$ 为圆周角。

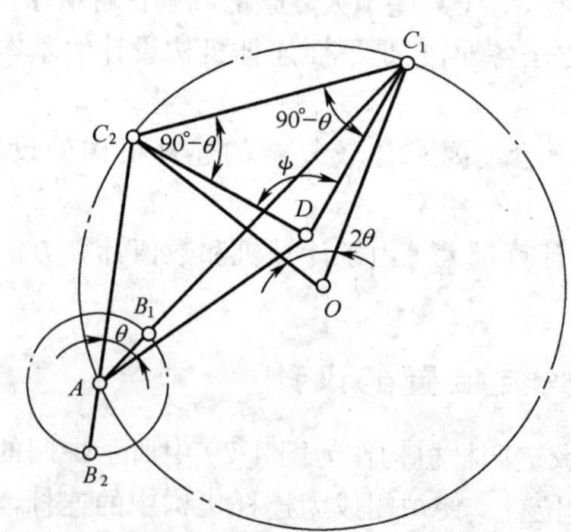

图 4-30　给定行程速比系数，设计曲柄摇杆机构

2）设计步骤

（1）计算 θ：$\theta=180°(K-1)/(K+1)=180°\times(1.4-1)/(1.4+1)=30°$。

（2）设作图比例为 $\mu_L=\dfrac{\times\times\text{m}}{1\text{mm}}$。

（3）按摇杆长度 DC 及摆角 ψ 作摇杆两极限位置 DC_1、DC_2。

（4）连接 C_1C_2，作 C_1O，使$\angle C_2C_1O=90°-\theta=90°-30°=60°$；再作 C_2O，使$\angle C_1C_2O=$

$90°-\theta=90°-30°=60°$；C_1O 和 C_2O 交于 O，故$\angle C_1OC_2=2\theta$，O 即为所求的圆心点。

(5)以 O 为圆心，以 OC_1(或 OC_2)为半径作圆，在圆周上任意确定一点可为铰链中心 A(若本题对 AD 长 l_{AD} 有要求，则可作图求得 A 点的一个或两个位置)；连 AC_1，AC_2，必有$\angle C_1AC_2=\theta=30°$。

(6)由图中测量 AC_1、AC_2 的图线长，根据曲柄与连杆共线时的几何关系 $AC_1=b+a$，$AC_2=b-a$，可得图线长 $b=\frac{(b+a)+(b-a)}{2}$mm，$a=\frac{(b+a)-(b-a)}{2}$mm。

(7)检验传动角，使设计满足 $\gamma_{min}\geqslant[\gamma]$的要求(略)。

(8)按照设定的比例求出曲柄 a 和连杆 b、机架 d 的实长(略)。

2. 给定行程速比系数，设计摆动导杆机构

例 4-3 给定行程速比系数 $K=1.5$，要求机架长度 $l_{AB}=500$mm，试设计一摆动导杆机构。

解：1)设计分析

由已知条件，可计算得 $\theta=180°\times\frac{K-1}{K+1}=180°\times\frac{1.5-1}{1.5+1}=36°$

由平面几何知识可知 $\psi=\theta$，所以 $\psi=\theta=36°$，如图 4-31 所示，AC 的垂线长 BC 即是曲柄。

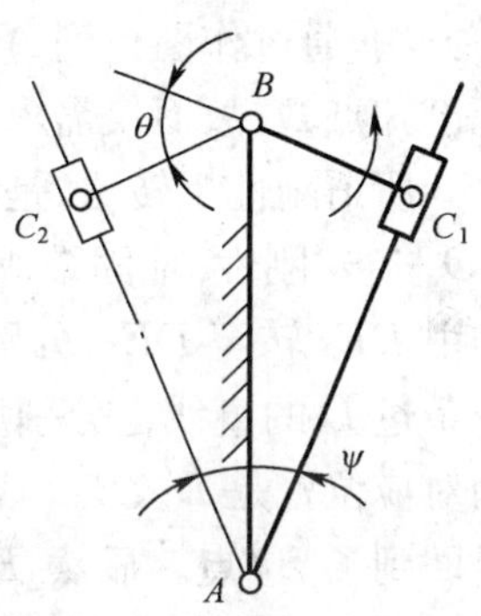

图 4-31 给定行程速比系数，设计摆动导杆机构

2)设计步骤

(1)设作图比例为 $\mu_L=\frac{\times\times\text{m}}{1\text{mm}}$。

(2)作 AB，使 $AB=\frac{\text{实物长度 mm}}{\mu_L}=\frac{500\text{mm}}{\mu_L}$，并作 AC 杆两极限位置 AC_1 和 AC_2，且使 AC_1 和 AC_2 的夹角$\angle C_1AC_2=\psi=36°$。

(3)过 B 点作 $BC_1\perp AC_2$、$BC_2\perp AC_2$，就是所求的机构。以曲柄为主动构件的摆动导杆机构，$\gamma\equiv90°$，故无须检验设计是否满足 $\gamma_{min}\geqslant[\gamma]$。

(4)量出 BC 长度，并按照设定的比例求出曲柄 a 的实长即可。

4.5.3 按给定连架杆对应位置，设计铰链四杆机构

例 4-4 如图 4-32 所示，已知连架杆长度为 AB，机架长度为 AD；两连架杆的三组对应位置为 AB_1、AB_2、AB_3，相应转角 φ_1、φ_2、φ_3；DE_1、DE_2、DE_3 相应转角为 ψ_1、ψ_2、ψ_3，试设计铰链四杆机构。

1)设计分析

铰链四杆机构中的摇杆并不一定就是杆 DE(直线状)，而可能是 DEC 状，如图 4-32 所示；连杆长并不一定就等于 BE 长，连杆与 AB 的铰接点在 B，而与 DE 可能铰接于 DE 上的某点，如图 4-32 中的 C 点。

回顾曲柄摇杆机构 $ABCD$(参阅图 4-1，并设想拆开铰链 B)，作平面运动的连杆 BC 其运动可分解为：随 DC 作牵连运动，再绕 C 点作相对运动，两运动的合成。

本题设计的关键正是要找到这个 DEC 杆上的 C 点。

“改换”原机构杆件的位置——把 AB 杆当作“连杆”，这样若已知(或求得)“连杆”AB 在运动过程中的三个位置；就可以运用前述“已知连杆三个位置求解铰链四杆机构”的设

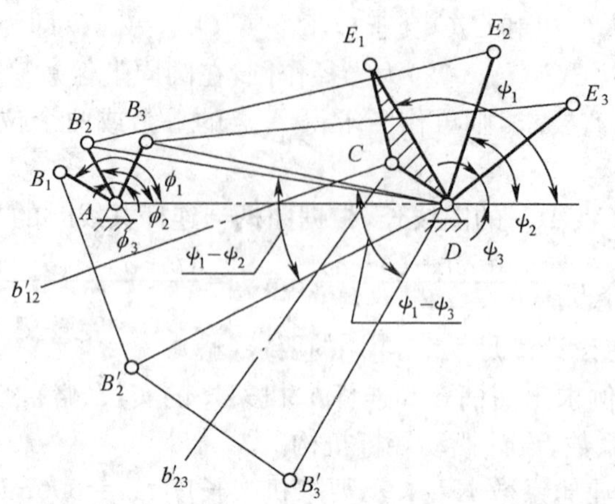

图 4-32 按给定连架杆对应位置,设计铰链四杆机构

计方法,通过作图找到 A 和 B 的回转中心 D、C(本题中"连杆"AB 上 A 点的回转中心就是已知点 D,故而仅需求 B 点的回转中心 C)。

所谓刚性反转法,是设想机构在"反向转动"的过程中,假想 $B(C)$杆与 $DE(C)$杆及 AD 杆被"刚性"地固结成一体,因此,当摇杆 $DE(C)$反向地绕 D 点分别由 DE_3 转至 DE_1 和由 DE_2 转至 DE_1,分别反转过角度 $\psi_1-\psi_3$、$\psi_1-\psi_2$ 时,当然"刚体 $AB(C)DE$"上的任何一条过 D 的直线也分别反转过同一角度,B 点在随 $D(C)B$ 转动这一角度后(牵连运动)的对应位置是 B'_2、B'_3。然后 B'_2、B'_3点再绕(C)点分别转过某一角度完成相对运动,都先后回到了 B_1 点。显然,B 点在作相对运动时,这个转动的中心就是 $DE(C)$杆上的 C 点。

2)设计步骤

(1)设作图比例为 $\mu_L=\dfrac{\times\times \text{m}}{1\text{mm}}$。

(2)作 DB_3,DB_2(DB 是"刚体 $ABCDE$"上的一条线),分别反转过角度 $\psi_1-\psi_3$、$\psi_1-\psi_2$,至 B'_2、B'_3。

(3)连接 $B_1B'_2$、$B'_2B'_3$(或 $B_1B'_3$),并作它们的垂直平分线 $b_{12'}$、$b_{2'3'}$可(或 $b_{13'}$)交于 C 点,C 就是所求的点。

(4)连接 DE_1CB_1A 即为所求机构(图中未将图形 DE_1CB_1A 连起)。

(5)按照比例求出每个杆件的实长(本题略)。

4.5.4 试验法、图谱法和解析法设计四杆机构简介

1. 试验法和图谱法设计四杆机构

1)试验法设计四杆机构

例 4-5 要求设计一铰链四杆机构,使连杆上的一点实现轨迹 mm,如图 4-33 所示。

(1)准备构件 1 和 2:要求构件 1 的一长度 a 可调,构件 2 具有若干分枝,且每一分枝不仅长度可调,而且各分枝间的角度也可调。将构件 1、2 同时铰接在 B 点。

(2)选择距离曲线 mm 适当的位置作为铰链 A 处。以 A 为圆心,作两个圆弧,分别与曲线 mm 的最远和最近处相切,得 ρ_{max} 和 ρ_{min}。

(3)调节构件 1 的一长度 a 和构件 2 中的一分枝 BM 的长度 k,使分枝 BM 的端点 M 即

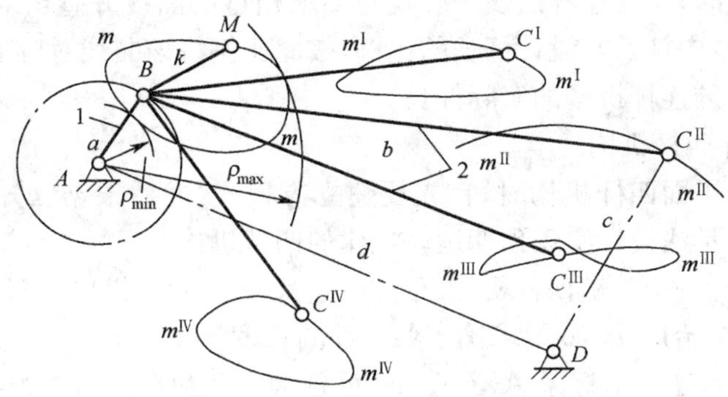

图 4-33　试验法设计铰链四杆机构

可达到曲线 mm 的最远处，又可适应曲线 mm 的最近处(此时运动链 ABM 的自由度为 2)。

(4)转动 a，同时使 BM 按曲线 mm 运动，构件 2 的其他分枝分别描绘出曲线 $m^{\mathrm{I}}m^{\mathrm{I}}$，$m^{\mathrm{II}}m^{\mathrm{II}}$，$m^{\mathrm{III}}m^{\mathrm{III}}$，…

(5)找出曲线 $m^{\mathrm{I}}m^{\mathrm{I}}$，$m^{\mathrm{II}}m^{\mathrm{II}}$，$m^{\mathrm{III}}m^{\mathrm{III}}$，…中最接近圆弧的一条，如图中的 $m^{\mathrm{II}}m^{\mathrm{II}}$，则其曲率中心即为铰链四杆机构 DC 杆件的回转中心 D；BC^{II} 即为连杆(长 b)，$C^{\mathrm{II}}D$ 为另一连架杆 CD(长 c)；而 AD 则为机架，长度为 d(倘曲线 $m^{\mathrm{I}}m^{\mathrm{I}}$，$m^{\mathrm{II}}m^{\mathrm{II}}$，$m^{\mathrm{III}}m^{\mathrm{III}}$，…中能找到一条近于直线的曲线 m^im^i，以它为导路中心，可求得曲柄滑块机构)。

如在上述曲线 $m^{\mathrm{I}}m^{\mathrm{I}}$，$m^{\mathrm{II}}m^{\mathrm{II}}$，$m^{\mathrm{III}}m^{\mathrm{III}}$，…中不能找到一条近于圆弧的曲线，需调整构件 2 的分枝角度或重新选择铰链 A 的位置，重复上述过程，直至达到设计要求。

2)利用连杆图谱设计四杆机构

工程实际中，按照给定的连杆上一点的运动轨迹设计铰链四杆机构的连杆图谱法如下：

图 4-34(a)所示为描绘连杆曲线的模型机架，固定的多孔板上布置有若干插孔，不断改变曲柄 AB、摇杆 DC 的长度和代表连杆 BC 及连杆上的任意点 E 在多孔板上插孔的位置，即可留下若干连杆曲线，如图 4-34(b)所示，将这些曲线记录下来，并在连杆曲线的右下方记录下不同曲线对应的各杆件间的相对长度。

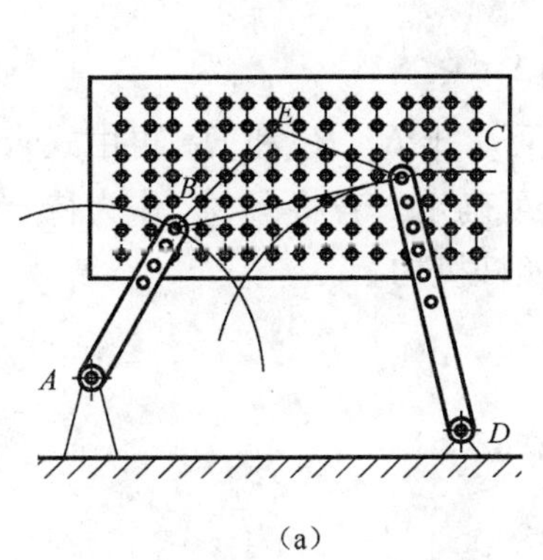

(a)

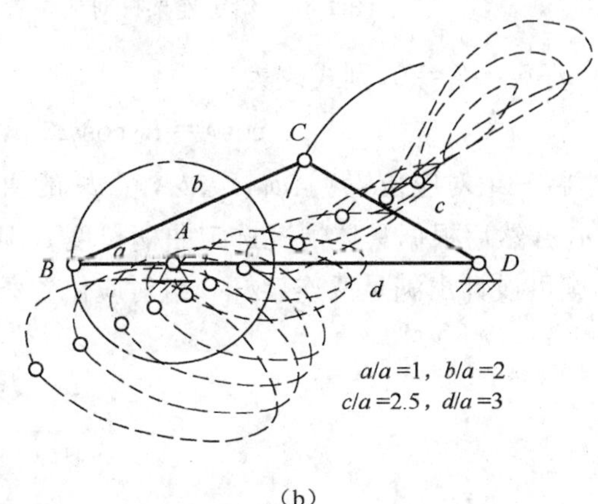

(b)

图 4-34　连杆图谱法设计铰链四杆机构

(a)描绘连杆曲线的模型机架；(b)连杆曲线。

使用连杆曲线时，先在连杆曲线中查找与要求相近的曲线并查出对应的各杆件的相对长度，计算出图线中杆长与设计杆长的比例，按此比例将该曲线对应的各杆件长度放大即可得到设计要求的连杆机构的实际杆长。

2. 解析法设计四杆机构

用解析法设计平面四杆机构时，首先要建立方程式，然后根据已知参数对方程式求解。下面介绍用矢量法设计实现预期运动规律的四杆机构。

例 4-6 欲设计一个铰链四杆机构，已知两连架杆 AB 和 CD 的三组对应位置 ϕ_1、ψ_1，ϕ_2、ψ_2，ϕ_3、ψ_3，以及初始角 ϕ_0、ψ_0 要求确定各构件的长度 a、b、c、d。

如图 4-35 所示，建立坐标系 Axy，ϕ_0、ψ_0 分别为 AB 和 CD 的初始角，根据各构件构成的封闭的多边形，得以下矢量方程式：$\widehat{C_1C_2}$

$$\boldsymbol{a}+\boldsymbol{b}=\boldsymbol{c}+\boldsymbol{d}$$

将上式向坐标系投影，得

$$\boldsymbol{a}\cos(\phi_i+\phi_0)+\boldsymbol{b}\cos\delta_i=\boldsymbol{d}+\boldsymbol{c}\cos(\psi_i+\psi_0)$$
$$\boldsymbol{a}\sin(\phi_i+\phi_0)+\boldsymbol{b}\sin\delta_i=\boldsymbol{c}\sin(\psi_i+\psi_0)$$

取各杆的相对值，$a/a=1$，$b/a=m$，$c/a=n$，$d/a=p$，代入上式，整理后得

$$\cos(\phi_i+\phi_0)=R_1\cos(\psi_i+\psi_0)+R_2[(\psi_i+\psi_0)-(\phi_i+\phi_0)]+R_3$$

式中

$$\begin{cases}R_1=n\\R_2=-n/p\\R_3=(p^2+n^2+1-m^2)/2p\end{cases}$$

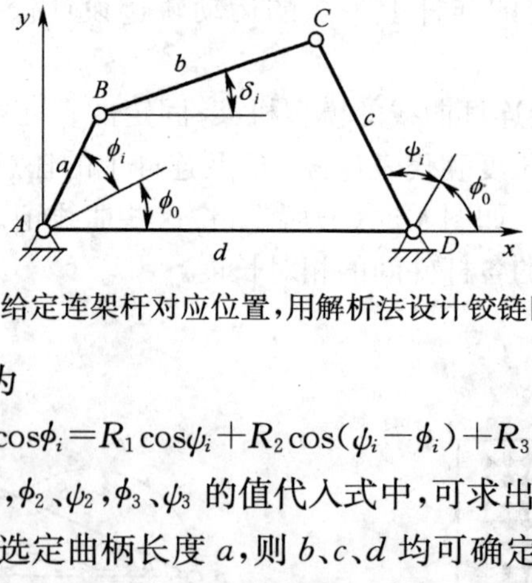

图 4-35 给定连架杆对应位置，用解析法设计铰链四杆机构

若 $\phi_0=\psi_0=0$，则式改为

$$\cos\phi_i=R_1\cos\psi_i+R_2\cos(\psi_i-\phi_i)+R_3$$

将三组对应位置 ϕ_1、ψ_1，ϕ_2、ψ_2，ϕ_3、ψ_3 的值代入式中，可求出 R_1、R_2 和 R_3，再由式求出 p、m、n，然后根据具体情况选定曲柄长度 a，则 b、c、d 均可确定。若将 ϕ_0、ψ_0 作为待定参数，则可设计出满足两连架杆 5 组对应位置条件的铰链四杆机构。

习　题

4-1 什么叫曲柄？在铰链四杆机构中曲柄的存在条件是什么？曲柄是否一定是最短杆？

4-2 铰链四杆机构用不同的杆长组合，通过连杆机构的倒置，会得到哪几种类型的机构？试填在下表中。

		杆长条件	
		最短与最长杆之和小于或等于其他两杆之和	最短杆与最长杆之和大于其他两杆之和
作机架的杆	最短杆		
	与最短杆相邻的杆		
	与最短杆相对的杆		

4-3 何谓连杆机构的死点？使机构顺利通过死点位置的措施有哪些？举出避免死点和利用死点的例子。

4-4 在下列平面机构中，哪些机构有急回性质？

A. 双曲柄机构　　B.(对心、偏置)曲柄滑块机构(取不同构件做主动件)

C. 摆动导杆机构　D. 转动导杆机构

4-5 作图说明曲柄摇杆机构、(对心、偏置)曲柄滑块机构、转动导杆机构、摆动导杆机构中，改变原动件时，最大压力角和最小传动角为多大？机构有没有死点？

4-6 曲柄滑块机构可采用下列哪种方法演化为偏心轮机构。

A. 变换机架　B. 扩大回转副　C. 移动副取代回转副　D. 改变杆件长度关系

4-7 什么叫行程速比系数？什么叫极位夹角？它们之间有什么关系？

4-8 具有行程速比系数 K 的机构有什么特性？试分析 K 值大小对机构工作的影响。

4-9 在图 4-36 所示铰链四杆机构中，已知：$b=50\text{mm}$，$c=35\text{mm}$，$d=30\text{mm}$，AD 为机架，试求：

(1)若此机构为曲柄摇杆机构，且 AB 为曲柄，求 AB 的最大值；

(2)若此机构为双曲柄机构，求 l_{AB} 的最小值；

(3)若此机构为双摇杆机构，求 l_{AB} 的取值范围。

4-10 已知铰链四杆机构及各杆长度如图 4-37 所示，试问：

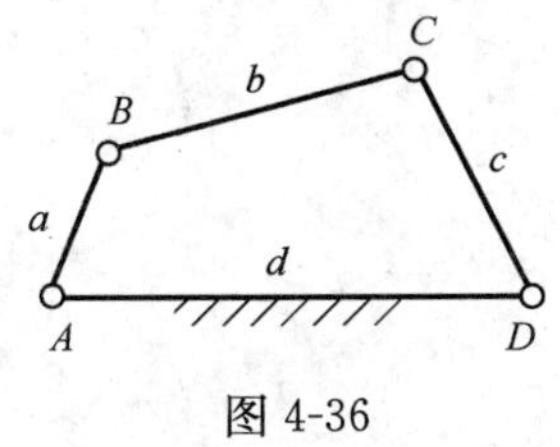

图 4-36

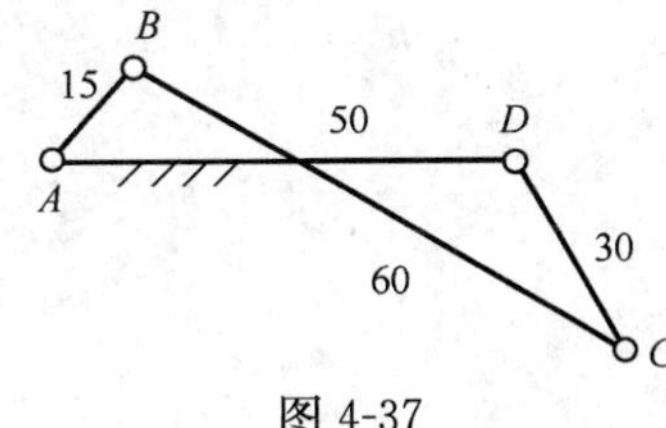

图 4-37

(1)这是什么类型的铰链四杆机构？

(2)以 AB 为主动件，此机构有无急回特性？

(3)以 AB 为主动件时，机构的最小传动角出现在何处？在图上标出。

4-11 如图 4-38 所示，为一偏置式曲柄滑块机构，曲柄为主动件，已知 $AB=e=BC/4$，求该机构传动角的变化范围。

4-12 如图 4-39 所示，已知一曲柄摇杆机构的摇杆 l_{DC} 长、两极限位置 l_{DC1}、l_{DC2} 及机

架长 l_{AD}，试求曲柄 a 和连杆 b 长度。

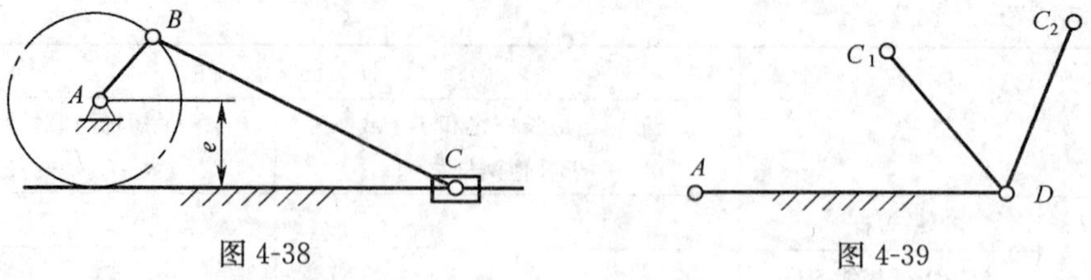

图 4-38　　图 4-39

4-13　曲柄摇杆机构 $ABCD$ 中，杆 AB、BC、CD、AD 的长度分别为：$a=80$mm，$b=160$mm，$c=280$mm，$d=250$mm，AD 为机架。试作图并求解：

(1)行程速比系数 K；

(2)检验最小传动角 γ_{min}。许用传动角$[\gamma]=40°$。

4-14　已知曲柄滑块机构滑块行程 $s=100$mm，行程速比系数 $K=1.5$，偏距 $e=10$mm。试用作图法设计此机构(图 4-40)。

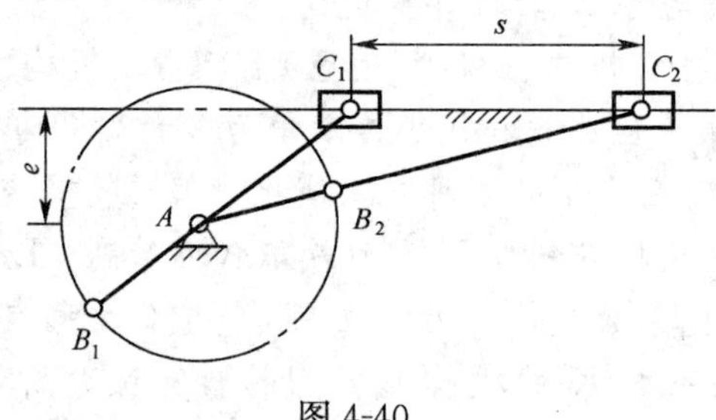

图 4-40

第5章 挠性传动

5.1 带传动的组成、类型及应用特点

5.1.1 带传动的组成

带传动通常由主动轮1、从动轮3和传动带2组成，如图5-1所示。带传动在工作前，传动带被张紧在两带轮上，产生的初拉力使得带与带轮之间产生一定的正压力，当主动轮转动时，由于带与带轮间摩擦力的作用，拖动从动轮一起同向回转，从而实现运动和动力的传递。

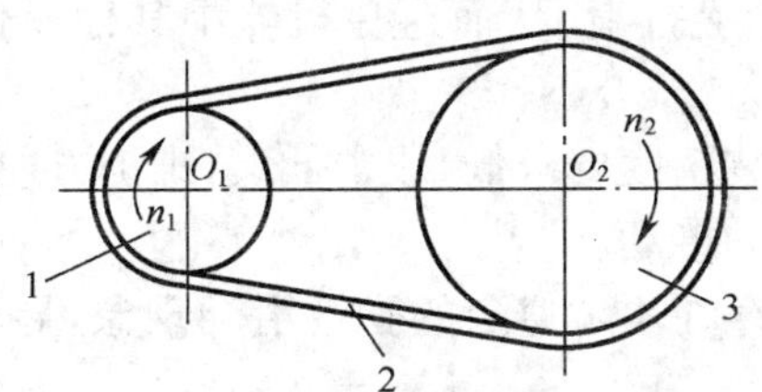

图5-1 带传动组成

1—主动轮；2—传动带；3—从动轮。

5.1.2 带传动的类型及应用特点

1. 带传动的类型

根据传动原理不同，带传动可分为摩擦型和啮合型两大类。按传动原理和传动带截面形状的不同，带可分为平带、V带、圆带、多楔带、同步齿形带等多种类型，其中平带、V带、圆带、多楔带属于摩擦型带传动，同步带属于啮合型带传动。本章重点介绍摩擦带传动。

1)平带传动(图5-2(a))

其横截面为扁平矩形，由多层胶帆布构成，内表面为工作面。平带结构简单，带的挠性好，带轮容易制造，多用于传动中心距较大的场合。平带有胶帆布带、编织带、锦纶复合平带等，其规格可查阅相关国家标准。

2)V型带传动(图5-2(b))

其横截面为等腰梯形，在传动时，V带只和轮槽的两个侧面相接触，所以带的两个侧面为工作面。根据摩擦原理，由于轮槽的楔形增压效应，在同样张紧力的作用下，V带传动比平带传动产生更大摩擦力，能传递较大的功率，且结构紧凑，在机械传动中应用最广泛。

3)多楔带传动(图5-2(c))

多楔带相当于是在平带基体上由多根V带组合而成的传动带，兼有平带传动和V带传动的特点，有较好的挠性和较大的摩擦牵引力，传动能力强，适用于传动功率较大且要求结构比较紧凑的场合。

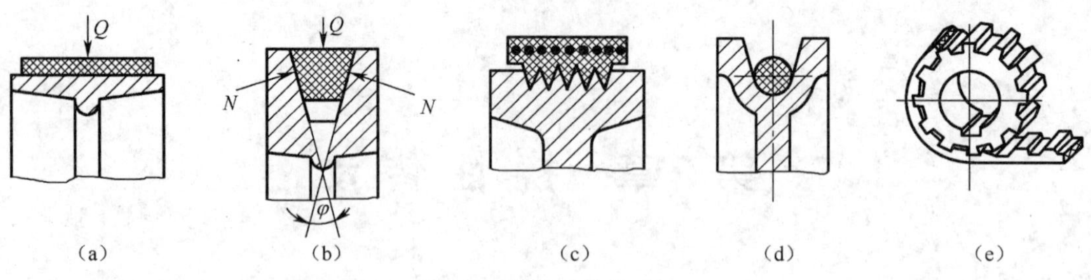

图 5-2　带传动的类型
(a)平带;(b)V 带;(c)多楔带;(d)圆带;(e)同步齿形带。

4)圆带传动(图 5-2(d))

圆形带的截面形状为圆形。圆带传动的摩擦牵引力较小,适用于小功率的轻型和小型机械,如仪器、仪表、医疗器械和家用机械等。

2. 带传动的特点

(1)传动带具有良好的挠性,可缓冲吸振,传动平稳、噪声小。

(2)过载时,带会在带轮上打滑,从而避免机器中其他零件被损坏,起到过载保护的作用。

(3)结构简单,制造、安装精度要求低,成本低廉,维护方便。

(4)适用于中心距较大的传动。

(5)由于带与带轮之间存在不可避免的弹性滑动现象,导致速度损失,不能保证恒定不变的传动比。

(6)与齿轮传动相比,带传动效率较低,寿命较短,不宜在易燃、易爆、高温、油、水、酸、碱、盐等恶劣环境下工作。

(7)带与带轮之间需要较大的压力,因此对轴和轴承的压力较大,使得带传动的外廓尺寸较大。

5.2　V 带和 V 带轮

5.2.1　V 带的结构和标准

1. V 带的结构

普通 V 带为无接头的环形带,其横截面结构如图 5-3 所示。它主要由伸张层、强力层、压缩层和包布层四部分组成。包布的材料是橡胶帆布,是 V 带的保护层。伸张层和压缩层的材料主要是橡胶,当 V 带在带轮上弯曲时,承受拉伸和弯曲作用。强力层是承受拉力的主体,其结构主要分为线绳结构和帘布结构两种。线绳结构的 V 带柔韧性好,抗弯强度高,但抗拉强度低,通常适用于载荷小、带轮直径小和转速较高的场合。为了提

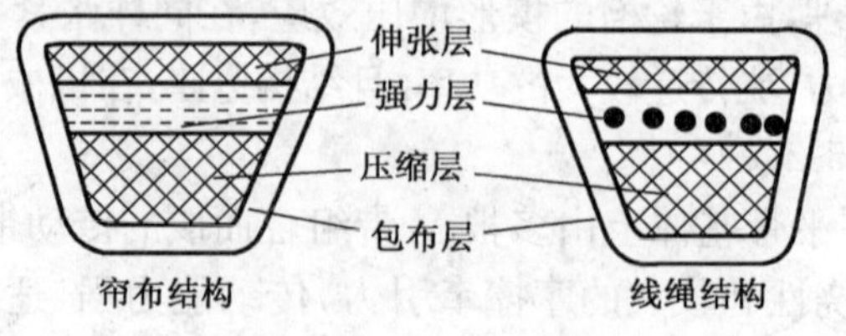

图 5-3　V 带结构

高 V 带抗拉强度，近年来已开始使用合成纤维（锦纶、涤纶等）绳芯作为强力层。帘布结构的 V 带抗拉强度高，制造方便，价格低廉，应用较广。

2. V 带的标准

1）V 带的截面尺寸

普通 V 带是标准件。按截面尺寸的大小分为 Y、Z、A、B、C、D、E 七种截型，见表 5-1。在同等条件下，截面尺寸越大，可传递的功率也越大。

表 5-1 普通 V 带截面尺寸（GB 11544—89） （mm）

型号	Y	Z	A	B	C	D	E
顶宽 b	6	10	13	17	22	32	38
节宽 b_p	5.3	8.5	11	14	19	27	32
高度 h	4.0	6.0	8.0	11	14	19	25
楔角 φ	40°						
每米质量 q/(kg/m)	0.04	0.06	0.10	0.17	0.30	0.60	0.87

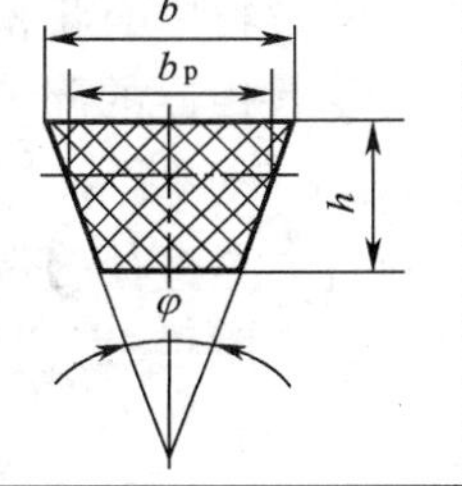

2）V 带的基准长度

安装 V 带时，V 带在规定的张紧力下套在两带轮上，此时，顶胶伸长，底胶缩短，两层之间有一层既不伸长也不缩短的纤维层，此纤维层叫中性层。中性层的宽度称为节宽，用 b_p 表示，见表 5-1 中的插图。中性层所对应的带的周长叫带的基准长度，用 L_d 表示，L_d 已经标准化，其值见表 5-2。

表 5-2 普通 V 带的基准长度系列和带长修正系数 K_L

基准长度 L_d/mm	K_L					基准长度 L_d/mm	K_L			
	Y	Z	A	B	C		Z	A	B	C
200	0.81					1600	1.16	0.99	0.92	0.83
224	0.82					1800	1.18	1.01	0.95	0.86
250	0.84					2000		1.03	0.98	0.88
280	0.87					2240		1.06	1.00	0.91
315	0.89					2500		1.09	1.03	0.93
355	0.92					2800		1.11	1.05	0.95
400	0.96	0.87				3150		1.13	1.07	0.97
450	1.00	0.89				3550		1.17	1.09	0.99
500	1.02	0.91				4000		1.19	1.13	1.02
560		0.94				4500			1.15	1.04
630		0.96	0.81			5000			1.18	1.07
710		0.99	0.83			5600				1.09
800		1.00	0.85			6300				1.12
900		1.03	0.87	0.81		7100				1.15
1000		1.06	0.89	0.84		8000				1.18
1120		1.08	0.91	0.86		9000				1.21
1250		1.11	0.93	0.88		10000				1.23
1400		1.14	0.96	0.90						

3)V 带的标记

普通 V 带的标记由截面、基准长度、标记编号三部分组成。

例如标记 B1000 GB 11544—89 表示基准长度为 1000mm B 型带。

V 带的标记通常压印在 V 带外表面上，供识别和选用。

5.2.2 V 带轮的结构和材料

1. V 带轮的结构

V 带轮由有轮槽的轮缘(带轮的外缘部分)、轮毂(带轮与轴相配合的部分)、轮辐(轮缘与轮毂相连的部分)三部分组成。V 带按轮辐结构的不同可分为实心式、腹板式、轮辐式，如图 5-4 所示。带轮直径较小($d_d \leqslant (2.5 \sim 3)d$，$d$ 为轴径)时可选用实心式带轮(图 5-4(a))；中等直径的带轮可选用腹板式带轮(图 5-4(b))；直径＞350mm 时，为便于安装起吊和减小质量，可选用孔板式带轮(图 5-4(c))或轮辐式带轮(图 5-4(d))。

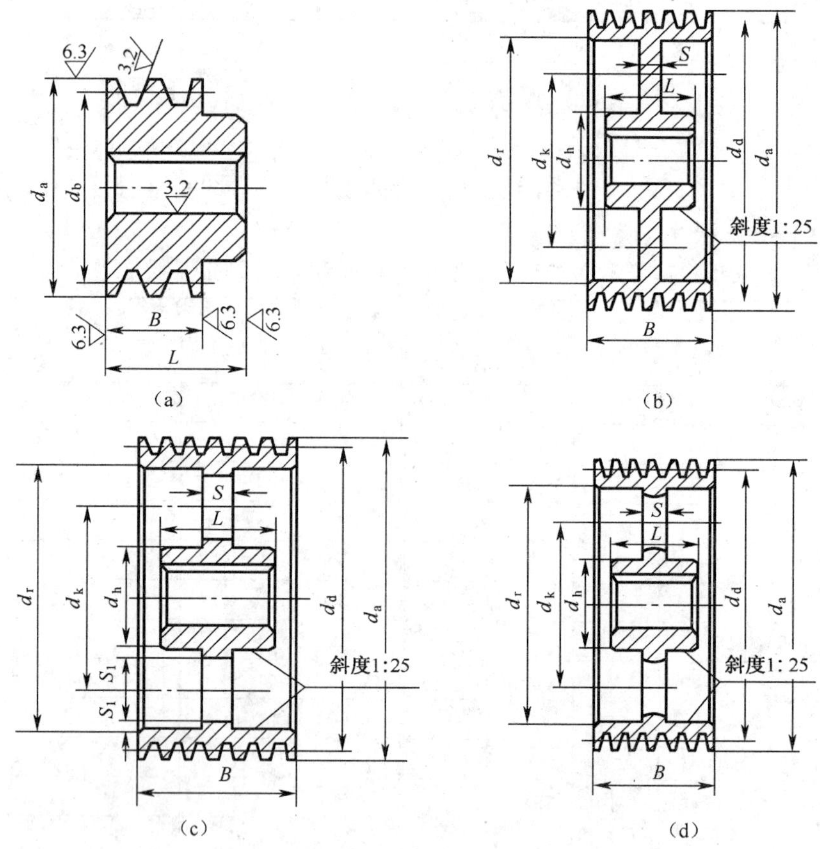

图 5-4 V 带轮的结构

(a)实心式；(b)腹板式；(c)孔板式；(d)轮辐式。

V 带轮的结构形式及腹板(轮辐)厚度的确定可参阅有关机械设计手册。

2. 普通 V 带轮的轮槽尺寸

普通 V 带轮轮缘的横截面及其各部分尺寸见表 5-3。

表 5-3 普通 V 带轮轮缘横截面尺寸(GB/T 13575.1—92) (mm)

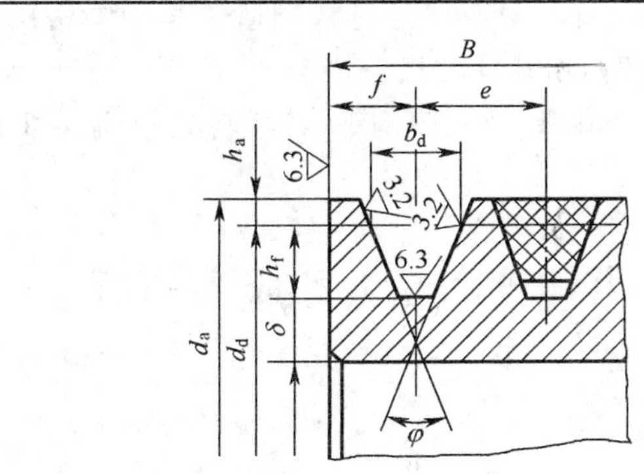

项目名称		符号	槽型及对应尺寸						
			Y	Z	A	B	C	D	E
顶宽		b	6.3	10.1	13.2	17.2	23.0	32.7	38.7
基准宽度		b_d	5.3	8.5	11.0	14.0	19.0	27.0	32.0
基准线上槽深		h_{amin}	1.6	2.0	2.75	3.5	4.8	8.1	9.6
基准线下槽深		h_{fmin}	4.7	7.0	8.7	10.8	14.3	19.9	23.1
槽间距		e	8±0.3	12±0.3	15±0.3	19±0.4	25.5±0.5	37±0.6	44.5±0.7
槽边距		f_{min}	6	7	9	11.5	16	23	28
最小轮缘厚度		δ_{min}	5	5.5	6	7.5	10	12	15
带轮宽度		B	$B=(Z-1)e+2f$ (Z 为轮槽数)						
带轮外径		d_a	$d_a=d_d+2h_a$						
轮槽角 φ	32°	对应的基准直径 d_{d1}	≤60						
	34°			≤80	≤118	≤190	≤315		
	36°		>60					≤475	≤600
	38°			>80	>118	>190	>315	>475	>600

注:①δ_{min}是轮缘最小壁厚推荐值;

②槽间距 e 的极限偏差适用于任何两个轮槽对称中心面的距离,不论轮槽是否相邻

带轮的基准直径 d_d 是指在 V 带轮上与所配用的 V 带节宽相对应的带轮直径。普通 V 带轮的基准直径系列见表 5-4。

表 5-4 普通 V 带轮的最小基准直径及基准直径系列(GB/T 13575.1—92)

(mm)

带 型	Y	Z	A	B	C	D	E
d_{dmin}	20	50	75	125	200	355	500
基准直径系列	20 22.4 25 28 31.5 35.5 40 45 50 56 63 71 80 85 90 95 100 106 112 118 125 132 140 150 160 170 180 200 212 224 236 250 265 280 315 355 375 400 425 450 475 500 530 560 630 710 800 900 1000 1120 1250 1600 2000 2500						

3. 带轮的材料

带轮常采用铸铁、钢、铝合金或工程塑料等材料制造。其中最常用的材料是灰铸铁。通常情况下，当带速 $v \leqslant 25\text{m/s}$ 时，可用 HT150；当 $v = 25\text{m/s} \sim 30\text{m/s}$ 时，可用 HT200；当 $v \geqslant 25\text{m/s} \sim 45\text{m/s}$ 时，宜采用球墨铸铁、铸钢等；传递功率较小时可采用铸铝或工程塑料等。

5.3 带传动的受力和应力分析

5.3.1 带传动的受力分析

为保证带传动的正常工作，传动带必须以一定的初拉力 F_0 张紧在两带轮上，F_0 称为预紧力。当带传动处于静止状态时，带上下两边的拉力相等，均为 F_0(图 5-5(a))。

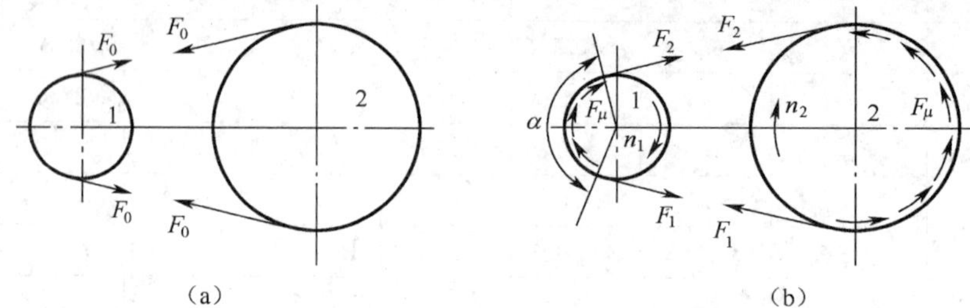

图 5-5　带传动的受力分析

(a)工作前受力分析；(b)工作时受力分析。

当传动带传动时，由于带与带轮接触面之间摩擦力的作用，带两边的拉力不再相等，如图 5-5(b)所示。带绕入主动轮的一边(称为紧边)，拉力由 F_0 增至 F_1；带绕出主动轮的一边(称为松边)，拉力由 F_0 降至 F_2。紧边拉力 F_1 和松边拉力 F_2 之差称为有效拉力 F，此力也等于带和带轮整个接触面上的摩擦力的总和 ΣF_μ，即

$$F = F_1 - F_2 = \Sigma F_\mu \tag{5-1}$$

若设带工作时的总长度不变，则紧边拉力的增加量等于松边拉力的减小量，即

$$F_1 - F_0 = F_0 - F_2 \tag{5-2}$$

或

$$F_1 + F_2 = 2F_0 \tag{5-3}$$

带所传递的功率为

$$P = \frac{Fv}{1000} \tag{5-4}$$

式中　P ——功率(kW)；

F ——带传动的有效拉力(N)；

v ——带速(m/s)。

由式(5-4)可知，当功率 P 一定时，带速 v 小，则圆周力 F 大。因此通常把带传动布置在机械设备的高速级传动上，以减小带传递的圆周力；当带速一定时，传递的功率 P 愈

大，则圆周力 F 愈大，带与带轮之间需要的摩擦力也愈大。实际上，在一定的条件下，摩擦力的大小有一个极限值，即最大摩擦力 ΣF_{max}，若带所需传递的圆周力超过这个极限值时，带与带轮将发生显著的相对滑动，这种现象称为打滑。出现打滑时，虽然主动轮还在转动，但带和从动轮都不能正常运动，甚至完全停止运动，使传动失效。经常出现打滑将使带的磨损加剧，传动效率降低，故在带传动中应防止出现打滑。

在一定条件下当摩擦力达到极限值时，带的紧边拉力 F_1 与松边拉力 F_2 之间的关系可用柔韧体摩擦的欧拉方程来表示：

$$\frac{F_1}{F_2}=e^{f\alpha} \tag{5-5}$$

式中 F_1 ——紧边拉力(N)；

F_2 ——松边拉力(N)；

e ——自然对数的底(e≈2.718…)；

f ——带与带轮接触面间的摩擦系数；

α ——带轮包角(°)。

由式(5-2)、式(5-3)、式(5-5)可得带传动的最大有效拉力为

$$F_{max}=2F_0\frac{e^{f\alpha}-1}{e^{f\alpha}+1} \tag{5-6}$$

由式(5-6)可知，带的最大有效拉力 F_{max} 与以下几个因素密切相关。

(1)初拉力 F_0。初拉力 F_0 的大小与最大有效拉力 F_{max} 成正比，即 F_0 越大，则传动时产生的摩擦力就越大，带的传动能力越强。但需要注意的是，若 F_0 过大，会加剧带的磨损，使带轮过快松弛，缩短工作寿命，同时也会造成支撑轴及轴承的压力过大；若 F_0 过小，带所能传递的功率将减小，工作时易出现跳动或打滑现象。

(2)包角 α。传动带与带轮的接触弧所对应的圆周角，称为包角，它是带传动的一个重要参数。小带轮和大带轮的包角分别用 α_1 和 α_2 来表示，且 $\alpha_1<\alpha_2$。包角的大小直接影响带的传动能力，在相同的条件下，包角越大，传动带的摩擦力和能传递的功率也越大。因大带轮的包角 α_2 大于小带轮的包角 α_1，所以最大摩擦力的值取决于小带轮的包角 α_1。在设计 V 带传动时，一般要求小带轮包角 $\alpha_1\geqslant120°$。

(3)摩擦系数 f。带传动的最大有效拉力随摩擦系数的增大而增大。在其他条件相同的情况下，摩擦系数 f 越大，摩擦力也越大，带的传动能力也就越强。摩擦系数与带及带轮材料、摩擦表面的状况等有关。

5.3.2 带传动的应力分析

带传动工作时，带中的应力有以下三部分组成。

1. 由拉力产生的拉应力

拉应力由紧边拉应力和松边拉应力组成。

紧边拉应力：

$$\sigma_1=F_1/A \tag{5-7}$$

松边拉应力：

$$\sigma_2=F_2/A \tag{5-8}$$

式中 σ_1 ——紧边拉应力(MPa)；

σ_2 ——松边拉应力(MPa)；

F_1——紧边拉力(N)；

F_2——松边拉力(N)；

A ——带的横截面面积(mm^2)。

沿着带的转动方向，绕在主动轮上传动带的拉应力由 σ_1 渐渐地降到 σ_2；绕在从动轮上传动带的拉应力则由 σ_2 渐渐上升为 σ_1。显然，$\sigma_1>\sigma_2$。

2. 由离心力产生的离心拉应力

当带沿带轮轮缘作圆周运动时，带上每一质点都受离心力作用。离心拉力为 $F_c=qv^2$，它在带的所有横剖面上产生的离心拉应力 σ_c 是相等的。

$$\sigma_c=\frac{qv^2}{A} \tag{5-9}$$

式中 σ_c ——离心拉应力(MPa)；

q ——每米带长的质量(kg/m)，q 值见表 5-1；

v ——带速(m/s)；

A ——带的横截面面积(mm^2)。

式(5-9)表明，q 和 v 愈大，σ_c 愈大，故传动带的速度不宜过高。设计中一般将带速控制在 5m/s～25m/s 范围内。

3. 弯曲应力

带绕过带轮时，带会发生弯曲变形，由此而产生弯曲应力。主、从动轮的基准直径不同，其弯曲应力也不相同。

小带轮弯曲应力：

$$\sigma_{b1}\approx\frac{Eh}{d_{d1}} \tag{5-10}$$

大带轮弯曲应力：

$$\sigma_{b2}\approx\frac{Eh}{d_{d2}} \tag{5-11}$$

式中 E ——带的弹性模量(MPa)；

h ——带的高度(mm)；

d_{d1}——小带轮基准直径(mm)；

d_{d2}——大带轮基准直径(mm)。

由式(5-10)、式(5-11)可知，当传动带的厚度愈大，带轮的直径愈小，传动带所受的弯曲应力就愈大，寿命也就愈短。对于同一条传动带，小带轮上的弯曲应力 σ_{b1} 大于大带轮上的弯曲应力 σ_{b2}。为避免过大弯曲应力，设计时一般要求小带轮基准直径 $d_{d1}\geqslant d_{dmin}$，d_{dmin}为相应型号带所规定的带轮最小基准直径(表 5-4)。

上述三种应力的分布情况如图 5-6 所示。从图中可以看出，带上的应力是变化的，当应力循环次数达到一定值时，带将产生疲劳破坏。最大应力发生在紧边与小轮的接触处。最大应力为

$$\sigma_{max}=\sigma_1+\sigma_c+\sigma_{b1} \tag{5-12}$$

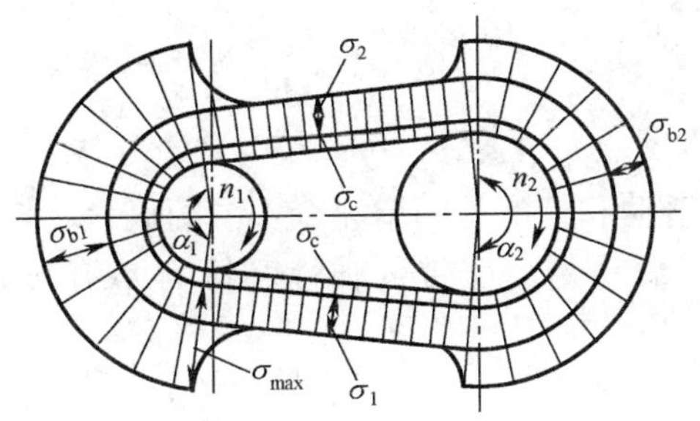

图 5-6　带的应力分布

为保证带有足够的疲劳寿命，应使 $\sigma_{max} \leqslant [\sigma]$。

$[\sigma]$为带的许用应力，$[\sigma]$是在 $\alpha_1 = \alpha_2 = 180°$、规定的基准长度和应力循环次数、工作平稳等条件下通过实验确定的。

5.4　带传动的弹性滑动和传动比

由于带是弹性体，受力不同时，带的变形量也不相同，如图 5-7 所示。在主动轮上，当带从紧边 A 点转到松边 B 点时，拉力由 F_1 逐渐降至 F_2，带因弹性变形变小而回缩，带的运动滞后于带轮，即带与带轮之间产生了相对滑动。相对滑动同样发生在从动轮上，但带的运动超前于带轮。这种因带的弹性变形而引起的带与带轮之间的滑动，称为弹性滑动。

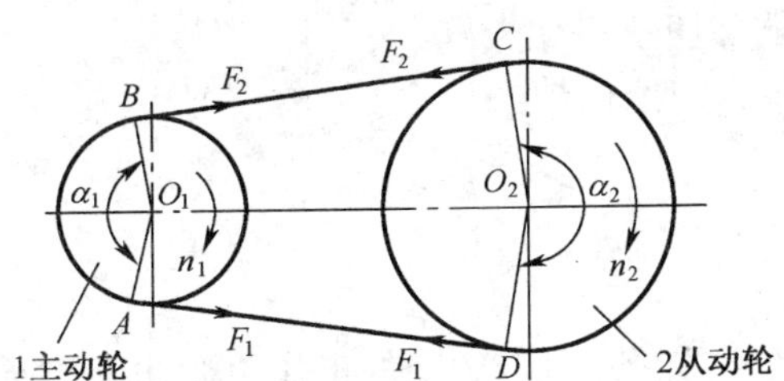

图 5-7　带传动的弹性滑动

弹性滑动会产生速度损失，使从动轮的速度降低，而无法保证非常准确的传动比。弹性滑动是摩擦式带传动固有的物理现象，是不可避免的。由弹性滑动引起从动轮圆周速度的相对降低率称为滑动率，用 ε 表示，即

$$\varepsilon = \frac{v_1 - v_2}{v_1} = 1 - \frac{n_2 d_{d2}}{n_1 d_{d1}} \tag{5-13}$$

则传动比为

$$i = \frac{n_1}{n_2} = \frac{d_{d2}}{d_{d1}(1-\varepsilon)} \tag{5-14}$$

从动轮转速为

$$n_2 = (1-\varepsilon) n_1 \frac{d_{d1}}{d_{d2}} \tag{5-15}$$

因带传动的滑动率 ε 通常为 0.01～0.02，在一般计算中可忽略不计，视 ε=0，因此可

得带传动的传动比为

$$i=\frac{n_1}{n_2}\approx\frac{d_{d2}}{d_{d1}} \tag{5-16}$$

需要注意的是,弹性滑动和打滑是两个完全不同的概念。打滑是因为过载引起的,因此打滑可以避免。而弹性滑动是由于带的弹性和拉力差引起的,是传动中不可避免的现象。

5.5 带传动的设计计算

5.5.1 带传动的主要失效形式设计准则

由带的受力分析及应力分析可知,带的主要失效形式如下:

(1)疲劳破坏。带是在变应力下工作的,当这种变应力的循环次数超过一定数值后,会发生脱层、撕裂或拉断等疲劳破坏,导致传动失效。

(2)打滑。在一定的初拉力 F_0 作用下,带与带轮面间的摩擦力之和有一极限值,当外载过大,所传递的有效拉力 F 超过摩擦力的总和时,带将沿带轮表面全面滑动,这种现象称为打滑。打滑会加剧带的磨损,并使从动轮转速急剧降低,甚至停止运转而无法正常工作。在带传动中应避免打滑现象的发生。

(3)过度磨损。因带传动存在弹性滑动及打滑现象,所以不可避免地会使带产生磨损。当磨损程度过大时就会使带传动失效。

带传动的设计准则为:在保证带传动不打滑的情况下,使 V 带具有一定的疲劳强度和寿命。

5.5.2 带传动的设计内容

设计 V 带传动一般的已知条件是:V 带的工作用途和工作条件;原动机类型;载荷性质;传递的功率 P;主动带轮与从动带轮的转速 n_1、n_2(或 n_1 和传动比);安装和传动外廓尺寸要求等。

带传动设计的主要任务是:合理选择参数,确定 V 带的型号、基准长度和根数;确定两带轮的中心距;确定两带轮的基准直径、材料和结构尺寸;计算初拉力及作用在轴上的压力;设计张紧装置等。

5.5.3 设计步骤及参数选择

带传动设计计算的一般步骤如下:

1. 确定计算功率 P_c

计算功率 P_c 由传递的额定功率 P、载荷性质和每天工作时间等因素来确定,即

$$P_c=K_A p \tag{5-17}$$

式中 P_c ——计算功率(kW);

p ——带传动所需传递的功率(kW);

K_A ——工况系数,查表 5-5。

表 5-5 工作情况系数 K_A

载荷性质	工 作 机	原动机					
		Ⅰ类			Ⅱ类		
		每天工作时间/h					
		<10	10～16	>16	<10	10～16	>16
载荷平稳	离心式水泵、轻型输送机、离心式压缩机、通风机（$P\leqslant 7.5\text{kW}$）	1.0	1.1	1.2	1.1	1.2	1.3
载荷变动小	带式运输机、通风机（$P>7.5\text{kW}$）、发电机、旋转式水泵、机床、剪床、压力机、印刷机、振动筛	1.1	1.2	1.3	1.2	1.3	1.4
载荷变动较大	螺旋式输送机、斗式提升机、往复式水泵和压缩机、锻锤、磨粉机、锯木机、纺织机械	1.2	1.3	1.4	1.4	1.5	1.6
载荷变动很大	破碎机（旋转式、鄂式等）、球磨机、起重机、挖掘机、辊压机	1.3	1.4	1.5	1.5	1.6	1.8

注：Ⅰ类—普通鼠笼式交流电动机，同步电动机，直流电动机（并激），$n\geqslant 600\text{r/min}$ 内燃机。
Ⅱ类—交流电动机（双鼠笼式，滑环式、单相、大转差率），直流电动机，$n\leqslant 600\text{r/min}$ 内燃机

2. 选定 V 带的型号

根据计算功率 P_c 和小轮转速 n_1，按图 5-8 所示选择普通 V 带的型号。选择方法是由 P_c 和 n_1 两参数确定坐标点所在区域，如坐标点在 A 区则推荐选用 A 型带；若坐标点处于两种型号的分界线附近时，可同时选择两种型号，进行分析比较，择优选用。

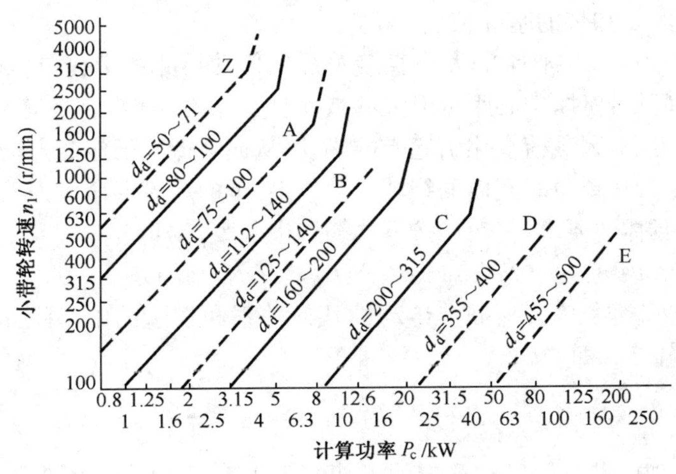

图 5-8 普通 V 带选型图

3. 确定大、小带轮基准直径 d_{d1} 和 d_{d2} 并演算带速

小带轮的基准直径 d_{d1} 是一个重要的参数。小带轮的基准直径小，在一定的传动比下，大带轮的基准直径相应地也小，则带传动的外廓尺寸小，结构紧凑、质量小。但是如果小带轮的基准直径过小，将会使传动带的弯曲应力增大，从而导致传动带的寿命降低。为了避免产生过大的弯曲应力，在 V 带传动的设计计算中，对于每种型号的 V 带传动都规定了相应的最小带轮基准直径 d_{dmin}。

1)初选小带轮的基准直径 d_{d1}

小带轮的基准直径 d_{d1} 是一个重要的参数。在一定的传动比下，小带轮的基准直径 d_{d1} 小，带传动的外廓尺寸就小，这样结构紧凑、质量小。但小带轮直径过小，V带的弯曲应力增大，带的寿命就缩短。为了避免产生过大的弯曲应力，在V带传动的设计计算中，对于每种型号的V带传动都规定了相应的最小带轮基准直径 d_{dmin}。d_{d1} 的大小应根据图5-8所示的推荐值，同时参考表5-4中的基准直径系列来选取，并使 $d_{d1} \geqslant d_{dmin}$。

2)验算带速 v

$$v=\frac{d_{d1} n_1 \pi}{60 \times 1000} \quad (\mathrm{m/s}) \tag{5-18}$$

式中 d_{d1}——小带轮的基准直径(mm)；

n_1——小带轮的转速(r/min)。

若 v 过大，带的离心力就会过大，降低了带的传动能力，易发生打滑现象；若 v 过小，由 $P=FV/1000$ 可知，当传递功率 P 不变时，则需要更大的有效拉力，所需的 V 带根数必须增多，不但每根带的载荷分布难以保持均匀，而且带轮宽度会增大，轴承及轴的尺寸也相应增大。一般应使带速 v 在 5m/s～25m/s 的范围内比较合理。若 v 不在此范围内，应重新选取传动带的基准直径。

3)确定大带轮基准直径 d_{d2}

大带轮的基准直径 d_{d2} 可按下式计算：

$$d_{d2}=\frac{n_1}{n_2} d_{d1} \tag{5-19}$$

将计算出的 d_{d2} 圆整后按表5-4中的基准直径系列选取。

4)确定中心距 a 和带的基准长度

(1)确定中心距 a。中心距的大小直接关系到传动尺寸和带在单位时间内的绕转次数。由于带是中间挠性件，中心距可取大些或小些。中心距增大，将有利于增大包角，但结构外廓尺寸大，还会因载荷变化引起带的颤动，从而降低其工作能力；若中心距过小，结构虽然紧凑，但是带在单位时间内的绕转次数增多，带的疲劳寿命大大缩短。若已知条件未对中心距提出具体的要求，一般可按下式初选中心距 a_0，即

$$0.7(d_{d1}+d_{d2}) \leqslant a_0 \leqslant 2(d_{d1}+d_{d2}) \tag{5-20}$$

(2)初定带的基准长度。根据带传动的几何关系和初选的中心距 a_0，按照下式初步计算带的基准长度 L_0，即

$$L_0=2a_0+\frac{\pi}{2}(d_{d1}+d_{d2})+\frac{(d_{d2}-d_{d1})^2}{4a_0} \tag{5-21}$$

(3)计算实际中心距 a。根据初定的 L_0 和V带型号，由表5-2选取相近的基准长度 L_d。按下式近似计算实际所需的中心距：

$$a \approx a_0+\frac{L_d-L_0}{2} \tag{5-22}$$

考虑安装调整和张紧的需要，中心距大约有 $\pm 0.03L_d$ 的调整量。

5)验算小轮包角 α_1

$$\alpha_1=180^\circ-\frac{d_{d2}-d_{d1}}{a} \times 57.3^\circ \tag{5-23}$$

若 α_1 过小，传动能力下降，易打滑，一般要求 $\alpha \geqslant 120^\circ$，否则可加大中心距或增设张紧轮。

6）确定带的根数 z

$$z=\frac{P_c}{(P_0+\Delta P_0)K_\alpha K_L} \tag{5-24}$$

式中 P_0——单根普通 V 带的基本额定功率(kW)，见表 5-6；

ΔP_0——$i \neq 1$ 时的单根普通 V 带额定功率的增量(kW)，见表 5-7；

K_L——带长修正系数，考虑带长不等于特定长度时对传动能力的影响(表 5-2)；

K_α——包角修正系数，考虑 $\alpha_1 \neq 180^\circ$ 时，传动能力有所下降(表 5-8)。

带的根数 z 应圆整为整数，一般取 z 为 3 根～6 根比较适宜。为使各根带受力均匀，最多不超过 8 根。

表 5-6　单根普通 V 带的基本额定功率 P_0(kW)(包角 $\alpha=180^\circ$)

带型	小带轮基准直径 D_1/mm	小带轮转速 n_1/(r/min)						
		400	730	800	980	1200	1460	2800
Z	50	0.06	0.09	0.10	0.12	0.14	0.16	0.26
	63	0.08	0.13	0.15	0.18	0.22	0.25	0.41
	71	0.09	0.17	0.20	0.23	0.27	0.31	0.50
	80	0.14	0.20	0.22	0.26	0.30	0.36	0.56
A	75	0.27	0.42	0.45	0.52	0.60	0.68	1.00
	90	0.39	0.63	0.68	0.79	0.93	1.07	1.64
	100	0.47	0.77	0.83	0.97	1.14	1.32	2.05
	112	0.56	0.93	1.00	1.18	1.39	1.62	2.51
	125	0.67	1.11	1.19	1.40	1.66	1.93	2.98
B	125	0.84	1.34	1.44	1.67	1.93	2.20	2.96
	140	1.05	1.69	1.82	2.13	2.47	2.83	3.85
	160	1.32	2.16	2.32	2.72	3.17	3.64	4.89
	180	1.59	2.61	2.81	3.30	3.85	4.41	5.76
	200	1.85	3.05	3.30	3.86	4.50	5.15	6.43
C	200	2.41	3.80	4.07	4.66	5.29	5.86	5.01
	224	2.99	4.78	5.12	5.89	6.71	7.47	6.08
	250	3.62	5.82	6.23	7.18	8.21	9.06	6.56
	280	4.32	6.99	7.52	8.65	9.81	10.74	6.13
	315	5.14	8.34	8.92	10.23	11.53	12.48	4.16
	400	7.06	11.52	12.10	13.67	15.04	15.51	—

表 5-7　单根普通 V 带 $i \neq 1$ 时额定功率的增量 ΔP_0　　(kW)

带型	小带轮转速 n_1/(r/min)	传动比 i									
		1.00～1.01	1.02～1.04	1.05～1.08	1.09～1.12	1.13～1.18	1.19～1.24	1.25～1.34	1.35～1.51	1.52～1.99	≥2.0
Z	400	0.00	0.00	0.00	0.00	0.00	0.00	0.00	0.00	0.01	0.01
	730	0.00	0.00	0.00	0.00	0.00	0.00	0.01	0.01	0.01	0.02
	800	0.00	0.00	0.00	0.00	0.01	0.01	0.01	0.01	0.02	0.02
	980	0.00	0.00	0.00	0.00	0.01	0.01	0.01	0.02	0.02	0.02
	1200	0.00	0.00	0.01	0.01	0.01	0.01	0.02	0.02	0.02	0.03
	1460	0.00	0.00	0.01	0.01	0.01	0.02	0.02	0.02	0.02	0.03
	2800	0.00	0.01	0.02	0.02	0.03	0.03	0.03	0.04	0.04	0.04

(续)

带型	小带轮转速 n_1/(r/min)	传动比 i									
		1.00～1.01	1.02～1.04	1.05～1.08	1.09～1.12	1.13～1.18	1.19～1.24	1.25～1.34	1.35～1.51	1.52～1.99	≥2.0
A	400	0.00	0.01	0.01	0.02	0.02	0.03	0.03	0.04	0.04	0.05
	730	0.00	0.01	0.02	0.03	0.04	0.05	0.06	0.07	0.08	0.09
	800	0.00	0.01	0.02	0.03	0.04	0.05	0.06	0.08	0.09	0.10
	980	0.00	0.01	0.03	0.04	0.05	0.06	0.07	0.08	0.10	0.11
	1200	0.00	0.02	0.03	0.05	0.07	0.08	0.10	0.11	0.13	0.15
	1460	0.00	0.02	0.04	0.06	0.08	0.09	0.11	0.13	0.15	0.17
	2800	0.00	0.04	0.08	0.11	0.15	0.19	0.23	0.26	0.30	0.34
B	400	0.00	0.01	0.03	0.04	0.06	0.07	0.08	0.10	0.11	0.13
	730	0.00	0.02	0.05	0.07	0.10	0.12	0.15	0.17	0.20	0.22
	800	0.00	0.03	0.06	0.08	0.11	0.14	0.17	0.20	0.23	0.25
	980	0.00	0.03	0.07	0.10	0.13	0.17	0.20	0.23	0.26	0.30
	1200	0.00	0.04	0.08	0.13	0.17	0.21	0.25	0.30	0.34	0.38
	1460	0.00	0.05	0.10	0.15	0.20	0.25	0.31	0.36	0.40	0.46
	2800	0.00	0.10	0.20	0.29	0.39	0.49	0.59	0.69	0.79	0.89
C	400	0.00	0.04	0.08	0.12	0.16	0.20	0.23	0.27	0.31	0.35
	730	0.00	0.07	0.14	0.21	0.27	0.34	0.41	0.48	0.55	0.62
	800	0.00	0.08	0.16	0.23	0.31	0.39	0.47	0.55	0.63	0.71
	980	0.00	0.09	0.19	0.27	0.37	0.47	0.56	0.65	0.74	0.83
	1200	0.00	0.12	0.24	0.35	0.47	0.59	0.70	0.82	0.94	1.06
	1460	0.00	0.14	0.28	0.42	0.58	0.71	0.85	0.99	1.14	1.27
	2800	0.00	0.27	0.55	0.82	1.10	1.37	1.64	1.92	2.19	2.47

表 5-8　包角修正系数 K_α

小轮包角 α_1	70°	80°	90°	100°	110°	120°	130°	140°
K_α	0.56	0.62	0.68	0.73	0.78	0.82	0.86	0.89
小轮包角 α_1	150°	160°	170°	180°	190°	200°	210°	220°
K_α	0.92	0.95	0.96	1.00	1.05	1.10	1.15	1.20

7)确定初拉力 F_0

若 F_0 过小，极限摩擦力小，带传动能力降低，易发生打滑现象；若 F_0 过大，将增大作用在轴上的载荷并降低带的寿命。单根 V 带合适的初拉力 F_0 可按下式计算：

$$F_0=\frac{500P_c}{zv}\left(\frac{2.5}{K_\alpha}-1\right)+qv^2 \quad (\mathrm{N}) \tag{5-25}$$

8)计算作用在轴上的载荷 F_Q

带对轴的压力 F_Q 是设计带轮所在轴承的依据。为简化计算，可近似按静止状态下两边的预紧力的合力来计算。由力平衡条件得作用在轴上的载荷 F_Q 为

$$F_Q=2zF_0\sin\frac{\alpha_1}{2} \quad (\mathrm{N}) \tag{5-26}$$

式中　z——带的根数；

F_0——单根带的初拉力(N)；

α_1——小带轮上的包角(°)。

从式(5-26)中可以看出，初拉力越大，压轴力也就越大。

9）V 带轮结构设计

可参考有关机械设计手册。

例 5-1　某带式运输机采用普通 V 带传动，普通异步电动机驱动。已知电动机的额定功率 10kW，主动带轮转速 $n_1=1460\text{r/min}$，运输机轴转速 $n_2=620\text{r/min}$，载荷变动微小，三班制工作，试设计该 V 带传动。

解：(1)确定计算功率 P_c。由表 5-5 查得 $K_A=1.3$。

由式(5-17)得 $P_c=K_AP=1.3\times10=13\text{kW}$。

(2)确定 V 带型号。根据 $P_c=13\text{kW}$，$n_1=1460\text{r/min}$，由图 5-8 可选择普通 A 型。

(3)确定带轮直径并演算带速。由图 5-8 可知，小带轮基准直径的推荐值为 80mm～100mm，由表 5-4，可取 $d_{d1}=100\text{mm}$，有

$$d_{d2}=d_{d1}\frac{n_1}{n_2}=100\times\frac{1460}{620}=236(\text{mm})$$

由表 5-4，取 $d_{d2}=250\text{mm}$。

则传动比为

$$i=\frac{d_{d2}}{d_{d1}}=\frac{250}{100}=2.5$$

由式(5-18)得

$$v=\frac{d_{d1}n_1\pi}{60\times1000}=\frac{100\times1460\times3.14}{60\times1000}=7.6(\text{m/s})$$

v 值在 5m/s～25m/s 范围内，带速合适。

(4)确定中心距和带的基准长度并演算小带轮包角 α_1。由式(5-20)得

$$0.7(d_{d1}+d_{d2})\leqslant a_0\leqslant2(d_{d1}+d_{d2})$$

$$0.7\times(100+250)\leqslant a_0\leqslant2\times(100+250)$$

$$245\text{mm}\leqslant a_0\leqslant700\text{mm}$$

初取中心距 500mm。

由式(5-21)初定带的长度为

$$L_0=2a_0+\frac{(d_{d1}+d_{d2})\pi}{2}+\frac{(d_{d2}-d_{d1})^2}{4a_0}$$

$$=2\times500+\frac{(100+250)\times3.14}{2}+\frac{(250-100)^2}{4\times500}\approx1561(\text{mm})$$

由表 5-2，取带的基准长度 $L_d=1600\text{mm}$。

根据式(5-22)得实际中心距 a 为

$$a\approx a_0+\frac{L_d-L_0}{2}\approx500+\frac{1600-1561}{2}\approx520(\text{mm})$$

由式(5-23)可演算小带轮包角 α_1，得

$$\alpha_1=180^\circ-\frac{d_{d2}-d_{d1}}{a}\times57.3^\circ=180^\circ-\frac{250-100}{520}\times57.3^\circ=163.5^\circ$$

因 $163.5^\circ>120^\circ$，所以满足小带轮包角 α_1 的要求。

(5)确定 V 带根数。

由表 5-6 得单根普通 V 带的基本额定功率 $P_0=1.32\text{kW}$；

由表 5-7 得单根普通 V 带额定功率增量 $\Delta P_0=0.17\text{kW}$；

由表 5-8 得包角修正系数 $K_\alpha=0.96$；

由表 5-2 得带长修正系数 $K_L=0.9$。

由式(5-24)得 V 带根数为

$$z=\frac{P_c}{(P_0+\Delta P_0)K_\alpha K_L}=\frac{7.2}{(1.32+0.17)\times0.96\times0.9}=5.59(\text{根})$$

取整数，$z=6$ 根。

(6)确定单根 V 带的预紧力 F_0。查表 5-1 得 A 型带单位长度的质量 $q=0.10$；

由式(5-25)可得单根 V 带的预紧力 F_0 为

$$F_0=\frac{500P_c}{vz}\left(\frac{2.5}{K_\alpha}-1\right)+qv^2=\frac{500\times7.2}{7.6\times6}\left(\frac{2.5}{0.96}-1\right)+0.1\times7.6^2=126.3(\text{N})$$

(7)计算 V 带作用于轴上的压力 F_Q。由式(5-26)得

$$F_Q=2zF_0\sin\frac{\alpha_1}{2}=2\times6\times126.3\sin\frac{163.5}{2}=430.5(\text{N})$$

(8)对 V 带轮进行结构设计，并绘制 V 带轮的零件工作图(略)。

(9)设计结果。选用 6 根 A-1600 GB 11544—89 V 带，中心距 $a=520\text{mm}$，带轮直径 $d_{d1}=100\text{mm}$，$d_{d2}=250\text{mm}$，轴上压力 $F_W=430.5\text{N}$。

5.6 带传动的安装与维护

5.6.1 带传动的张紧

由于传动带的材料不是完全的弹性体，工作一段时间会由于塑性变形而松弛，使带的初拉力降低，传动能力下降，甚至失效。因此，为保证带传动正常工作应设置张紧装置。常用的张紧装置有以下几种。

1. 定期张紧装置

如图 5-9(a)所示，这种装置是利用定期调节中心距的方法来使带重新张紧的。移动式结构，将装在带轮的电动机安装在滑轨 1 上，需调节带的拉力时，松开螺母 2，旋转调节螺钉改变电动机位置，然后固定。这种装置适合两轴处于水平或倾斜不大的传动。图 5-9(b)为摆动式结构，电动机固定在摇摆架上，用旋转调节螺钉上的螺母来调节。这种装

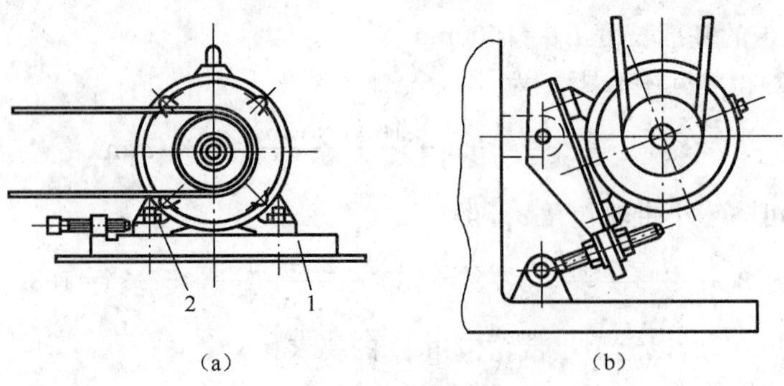

图 5-9 带的定期张紧装置

(a)移动式；(b)摆动式。

置适合垂直的或接近垂直的传动。

2. 自动张紧装置

如图 5-10 所示，将装有带轮的电动机安装在浮动的摆动架上，靠电动机 1 和机座 2 的质量，使带轮绕固定轴摆动，通过载荷的大小自动调整中心距达到张紧目的。此方法适用于小功率近似垂直布置的带传动。

3. 使用张紧轮的张紧装置

如图 5-11 所示，当中心距不能调节时，可使用张紧轮把带张紧。图 5-11(a)为摆锤式张紧，它靠悬锤 1 将张紧轮 2 压在带上，以保持带的张紧。图 5-11(b)为调位式张紧。

张紧轮一般应安装在松边内侧，以避免小带轮包角 α_1 减小过多，同时还可以使带免受双向弯曲，以提高带的疲劳强度。若张紧轮设置在松边外侧时，张紧轮应尽量靠近小带轮，这样可以增加小带轮的包角，提高带的传动能力。张紧轮的使用会降低带轮的传动能力，在设计时应适当考虑。

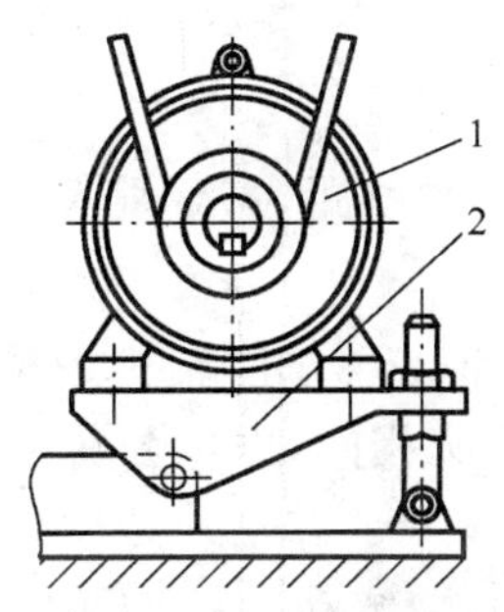

图 5-10 带传动的自动张紧装置
1—电动机；2—机座。

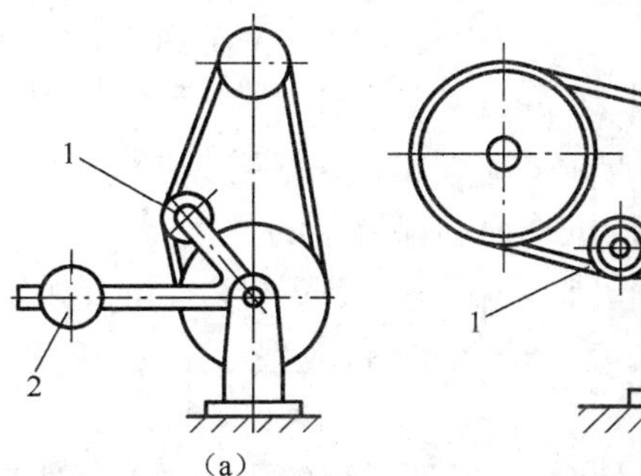

图 5-11 张紧轮装置
(a)摆锤式张紧；(b)调位式张紧。

5.6.2 带传动的安装和维护

为保证传动能正常工作，延长带的使用寿命，必须正确地安装、使用和维护 V 带。在安装 V 带时应注意以下几个问题。

(1)应正确选用 V 带的截型和基准长度，以保证 V 带在轮槽中的正确位置(图 5-12)。如 V 带的外表面应与带轮的外缘相平齐(安装新带时可稍高于轮缘)，使 V 带两侧面与轮槽的工作面充分接触，如图 5-12(a)所示；若 V 带嵌入过深(图 5-12(b))，使带的底面与轮

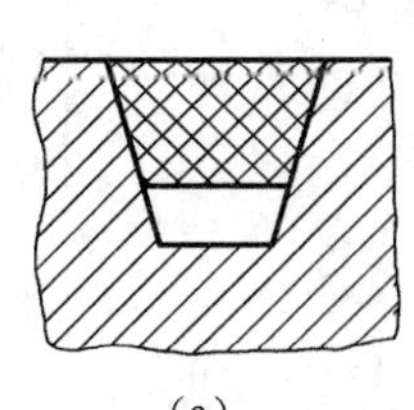
(a)

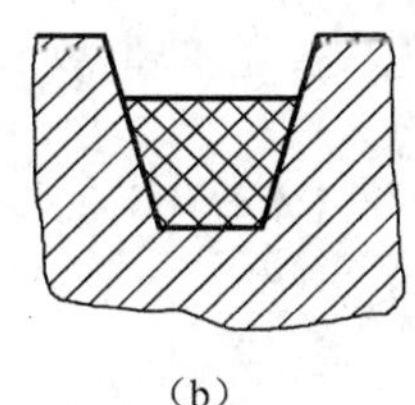
(b)

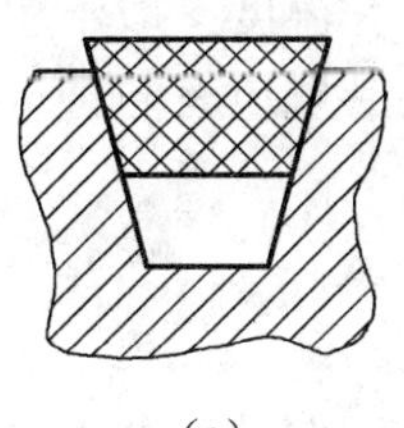
(c)

图 5-12 V 带的安装情况
(a)正确；(b)错误；(c)错误。

槽底部接触，会失去 V 带的楔面增压效应的优势，降低传动能力；若 V 带位置过高(图 5-12(c))，带与带轮的接触面减少，传动能力降低。

(2)安装 V 带时，各带轮的轴线应互相平行。各带轮相对应的 V 形槽的对称平面应重合(误差控制在 20′之内)，若误差过大会造成 V 带扭曲，加速带的磨损，降低带的使用寿命，如图 5-13 所示。

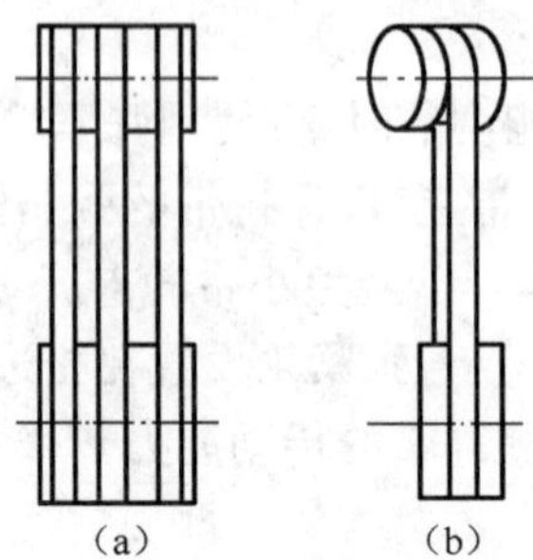

图 5-13　两带轮的相对位置

(a)正确；(b)错误。

(3)安装 V 带时，应先缩小中心距，将带套入带轮后再增大中心距，最后张紧。严禁硬撬，以保护带的工作面和保持带的弹性。

(4)应定期检查 V 带。多根 V 带并用时，如发现有的 V 带出现过度松弛或疲劳损坏，应全部更换。对于同组 V 带应型号相同、长度相等、生产厂家相同，以保证每根 V 带受力均匀。

(5)安装 V 带时，应保证适当的张紧力。对于中等中心距的带传动，一般可凭经验控制张紧力，方法是在两带轮的中间位置以大拇指能按下 15mm 作用为宜，如图 5-14 所示。

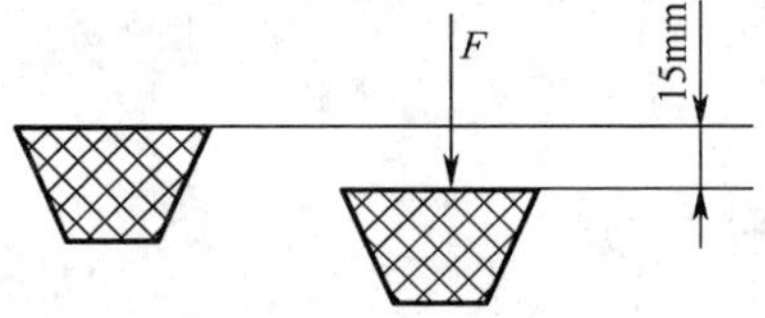

图 5-14　V 带的张紧程度

(6)为了便于传动带的装拆，带轮应布置在轴的外伸端。

(7)若带传动装置长时间闲置，应放松传动带以保持带的弹性。

(8)应保持传动带及带轮的清洁，及时去除油污，防止打滑。

(9)带不宜与酸、碱、油等化学物质接触，避免腐蚀。

(10)带的工作温度一般不超过 60℃，以防止带过早老化。

(11)带传动装置应有防护罩，以免发生意外事故和保护带传动的工作环境。

5.7　链传动简介

5.7.1　链传动的组成和类型

1. 链传动的组成和原理

链传动是一种应用十分广泛的机械传动形式，它由主动链轮 1、从动链轮 3 和绕在链轮上的环形链条 2 组成，如图 5-15 所示。链传动与带传动有一定的相似之处，如链条相当于带传动中的挠性带，但又不是靠摩擦力传动，而是靠链轮齿和链条之间的啮合来传动。因此，链传动是一种具有中间挠性件的啮合传动。

2. 链传动类型

链的种类繁多，按用途不同，链可分为传动链、起重链和输送链三类。传动链主要用于一般机械中；起重链和输送链常用于起重机械和运输机械中，如链斗式提升机及链式运输机等；齿形链运转平稳，噪声小（也称为无声链），承受冲击载荷的能力强，适用于高速（链速可达 40m/s）或运动精度要求较高的传动，但缺点是质量大，结构复杂，成本高。机械中传递运动和动力的传递链主要有滚子链和齿形链。本章主要讨论滚子链传动。

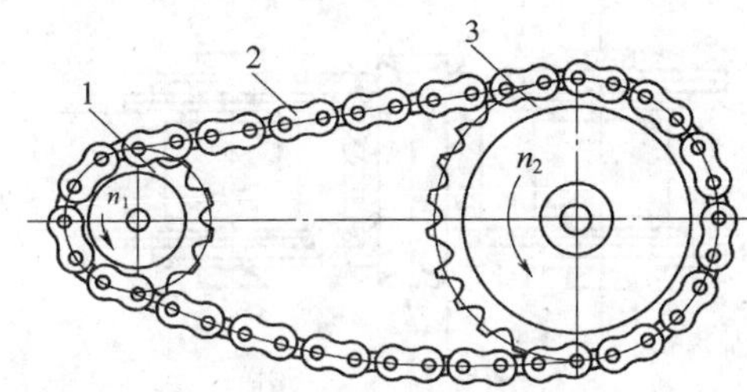

图 5-15　链传动的组成

1—主动链轮；2—链条；3—从动链轮。

5.7.2　滚子链传动的特点和应用

1. 链传动的主要优点

(1)功率损失小，传动效率高(97%～98%)。

(2)链传动所需的张紧力小，作用在轴和轴承上的压力小，减小了轴承的磨损。

(3)对环境的适应性较强，能在高温、油污或粉尘多、湿度大等恶劣场合工作，耐用，易维护。

(4)与摩擦型带传动相比，链传动无弹性滑动和打滑现象，能获得准确平均传动比。

(5)与齿轮传动比较，链传动易于安装，成本低廉；在远距离传动时，结构更轻便。

2. 链传动的主要缺点

(1)工作时不能保证恒定的瞬时传动比，工作时冲击和噪声较大，不宜在高速或载荷变化大的场合中工作。

(2)与带传动相比，无过载保护作用，安装精度要求高。

(3)只能用于两平行轴间的传动。

(4)磨损后易发生跳齿。

目前，链传动广泛应用于矿山、农业、石油、机床、交通运输、冶金、建筑等各类机械中。

通常，链传动的传递功率 $P \leqslant 100\text{kW}$，圆周速度 $v \leqslant 15\text{m/s}$，传动效率 $\eta = 0.95 \sim 0.98$，中心距 $a \leqslant 5\text{m} \sim 6\text{m}$，传动比 $i \leqslant 8$，常用的传动比范围是 $i = 2 \sim 3.5$。

5.7.3　套筒滚子链的结构和标准

1. 套筒滚子链的结构

套筒滚子链的结构如图 5-16 所示，它由内链板 1、外链板 2、销轴 3、套筒 4、滚子 5 组成。零件之间的配合关系是：内链板与套筒之间、外链板与销轴之间采用过盈配合；滚子与套筒之间、套筒与销轴之间采用间隙配合，这样构成一个铰链，使内、外链板可相对转动。滚子活套在套筒上可以减少链条与链轮间的摩擦和磨损，提高使用寿命。为了减少轮齿的磨损，内、外链板之间留有少量间隙，以便润滑油渗入套筒与销轴的摩擦面间。为了减小链条质量并使链条各横截面的抗拉强度近似相等，内、外链板通常制成“∞”字形。

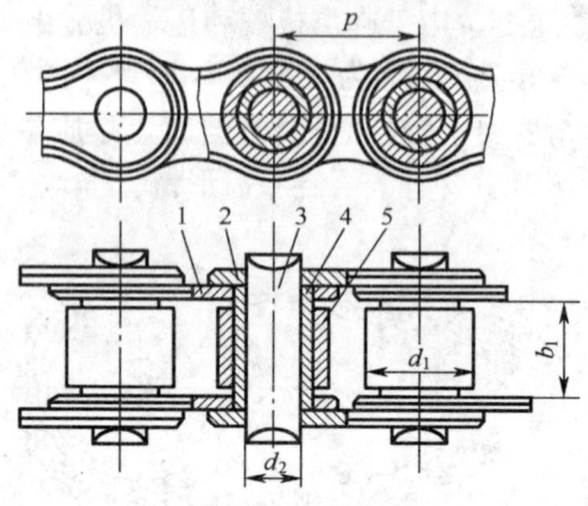

图 5-16　滚子链

链条上相邻两销轴的中心距称为链的节距，用 p 表示，它是链传动的主要参数之一。传递功率较大时，可采用较大节距的链条或多排链。排数越多，承载能力越强，但如果排数过多，对制造精度和装配精度要求越高，同时各链排受载不易均匀。因此，在实际应用时，一般最多为 4 排，较为常用的是双排链，如图 5-17 所示。

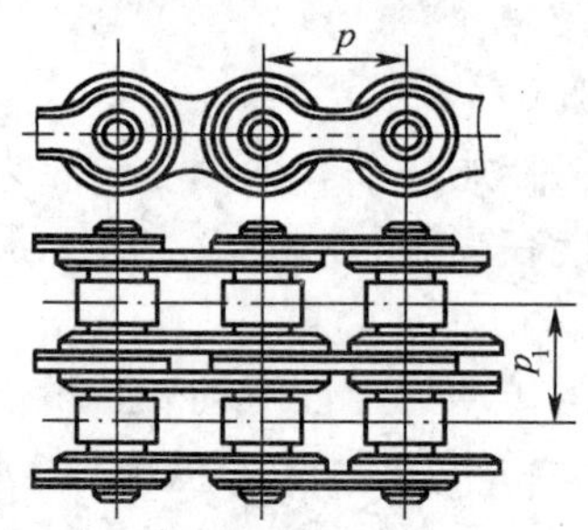

图 5-17　双排链

当链节数为偶数时，链条的两端正好是外链板与内链板相连接，在此处可用弹簧卡片(图 5-18(a))或开口销(图 5-18(b))来固定。一般前者用于小节距，后者用于大节距；当链节数为奇数时，则需要采用过渡链节(图 5-19(c))，过渡链节的链板受有附加弯短，应尽量避免使用。

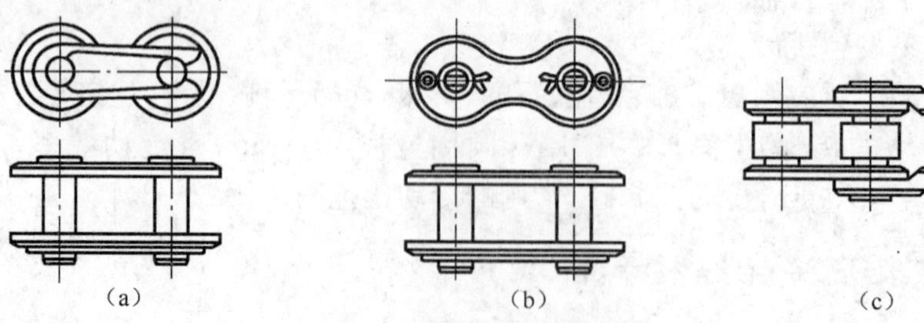

图 5-18　滚子链的接头形式

(a)弹簧夹式；(b)开口销式；(c)过渡链。

2. 套筒滚子链的标准

套筒滚子链已标准化。根据国家标准 GB 1243.1—83 规定，分为 A、B 两个系列，常用的是 A 系列，其尺寸和主要参数见表 5-9。表中链号数乘以 25.4/16mm，即为链条的节距值。从表中可知链号数越大，链的尺寸越大，其承载能力也越高。

表 5-9 滚子链的基本参数和主要尺寸(GB 1243.1—83) (mm)

链号	节距 p	滚子外径 d_{1max}	销轴直径 d_{2max}	内链节内宽 b_{1min}	内链板高度 h_2	多排链排距 p_t	单排极限拉伸载荷 F_Q/kN	单排质量 q/(kg/m)
08A	12.70	7.95	3.96	7.85	12.07	14.38	13.80	0.6
10A	15.875	10.16	5.08	9.40	15.09	18.11	21.80	1.0
12A	19.05	11.91	5.94	12.57	18.08	22.78	31.10	1.50
16A	25.40	15.88	7.92	15.75	24.13	29.29	55.60	2.60
20A	31.75	19.05	9.53	18.90	30.18	35.76	86.70	3.80
24A	38.10	22.23	11.10	25.22	36.20	45.44	124.60	5.60
28A	44.45	25.40	12.70	25.22	42.24	48.87	169.00	7.50
32A	50.80	28.58	14.27	31.55	48.26	58.55	222.40	10.10
注：过渡链节取 F_Q 值的 80%								

套筒滚子链的标记由链号、排数、整条链的链节数、标准编号等几部分组成。如链条标记 16A—1×68GB/T1243—1997 表示节距为 25.4mm、A 系列、单排、68 节的滚子链。

5.7.4 链轮的结构和材料

1. 链轮的结构

对链轮齿形的基本要求是：齿形应保证链节能平稳顺利地进入和退出啮合，且形状简单、便于加工、受力均匀、不容易发生脱链现象。目前应用较广的是三圆弧(aa、ab、cd)一直线(bc)齿形，如图 5-19 所示。该齿形接触应力较小，承载能力较高，可用标准刀具切制。设计时，只要符合 GB/T 1243—1997 规定的齿形，只需在零件工作图上标明分度圆直径 d、齿顶圆直径 d_a、齿根圆直径 d_f、齿数 z、节距 p 等主要参数和尺寸，同时注明“齿形

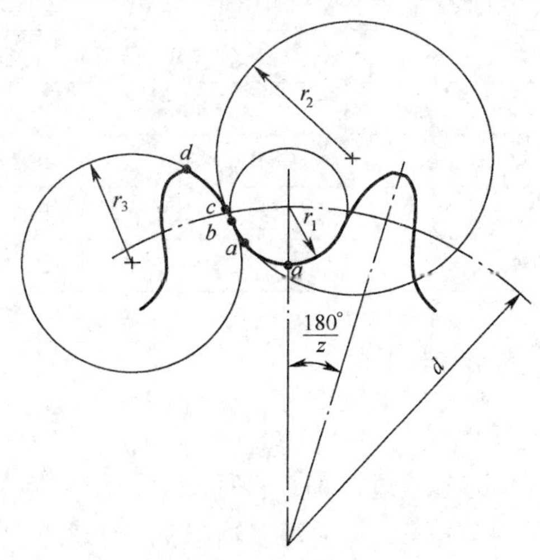

图 5-19 滚子链链轮的端面齿形

GB/T 1243—1997 制造和检验”即可，而不需画出端面齿形。但为了切削链轮毛坯，需将轴面齿形画出，具体尺寸可查阅机械设计手册。

图 5-20 所示为链轮的几种常用结构。链轮的结构一般根据其齿顶圆直径大小确定。小直径链轮可制成整体实心式结构(图 5-20(a))；中等直径的链轮多采用孔板式(图 5-20(b))；对于大直径的链轮可采用螺栓连接式(图 5-20(c))，齿圈和轮芯通常选用不同的材料制成，齿圈磨损后便于更换；也可采用焊接式(图 5-20(d))。

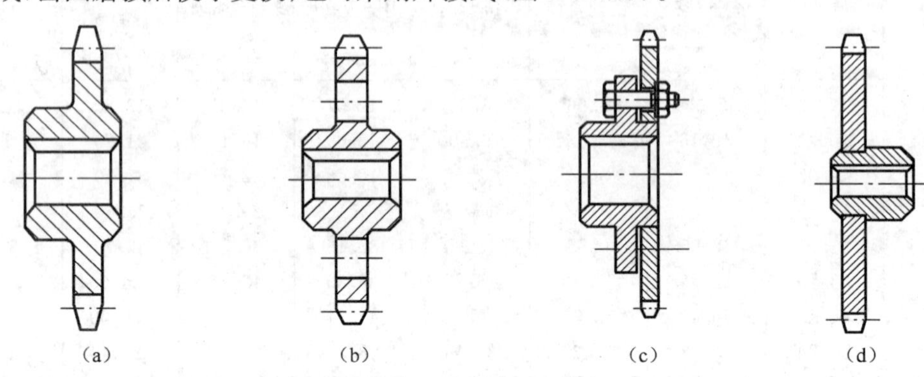

图 5-20　链轮的结构

(a)实心式；(b)孔板式；(c)螺栓接式；(d)焊接式。

2. 链轮的材料

链轮材料应具有足够的接触疲劳强度和耐磨性。常用的材料有优质碳素钢或合金钢，对于尺寸较大的链轮可用碳素钢焊接结构；对于啮合次数较多的小链轮，材料应优于大链轮的材料，并进行热处理；若从动链轮齿数较多($z>25$)而且载荷平稳、速度较低时，可选用强度较高的铸铁制造。链轮常用的材料、热处理方式及应用范围见表 5-10。

表 5-10　链轮常用材料、热处理方式及应用

材料	热处理	齿面硬度	应用
15、20	渗碳、淬火、回火	50HRC～60HRC	$z\leqslant 25$，有冲击载荷的链轮
35	正火	160HBS～200HBS	$z>25$ 的链轮
45、50、ZG310.75	淬火、回火	40HRC～50HRC	无剧烈振动及冲击载荷的链轮
15C、20Cr	渗碳、淬火、回火	50HRC～60HRC	$z<25$ 的大功率链轮
40Cr、35SiMn、35CrMo	淬火、回火	40HRC～50HRC	重要的使用 A 系列链条的链轮
Q235、Q255	焊接后退火	约 140HBS	中低速、中等功率、直径较大的链轮
HT150	淬火、回火	260HBS～280HBS	$z>25$ 的从动链轮

5.7.5　链传动的运动特性

1. 平均链速和平均传动比

滚子链结构特点是刚性链节通过销轴铰接而成，因此链传动相当于两多边形轮子间的带传动。链条节距 p 和链节数 L_p 分别为多边形的边长和边数。设 n_1、n_2 和 z_1、z_2 分别为主、从动链轮转速和链轮齿数，则链的平均速度为

$$v=\frac{z_1 n_1 p}{60\times1000}=\frac{z_2 n_2 p}{60\times1000} \tag{5-27}$$

故平均传动比为

$$i=\frac{n_1}{n_2}=\frac{z_2}{z_1}=\text{常数} \tag{5-28}$$

2. 瞬时链速

如图 5-21 所示，假设链的主动边在传动中总是处于水平位置，绕在链轮上的链条只有铰链销轴 A 的圆周速度 $v_A=d_1\omega_1/2$，水平方向的链速 $v=v_A\cos\theta$。每一链节从进入啮合到脱离啮合，θ 角在 $\pm180°/z_1$ 间变化，故链速 v 是变化的，从而引起从动轮瞬时角速度 ω_2 的变化；铰链 A 的速度 v_A 在垂直方向的速度 $v'=v_A\sin\theta$ 也是随着 θ 角的变化而变化。由此可知，在链传动中链条的运动是"忽快忽慢忽上忽下"。由于链速 v 的变化，使从动轮的瞬时角速度 ω_2 也跟着变化。所以链传动的瞬时传动比 $i=\omega_1/\omega_2$ 是变化的。瞬时链速及传动比的变化，引起链传动的不平衡性及附加动载荷。链轮齿数越少，节距越大，转速越高，其影响越大。

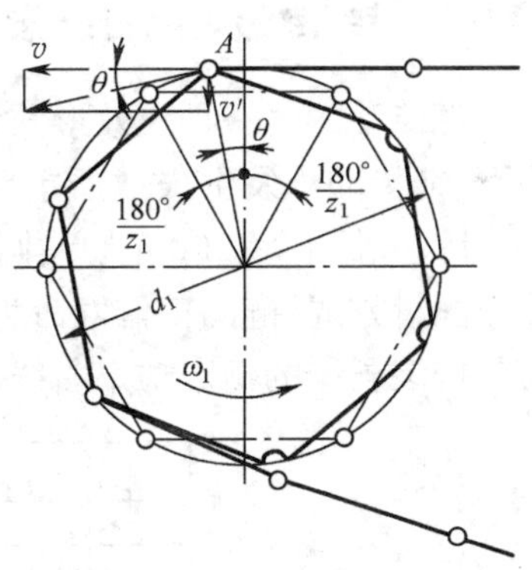

图 5-21　链传动的速度分析

在链传动中，为避免过大的动载荷，并减少冲击和噪声，可采取的主要措施如下：

(1)尽量选择小节距、齿数多的链轮。

(2)限制链速。

(3)高速重载时可选用小节距、多排链。

5.7.6　链传动的主要失效形式

实践表明，在正常安装和润滑条件下，链传动的失效主要发生在链条上，常见的失效形式有以下几种。

1. 链板疲劳破坏

链传动在工作时，由于存在紧边拉力和松边拉力的不同，使得链条在变应力下工作，当这种交变应力循环到一定次数时，链板就会发生疲劳破坏，或套筒、滚子表面出现疲劳点蚀。在润滑良好时，疲劳强度是限定链传动承载能力的主要因素。

2. 销轴磨损与脱链

销轴与套筒之间是间隙配合，工作时除承受较大压力外，还会由于相对转动而发生磨损，特别是润滑不良或环境恶劣时，磨损会加剧。铰链的磨损会导致链节变长，使链条在工作中易发生跳齿或脱链现象，无法正常工作。磨损是开式传动链的主要失效形式。

3. 滚子套筒的的冲击疲劳破坏

链条与链轮啮合的瞬间会冲击滚子和套筒。在反复多次的冲击下，套筒、滚子会发生冲击疲劳破坏。这种失效多发生在中、高速的闭式链传动中。

4. 销轴与套筒的胶合

在高速重载时，链节所受冲击载荷、振动较大，链条与链轮啮合瞬间会产生很大的冲击能，造成销轴与套筒间的油膜被破坏，两者会在高温和高压下直接接触导致胶合失效。胶合限定了链传动的极限转速。

5. 链条的过载拉断

在低速(v<0.6m/s)、重载或严重过载的传动中，链条所受的拉力超过链条的静强度时，链条就会被拉断。

5.7.7 链传动的设计要点

链传动的每一种失效形式都限制了链传动的传递功率。额定功率是指在特定试验条件下，链传动不发生失效所能传递的功率，用 P_0 表示。特定试验条件是指小链轮齿数 $z_1=19$、链长 $L_p=100$ 节、单排链、两链轮安装在水平轴上且两链轮共面、载荷平稳、按推荐的润滑方式、链的工作寿命为 15000h、链条因磨损而引起的相对伸长量≤3%。图 5-22 为单排滚子链的额定功率曲线。推荐采用的润滑方式如图 5-23 所示。

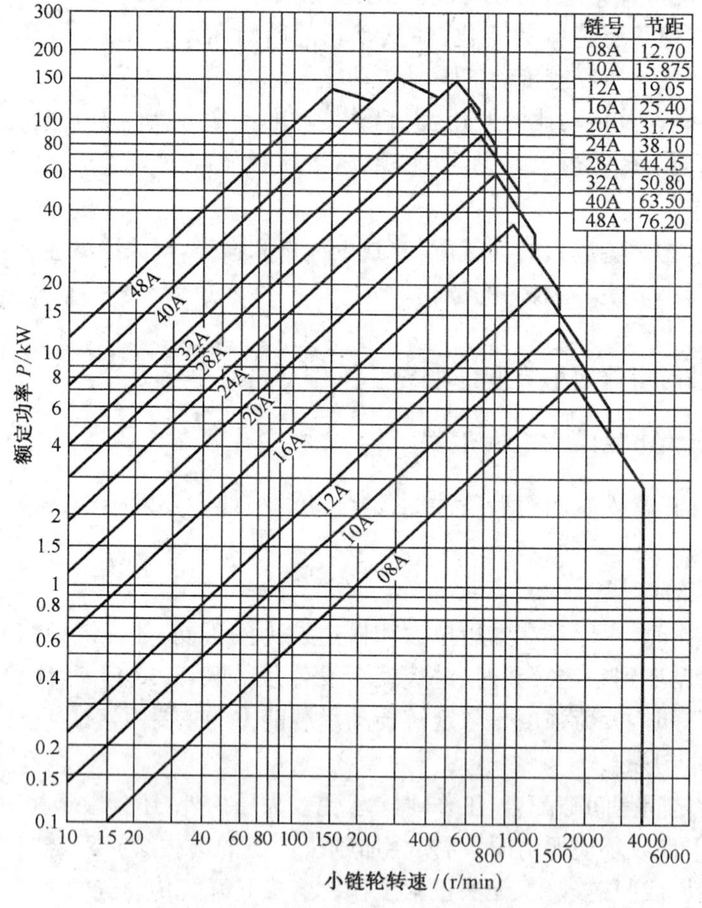

图 5-22 单排滚子链的额定功率曲线

当实际工作条件下的链传动与试验条件有所不同时，需引入相应的修正系数对额定功率 P_0 进行修正。其计算公式为

$$P_0 \geqslant \frac{P_c}{K_Z K_p K_L} = \frac{K_A P}{K_Z K_p K_L} \tag{5-28}$$

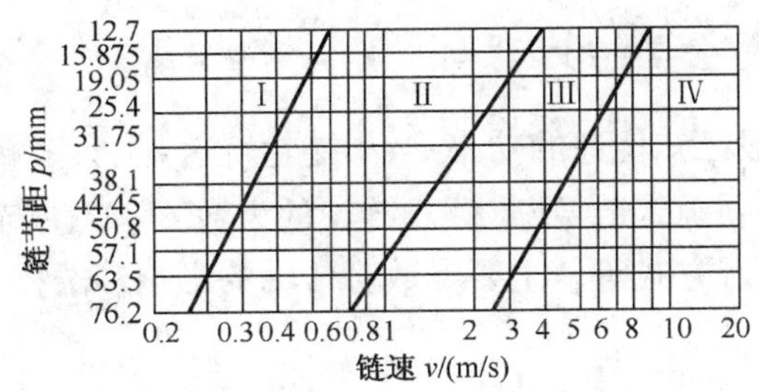

图 5-23 推荐使用的润滑方式

Ⅰ—人工定期润滑；Ⅱ—滴油润滑；Ⅲ—油浴或飞溅润滑；Ⅳ—压力喷油润滑。

式中 P——传动的名义功率(kW)；

K_A——工作情况系数，见表 5-11；

K_Z——小链轮齿数系数，见表 5-12；

K_L——链长系数，见表 5-12；

K_p——多排链系数，见表 5-13。

表 5-11 工作情况系数 K_A

载荷性质	工作机械	原动机		
		内燃机—液体传动	电动机或气轮机	内燃机—机械传动
载荷平稳	液体搅拌机、中小型离心式鼓风机、离心式压缩机、谷物机械、均匀载荷输送机、发电机、均匀载荷不反转的一般机械	1.0	1.0	1.2
中等冲击	半液体搅拌机、三缸以上往复压缩机、大型或不均匀负载输送机，中型起重机或升降机、金属切削机车、食品机械、木工机械、印染纺织机械、大型风机、中等脉动载荷不反转的一般机械	1.2	1.3	1.4
较大冲击	船用螺旋桨、制砖机，单、双缸往复压缩机，挖掘机，往复式、振动式输送机、破碎机、重型起重机，石油钻井机械，锻压机械，线材拉拔机械，冲床，严重冲击有反转的机械	1.4	1.5	1.7

表 5-12 小链轮齿数系数 K_Z 和链长系数 K_L

链传动在工作图中的位置	位于功率曲线顶点左侧时（链板疲劳）	位于功率曲线顶点左侧时（滚子、套筒冲击疲劳）
小链轮齿数系数 K_Z	$\left(\frac{z_1}{19}\right)^{1.08}$	$\left(\frac{z_1}{19}\right)^{1.5}$
链长系数 K_L	$\left(\frac{L_p}{100}\right)^{0.26}$	$\left(\frac{L_p}{100}\right)^{0.5}$

表 5-13 多排链系数 K_p

排数	1	2	3	4	5	6
K_p	1.0	1.7	2.5	3.3	4.1	5.0

5.7.8 链传动主要参数的选择

设计链传动时，一般已知传递的功率 P、小链轮转速 n_1、大链转速 n_2 或传动比 i、载荷情况和使用条件等。必须确定链号(节距)、链轮的齿数 z_1、z_2、链节数 L_p、中心距 a，以及链轮机构尺寸和传动润滑方式等。主要参数对传动的影响和选择方法如下。

1. 齿数 z_1、z_2 和传动比 i

链轮齿数的多少决定了链传动的平稳程度及承受载荷的大小。z_1 过少，运动的不均匀性及冲击载荷增大，将加剧链条与链轮的磨损，降低使用寿命。因此，设计时一般取 $z_1 \geqslant 17$(也可根据表 5-14，先计算链速，再取 z_1)；大链轮齿数 $z_2 = z_1 \cdot i_{12}$，通常 $z_2 \leqslant 120$，否则大链轮齿数过多，不仅会增大传动尺寸，而且会减小链条在链轮上的包角，链条稍有磨损，就容易产生脱链和跳齿现象。通常 $i \leqslant 6$，一般推荐 $i = 2 \sim 3.5$，低速时 i 可取大些。为了使两链轮与链条磨损均匀，两链轮齿数尽可能取奇数(最好与链节数互为质数)，一般链轮齿数优先选用 17、19、21、23、25、38、57、76、95、114 等。

表 5-14　小齿轮齿数 z_1 的选择

链速 v/(m/s)	0.6～3	3～8	>8	>25
齿数 z_1	≥17	≥21	≥25	≥35

2. 确定计算功率 P_c

计算功率 P_c 是根据传递的功率 P，并同时考虑原动机种类和载荷性质确定的，即 $P_c = K_A P$。K_A 的含义与前述相同。

3. 初定中心距和链节数

若中心距取值过小，使传动结构变得紧凑，但链条在小链轮上的包角减小，易产生脱链和跳齿现象，同时，单位时间内链条绕转次数增多，加速链的磨损和疲劳，降低链条的使用寿命；若中心距取值过大，传动的结构尺寸增大，并且链条松边垂度增大，传动时会加剧松边上下抖动，影响平稳性。多数情况下中心距取 $a_0 = (30 \sim 50)p$，一般取 $a_0 \leqslant 80p$(p 为链节距)。

链条长度以链节数 L_p 表示。链节数 L_p 与中心距 a_0 的关系为

$$L_p = \frac{2a_0}{p} + \frac{z_1 + z_2}{2} + \left(\frac{z_2 - z_1}{2\pi}\right)^2 \frac{p}{a_0} \tag{5-29}$$

计算出的链节数 L_p 应圆整为整数(最好取偶数，以避免使用过渡链板)。

4. 确定链条型号及链节距 p

链节距 p 越大，承载能力越高，但链条与链轮的结构尺寸也越大，传动的不均匀性和冲击性越严重。设计时，在满足传动功率的情况下，尽可能选用较小的链节距；若传递的功率较大、速度较高时，可选用小节距多排链，排数越多，制造成本越高，各排链所受载荷越不易保持均匀，通常排数为 3～4。

节距 p 的确定方法是：首先根据链的额定功率 P_0(式(5-28))和小链轮转速 n_1，从图 5-22 中选取链的型号，再根据表 5-9 中查出节距 p。

5. 计算实际中心距 a

链节数 L_p 值圆整后，可得实际中心距 a 为

$$a=\frac{p}{4}\left[\left(L_{\mathrm{p}}-\frac{z_1+z_2}{2}\right)+\sqrt{\left(L_{\mathrm{p}}-\frac{z_1+z_2}{2}\right)^2-8\times\left(\frac{z_2-z_1}{2\pi}\right)^2}\right] \tag{5-30}$$

为便于安装和保证松边合理的下垂量，一般情况下中心距设计成可调节式；当中心距不可调整时，则实际安装中心距应比计算值小 2mm～5mm。

6. 验算链速 v，选择润滑方式

小链轮齿数 z_1 是根据估算的链速选取的。因此，链节距 p 确定后，应演算链速 v 是否与估计相符。链速 v 的计算公式如下：

$$v=\frac{n_1 z_1 p}{60\times1000}=\frac{n_2 z_2 p}{60\times1000} \tag{5-31}$$

式中 z_1 ——小链轮齿数；

p ——链节距(mm)；

n_1 ——小链轮转数(r/min)。

若链速与估计范围不符，应将小链轮齿数作相应修改。根据链速 v 和链节距 p，由图 5-23 选用适当的润滑方式。

7. 计算对链轮轴的压力 F_{w}

链传动的预紧力较小，因此对轴的压力也较小，通常按下式近似计算为

$$F_{\mathrm{w}}=(1.2\sim1.3)F \tag{5-32}$$

当工作载荷平稳时，式中的系数取较小值；当有冲击、振动时，式中的系数取大值。

F 为链条的有效工作拉力，F 的大小为

$$F=1000\,\frac{K_{\mathrm{A}}P}{v}$$

8. 确定链轮的结构及材料，并绘制链轮零件工作图

9. 设计张紧、润滑等装置

5.7.9 链传动的布置、张紧及润滑

1. 链传动的布置

链传动的布置对传动的工作状况和使用寿命都有较大影响。链传动合理布置的原则如下：

(1)链传动的两轴应平行，两轮应位于同一平面内。

(2)链传动一般宜水平或接近水平布置，并使松边在下方。链传动布置方式见表 5-15。

表 5-15 链传动布置方式

运动参数	正 确 布 置	不正确布置	说 明
$i>2$ $a=(30.50)p$	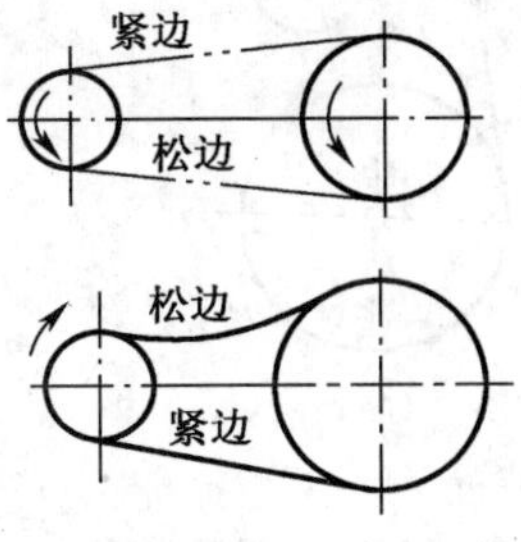 紧边 松边 松边 紧边		两轮轴在同一水平面，紧边在上或下均能正常工作

(续)

运动参数	正 确 布 置	不正确布置	说 明
$i>2$ $a<30p$	紧边 松边	松边 紧边	两轮轴不在同一水平面，松边应在下面，否则松边下垂量过大后链条与链轮易发生干涉或卡死
$i<1.5$ $a>60p$			两轮轴在同一水平面，松边在下面，否则松边下垂过大后链条与链轮易发生干涉，须经常调整中心距
i、a 为任意值			两轴在同一铅垂面，下垂增大会减少链轮的有效啮合齿数，降低传动能力。为此可采取中心距可调、设置张紧装置、上下两轮错开等措施
注：a 为两链轮中心距，p 为链节距			

2. 链传动的张紧

链传动工作一段时间后会因链条磨损使得链节距变长，导致松边垂度增大，引起链条较强的振动及啮合不良，严重时会出现跳齿和脱链现象。为避免上述现象的发生通常需要对链条进行张紧。特别是当两轮轴心连线与水平面的倾斜角大于 60°时，必须设置张紧装置。常用的张紧方法如下：

(1)通过调整两链轮中心距控制张紧程度。

(2)中心距不能调整时，可采用张紧轮装置，张紧轮应装在链条松边的内侧(图 5-24

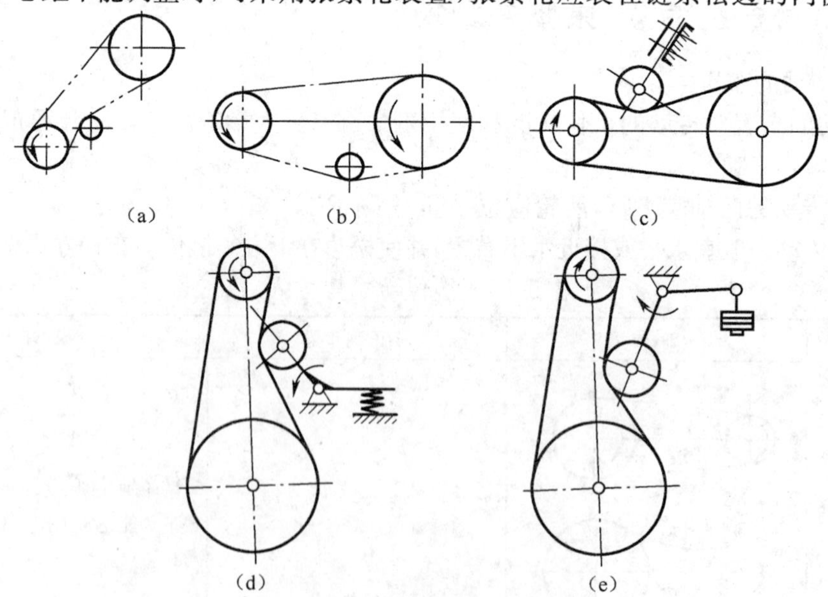

图 5-24　链传动的张紧装置

(a)外侧张紧；(b)内侧张紧；(c)螺旋张紧；(d)弹簧力张紧；(e)吊重张紧。

(a))或外侧(图 5-24(b))。张紧轮可利用螺旋、偏心等装置定期张紧(图 5-24(c));也可利用弹簧(图 5-24(d))、吊重等装置自动张紧(图 5-24(e))。

(3)从链条中拆除 1 个～2 个链节,缩短链长使链条张紧。

3. 链传动的润滑

链传动的工作能力和寿命与润滑状况密切相关。润滑良好可减少铰链磨损,缓和冲击,延长使用寿命。推荐的常用润滑油有 L. AN32、L. AN68、L. AN100 等机械油,一般根据环境温度及承受载荷大小来选用。环境温度高或载荷大时宜选用黏度较大的润滑油,反之选用黏度较小的;对于工作条件恶劣的开式或低速链传动,当不便使用润滑油时可采用润滑脂,但需定期清洗与涂抹。常用润滑方式见表 5-16。

表 5-16　套筒滚子链的润滑方法

润滑方式	润滑方法示意图	说　明
人工定期给油		用刷子定期在链条松边内、外链板间隙中注油,建议每班注油一次
油杯滴油	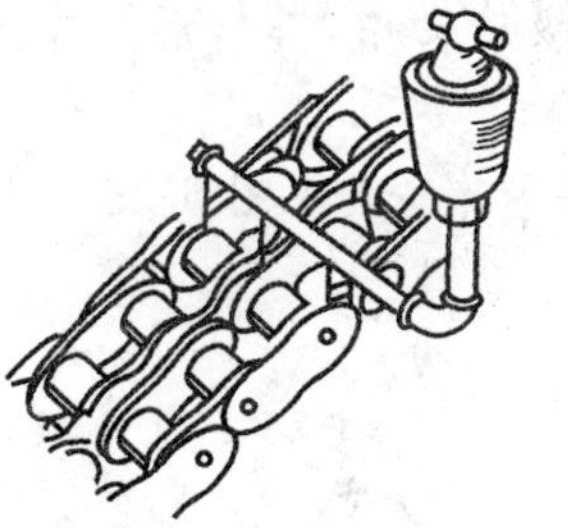	装有简单外壳,对于单排链,供油量约为每分钟 5 滴～20 滴,若链速较高时,应取大值
油浴润滑	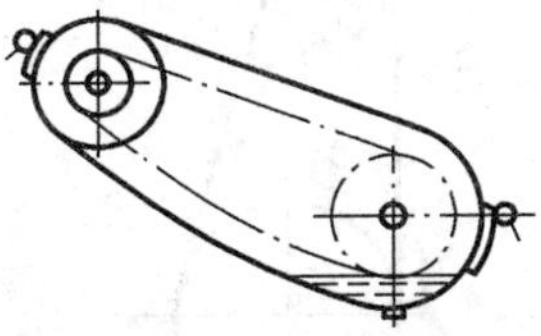	采用不漏油的外壳,使链条从油池中通过,推荐的浸油深度为 6mm～12mm,若链条浸入油面过深,油易发热变质
飞溅给油	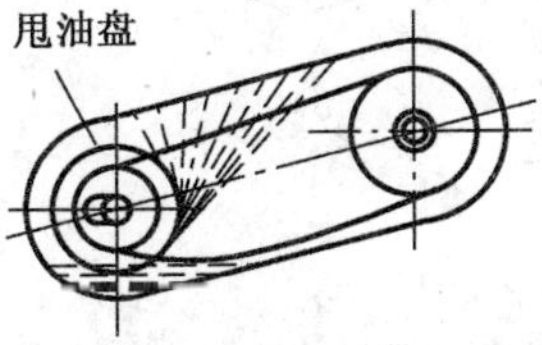 甩油盘	采用不漏油的外壳,在链轮侧面安装甩油盘。甩油盘圆周速度一般不小于 3m/s,若链条过宽(＞125mm),可在链轮侧面装两个甩油盘。推荐的甩油盘浸油深度为 12mm～35mm
压力供油	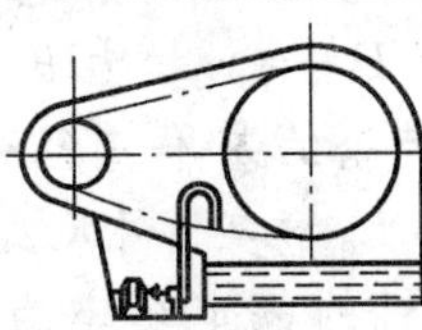	采用不漏油的外壳,用油泵强制供油,油的循环使用可起到冷却作用。喷油管口要设在链条的啮合位置,每个喷油口的供油量要根据链条节距及链速大小确定
注:开式传动和不易润滑的链传动,可定期拆下用煤油清洗,干燥后浸入 70℃～80℃润滑油中,待铰链间隙充满油后安装使用		

为保证工作安全、防止灰尘侵入、减少噪声及润滑需要等，链传动常装有护罩或链条箱等防护装置。

习　题

5-1　带传动的主要失效形式有哪些？带传动的设计准则是什么？

5-2　为提高带的传动能力，将带轮表面加工粗糙些，这样做是否合理？为什么？

5-3　V 带横截面的楔角均为 40°，但带轮轮槽楔角却规定为 32°、34°、36°、38°四种，这是为什么？

5-4　带传动工作时，带截面上产生哪些应力？应力在全长是如何分配的？最大应力在何处？

5-5　在 V 带传动设计过程中，为什么要校验带速 $5m/s \leqslant v \leqslant 25m/s$ 和包角 $\alpha \geqslant 120°$？

5-6　什么是弹性滑动？什么是打滑？在工作中是否都能避免？为什么？

5-7　在带传动和齿轮传动组成的多级传动中，带传动应放在哪一级好？为什么？

5-8　链传动的合理布置有哪些要求？链传动的张紧可采用哪些方法？

5-9　在链传动与带传动、齿轮传动组成的多级传动中，链传动应布置在哪一级？为什么？

5-10　链传动布置如图 5-25 所示，小链轮为主动轮，试在图 5-25 上标出其正确的转动方向，并说明为什么？

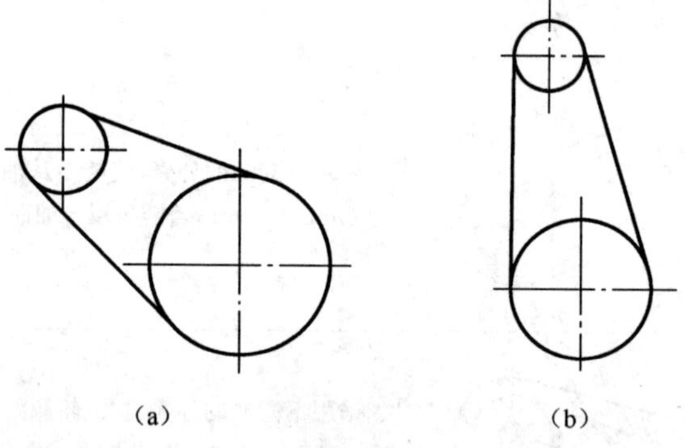

图 5-25

5-11　V 带传动的传递功率 $P=10kW$，带的速度 $v=12m/s$，紧边拉力 F_1 是松边拉力 F_2 的两倍，即 $F_1=2F_2$，试求紧边拉力 F_1、松边拉力 F_2、有效拉力 F 和预紧力 F_0。

5-12　普通 V 带传动，已知带为 A 型，两个 V 带轮的基准直径分别为 100mm 和 250mm，初定中心距 $a_0=400mm$。试求：带的基准长度 L_d 和实际中心距 a。

5-13　设计轻型输送机的普通 V 带传动，电动机的额定功率为 3kW，转速 $n_1=1420r/min$，传动比 $i=2.5$，传动中心距 $a \approx 400mm$，两班制工作。

5-14　有一带式运输装置，其电动机与齿轮减速器之间用 V 带传动，电动机功率 $P=$

7kW，转速 $n_1=960\text{r/min}$，减速器输入轴的转速 $n_2=330\text{r/min}$，允许误差为±5%，运输装置有轻微冲击，两班制工作。试设计此带传动。

5-15 已知链传动传递的功率 $P=1.2\text{kW}$，主动链轮转速 $n_1=140\text{r/min}$，主动轮齿数 $z_1=19$，采用 08A 单排滚子链，工作情况系数 $K_A=1.3$，试验算此链传动。

5-16 试设计拖动某带式运输机的滚子链传动。已知传递的功率 $P=5.5\text{kW}$，$n_1=960\text{r/min}$，原动机为电动机，传动比 $i=3$，载荷平稳，传动中心距不小于 500mm（水平布置）。

第6章　齿轮传动

齿轮机构是历史上应用最早的传动机构之一，用于传递任意两轴间的运动和动力，是现代机器中应用最广泛的一种机械传动机构。在所有众多的齿轮机构中，直齿圆柱齿轮机构是最基本、也是最常用的一种，本章将以直齿圆柱齿轮作为研究的重点，就其传动的工作原理、传动参数和几何尺寸计算等问题进行讨论，然后再在此基础上介绍其他各种齿轮机构。

6.1　齿轮传动的特点和类型

6.1.1　齿轮传动的特点

齿轮机构依靠一对具有特殊齿形轮齿的直接接触（啮合）来传递运动和动力的。

其优点主要是：①传动效率高；②传动比恒定；③结构紧凑；④工作可靠、寿命长；⑤可实现平行轴、任意角相交轴和任意角交错轴之间的传动。

其缺点主要是：①制造、安装精度要求较高；②不适宜于远距离两轴之间的传动；③使用维护费用较高；④精度低时，噪声、振动较大。

6.1.2　齿轮机构的类型

按照两轴的相对位置和齿向，齿轮传动分为平面齿轮传动和空间齿轮传动。

1. 平面齿轮传动

平面齿轮传动的特点是：相互啮合的两齿轮轴线平行（或两齿轮端面相互平行），两轮的相对运动是平面运动，如直齿圆柱齿轮传动、平行轴斜齿轮传动和人字齿轮传动、齿轮齿条传动等，均为平面齿轮传动（图6-1）。

平面齿轮传动按啮合特点又分为外啮合传动（图6-1(a)）和内啮合传动（图6-1(b)）。

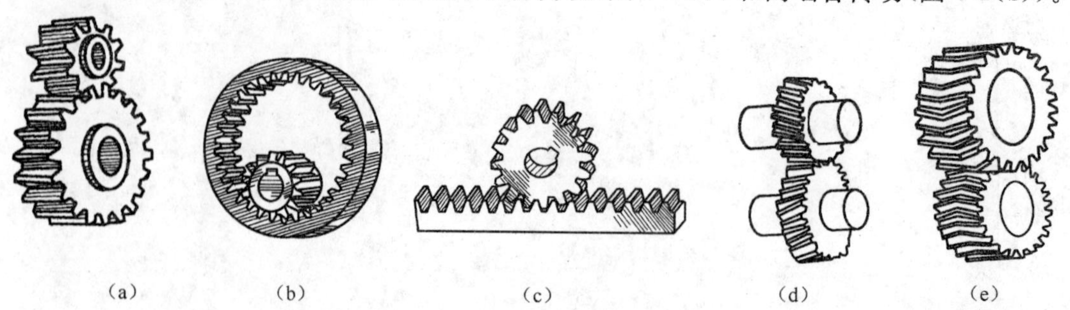

图6-1　平面齿轮传动

(a)外啮合；(b)内啮合；(c)齿轮与齿条；(d)斜齿轮；(e)人字齿轮。

2. 空间齿轮传动(两轴不平面的齿轮传动)

空间齿轮传动的特点是：相互啮合的两齿轮轴线既不平行，又不相交，两轮的相对运动是空间运动，如锥齿轮传动、交错轴斜齿轮传动、蜗杆蜗轮传动等(图 6-2)。

按齿轮齿廓曲线不同，又可分为渐开线齿轮、摆线齿轮和圆弧齿轮等。

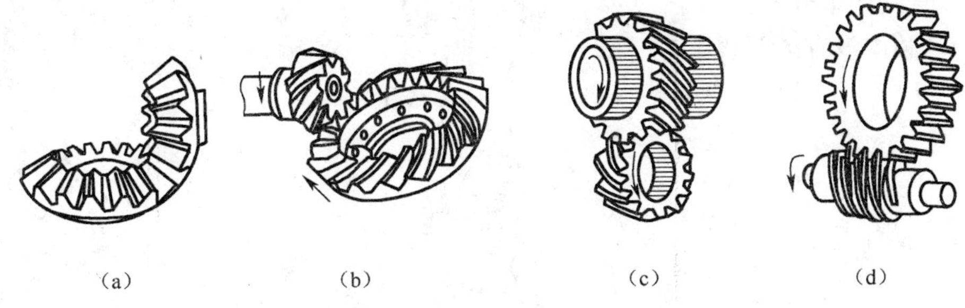

图 6-2 空间齿轮传动

(a)直齿锥齿轮传动；(b)曲齿锥齿轮传动；(c)交错轴斜齿轮传动；(d)蜗轮蜗杆传动。

6.2 渐开线齿廓及其啮合原理

6.2.1 渐开线的形成及特性

如图 6-3 所示，当直线 BC 沿一圆周作纯滚动时，直线上任意点 I 的轨迹 AI，称为该圆的渐开线。这个圆称为渐开线的基圆，其半径用 r_b 表示。直线 NI 称为渐开线的发生线，角 θ_i 称为渐开线 NI 段的展角。

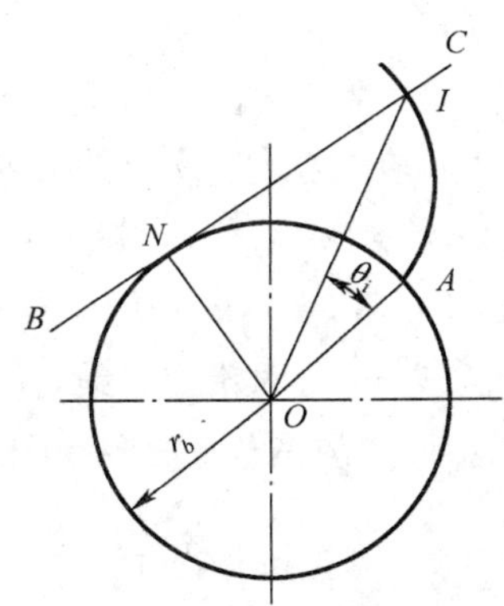

图 6-3 渐开线的形成

根据渐开线的形成过程，可知渐开线具有下列特性：

(1)发生线沿基圆滚过的长度，等于该基圆上被滚过圆弧的长度，即$\overline{NI}=\overline{AN}$。

(2)发生线 NI 是渐开线在任意点 I 的法线，也就是说：渐开线上任意点的法线，一定是基圆的切线(发生线)。

(3)发生线与基圆的切点 N 是渐开线在点 I 的曲率中心，而线段$\overline{NI}$是渐开线在 I 点的曲率半径。渐开线上越接近基圆的点，其曲率半径越小，渐开线在基圆上点 A 的曲率半径为零。

(4)同一基圆上任意两条渐开线之间各处的公法线长度相等。

(5)渐开线的形状取决于基圆的大小。如图 6-4 所示,在相同展角处,基圆半径越大,其渐开线的曲率半径越大,当基圆半径趋于无穷大时,其渐开线变成直线。故齿条的齿廓就是变成直线的渐开线。

(6)基圆内没有渐开线。

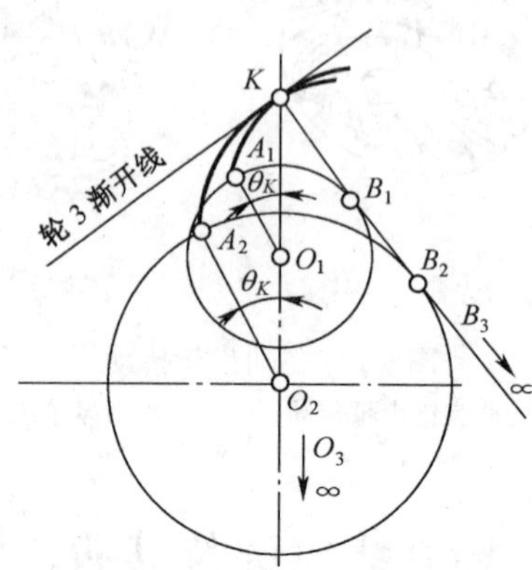

图 6-4　基圆大小对渐开线的影响

6.2.2　齿廓啮合基本定理

图 6-5 所示为一对互相啮合的齿轮,主动轮 1 以角速度 ω_1 转动并推动从动轮 2 以角速度 ω_2 反向回转,O_1、O_2 分别为两轮的回转中心。两轮轮齿的齿廓 C_1、C_2 在任意一点 K 接触,在 K 点处,两轮的线速度分别为 $\boldsymbol{v}_{k1}$ 和 $\boldsymbol{v}_{k2}$。

过 K 点作两齿廓的公法线 nn。要使两齿廓实现正常的接触传动,它们彼此既不分离,也不能互相嵌入。因此,$\boldsymbol{v}_{k1}$ 和 $\boldsymbol{v}_{k2}$ 在公法线 nn 上的分速度(即投影)应该相等。所以齿廓接触点间相对速度 $\mathbf{V}_{K2K1}$ 必与公法线 nn 垂直,即满足齿廓啮合方程:

$$\mathbf{V}_{K2K1}\cdot\boldsymbol{n}=0$$

根据三心定理,啮合齿廓公法线 nn 与两轮连心线 O_1O_2 的交点 P 即为两齿轮的相对瞬心,点 P 称为啮合节点(简称节点)。故两齿轮的传动比为

$$i_{12}=\frac{\omega_1}{\omega_2}=\frac{O_2P}{O_1P} \tag{6-1}$$

上式表明:不论两齿廓在任何位置接触,过接触点所作的两齿廓的公法线都必须与两轮连心线交于一定点。这就是齿廓啮合基本定理。

当两轮作定传动比传动时,节点 P 在两轮的运动平面上的轨迹是两个圆,称为轮 1 和轮 2 的节圆,节圆半径分别为 $r'_1=\overline{O_1P}$ 和 $r'_2=\overline{O_2P}$。由于两节圆在 P 点相切,并且 P 点处两轮的圆周速度相等,即 $\omega_1\overline{O_1P}=\omega_2\overline{O_2P}$,故两齿轮啮合传动可视为两轮的节圆在作纯滚动。

由于用渐开线作为齿廓曲线,不但传动性良好、容易制造,而且便于设计、制造、测量和安装,具有良好的互换性。所以,目前绝大多数齿轮都采用渐开线作齿廓曲线。

6.2.3 渐开线齿廓啮合传动特性

1. 渐开线齿廓传动保证定传动比传动

如图 6-5 所示，两齿轮连心线为 O_1O_2，两轮基圆半径分别为 r_{b1}、r_{b2}。两轮的渐开线齿廓 C_1、C_2 在任意点 K 啮合，根据渐开线特性，齿廓啮合点 K 的公法线 nn 必同时与两基圆相切，切点为 N_1、N_2，即 N_1N_2 为两基圆的内公切线。

由于两轮的基圆为定圆，其在同一方向只有一条内公切线。因此，两齿廓在任意点 K 啮合，其公法线 N_1N_2 必为定直线，其与 O_1O_2 线交点必为定点，则两轮的传动比为常数，即

$$i_{12}=\frac{\omega_1}{\omega_2}=\frac{\overline{O_2P}}{\overline{O_1P}}=\text{常数}$$

渐开线齿廓啮合传动的这一特性称为定传动比性。这一特性在工程实际中具有重要意义，可减少因传动比变化而引起的动载荷、振动和噪声，提高传动精度和齿轮使用寿命。

2. 渐开线齿廓传动具有可分性

在图 6-6 中，$\triangle O_1N_1P \backsim \triangle O_2N_2P$，因此两轮的传动比又可写为

$$i_{12}=\frac{\omega_1}{\omega_2}=\frac{\overline{O_2P}}{\overline{O_1P}}=\frac{r'_2}{r'_1}=\frac{r_{b2}}{r_{b1}} \tag{6-2}$$

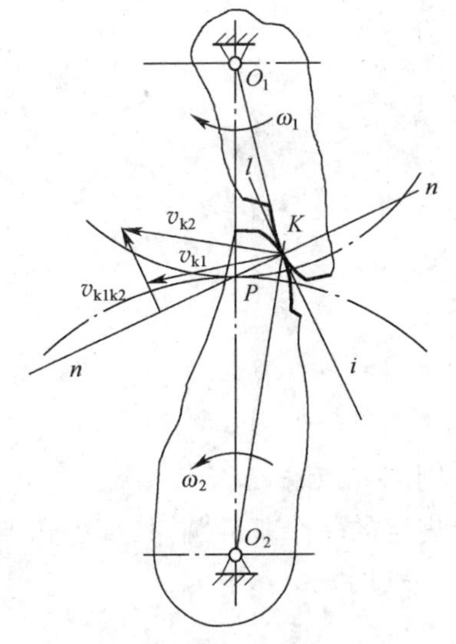

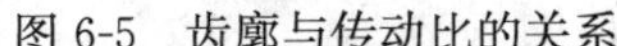

图 6-5 齿廓与传动比的关系

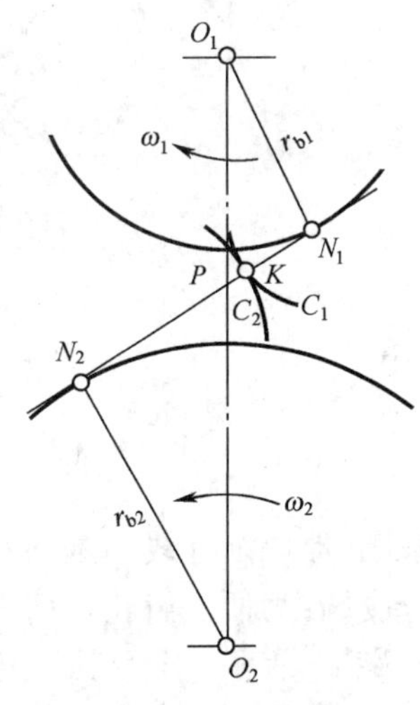

图 6-6 渐开线齿廓的啮合

由此可知，渐开线齿轮的传动比又与两轮基圆半径成反比。渐开线加工完毕之后，其基圆的大小是不变的，所以当两轮的实际中心距与设计中心距不一致时，两轮的传动比却保持不变。这一特性称为传动的可分性，它对齿轮的加工和装配是十分重要的。

3. 渐开线齿廓传动具有平稳性

由于一对渐开线齿轮的齿廓在任意啮合点处的公法线都是同一直线 N_1N_2，因此两齿廓上所有啮合点均在 N_1N_2 上，或者说两齿廓在 N_1N_2 上啮合。因此，线段 N_1N_2 是两齿廓啮合点的轨迹，故 N_1N_2 线又称作啮合线。而在齿轮传动中，啮合齿廓间的正压力方

向是啮合点公法线方向,故在齿轮传动过程中,两啮合齿廓间的正压力方向始终不变。这一特性称为渐开线齿轮传动的受力平稳性,它对延长渐开线齿轮使用寿命有利。

6.3 渐开线标准齿轮的参数和几何尺寸

为了进一步研究齿轮的传动原理和齿轮的设计问题,必须要首先了解和掌握齿轮各部分的名称、符号、基本参数和尺寸计算。

6.3.1 齿轮各部分名称和符号

图 6-7 所示为标准直齿圆柱齿轮的一部分。其主要包含以下部分。

(1)齿顶圆。齿轮所有各齿的顶端都在同一个圆上,这个过齿轮各齿顶端的圆称作齿顶圆,用 d_a 或 r_a 表示其直径或半径。

(2)齿根圆。齿轮所有各齿之间的齿槽底部也在同一圆上,这个圆称作齿根圆,用 d_f 或 r_f 表示其直径或半径。

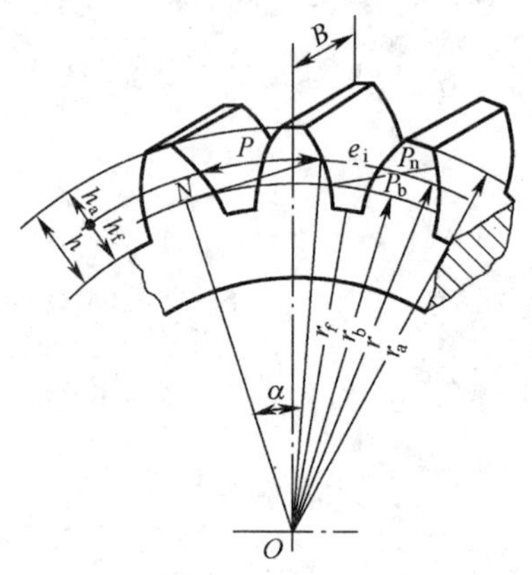

图 6-7 齿轮各部分的名称、尺寸和符号

(3)基圆:形成渐开线的基础圆,其直径和半径分别用 d_b 和 r_b 表示。

(4)分度圆:为便于齿轮几何尺寸的计算、测量所规定的一个基准圆,其直径和半径分别用符号 d 和 r 表示。分度圆上齿厚、齿槽宽和齿距分别用 s、e、p 表示。

(5)齿厚:轮齿在任意圆周上的弧长,用 s_i 表示。

(6)齿槽宽:又称齿间宽,齿槽在任意圆周上的弧长,用 e_i 表示。

(7)齿距:任意圆周上相邻两齿间同侧齿廓之间的弧长,用 p_i 表示。显然有

$$p_i = s_i + e_i$$

(8)法向齿距:相邻两齿间同侧齿廓之间的法向距离,用 p_n 表示。根据渐开线的性质,法向齿距等于基圆齿距 p_b,即

$$p_n = p_b$$

(9)齿顶高:分度圆与齿顶圆之间的径向高度,用 h_a 表示。

(10)齿根高:分度圆与齿根圆之间的径向高度,用 h_f 表示。

(11)齿全高:齿顶圆与齿根圆之间的径向高度,用 h 表示。

(12)齿宽：轮齿沿轴线方向的宽度，用 B 表示。

6.3.2 齿轮基本参数

1. 齿数

在齿轮整个圆周上轮齿的总数，用 z 表示。它将影响传动比和齿轮尺寸。

2. 模数

模数是分度圆作为齿轮几何尺寸计算依据的基准而引入的参数。

分度圆周长 $=\pi d=zp$，故 $d=z\cdot\frac{p}{\pi}$。由于 π 是无理数，为了便于计算、制造和检测，规定比值 $\frac{p}{\pi}$ 为一简单的数值，并把这个比值称作模数，用 m 表示，即

$$m=\frac{p}{\pi}$$

于是得

$$d=mz \tag{6-3}$$

图 6-8 所示为齿数 z 相同、模数 m 不同的三个齿轮。由图可以看出：模数 m 是决定齿轮几何尺寸的重要参数。模数的单位为 mm。

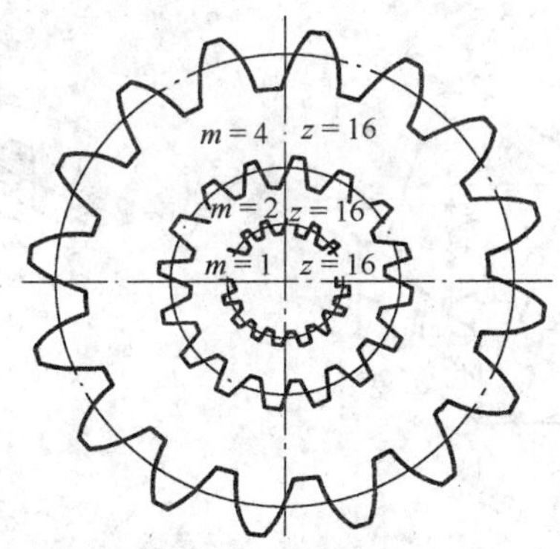

图 6-8 齿轮各部分尺寸与模数的关系

齿轮的模数已经标准化，我国规定的标准模数有两个系列，要求优先选用第一系列，表 6-1 为其中的一部分。

表 6-1 标准模数系列(摘自 GB 1357—87)

第一系列	1 1.25 1.5 2 2.5 3 4 5 6 8 10 12 16 20 25 32 40 50
第二系列	1.75 2.25 2.75 (3.25) 3.5 (3.75) 4.5 5.5 (6.5) 7 9 (11) 14 18 22 28 36 45

由于任何一个齿轮的齿数 z 和模数 m 是一定的，由 $d=mz$ 可知：任何齿轮都有而且只有一个分度圆。

3. 压力角 α

由式 $r_k=r_b/\cos\alpha_k$ 可知，渐开线齿廓上任意一点 K 处的压力角为 $\alpha_k=\arccos(r_b/r_k)$。对于同一渐开线齿廓，$r_k$ 不同，α_k 也不同。显然，基圆上渐开线的压力角等于零。通常所说的齿轮压力角是指在分度圆上的压力角，用 α 表示，有

$$r_b = r \cdot \cos\alpha = \frac{mz}{2}\cos\alpha \tag{6-4}$$

由上式可知，模数、齿数不变的齿轮，若其压力角不同，其基圆的大小也不同，因而其齿廓渐开线的形状也不同。因此，压力角是决定渐开线齿廓形状的重要参数。

国家标准（GB 1356—88）中规定分度圆压力角为标准值，一般情况下为 $\alpha=20°$，个别情况也用 $\alpha=14.5°$、$15°$、$22.5°$、$25°$等。

4. 齿顶高系数 h_a^* 和顶隙系数 c^*

为了以模数 m 表示齿轮的几何尺寸，规定齿顶高和齿根高分别为

$$h_a = h_a^* \cdot m \tag{6-5}$$

$$h_f = (h_a^* + c^*)m \tag{6-6}$$

这两个参数也已经标准化，其值分别如下：

正常齿	$h_a^*=1.0$	$c^*=0.25$
短　齿	$h_a^*=0.8$	$c^*=0.30$

6.3.3 几何尺寸计算公式

渐开线直齿圆柱齿轮分为外齿轮（图 6-7）、内齿轮（图 6-9）和齿条（图 6-10）三种。

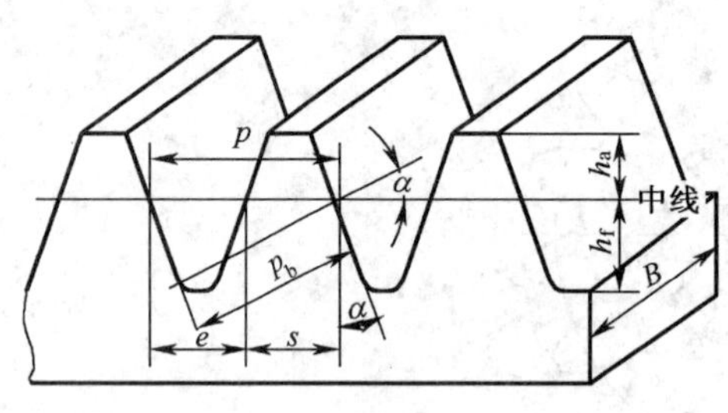

图 6-9　内齿轮各部分的尺寸

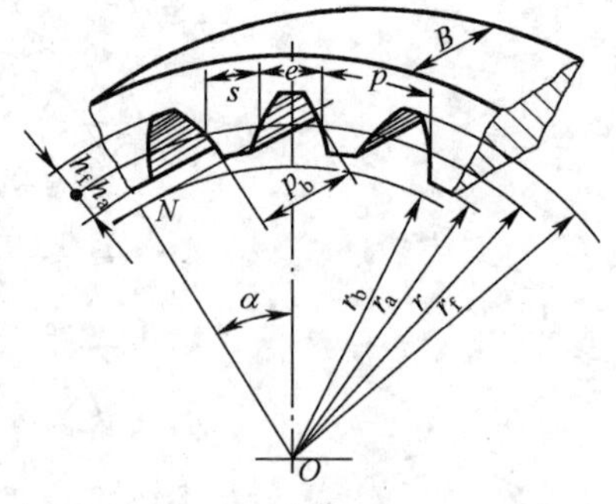

图 6-10　齿条各部分的尺寸

通常所说的标准齿轮是指 m、α、h_a^*、c^* 都为标准值，而且 $e=s$ 的齿轮。

标准直齿圆柱齿轮几何尺寸计算公式见表 6-2。

表 6-2　标准直齿圆柱齿轮主要几何尺寸的计算公式

名称	符号	公　式	
		外齿轮	内齿轮
齿顶高	h_a	$h_a=h_a^* \cdot m$	
齿根高	h_f	$h_f=(h_a^*+c^*)m$	
全齿高	h	$h=h_a+h_f=(2h_a^*+c^*)m$	
齿距	p	$p=\pi m$	

（续）

名称	符号	公式	
		外齿轮	内齿轮
齿厚	s	$s=\frac{\pi m}{2}$	
齿槽宽	e	$e\ \frac{\pi m}{2}$	
基圆齿距	p_b	$p_b=p\cos\alpha$	
顶隙	c	$c=c^* m$	
分度圆直径	d	$d=mz$	
齿顶圆直径	d_a	$d_a=d+2h_a=(z+2h_a^*)m$	$d_a=d-2h_a=(z-2h_a^*)m$
齿根圆直径	d_f	$d_f=d-2h_f=(z-2h_a^*-2c^*)m$	$d_f=d+2h_f=(z+2h_a^*+2c^*)m$
基圆直径	d_b	$d_b=mz\cos\alpha$	
标准中心距	a	$a=\frac{1}{2}m(z_1+z_2)$	$a=\frac{1}{2}m(z_2-z_1)$

由表 6-2 中公式可见，渐开线标准直齿齿轮的几何尺寸和齿廓形状完全由 z、m、α、h_a^*、c^* 这五个基本参数确定。

对于图 6-9 所示的内齿轮，其轮齿和齿槽相当于外齿轮的齿槽和轮齿，故内齿轮的齿廓为内凹的，并且齿根圆大于分度圆，分度圆大于齿顶圆，而齿顶圆必须大于基圆才能保证其啮合齿廓全部为渐开线。

图 6-10 所示为齿轮齿条传动结构，它可以看作齿轮传动的一种特殊形式。当齿轮的齿数增大到无穷大时，其圆心将位于无穷远处，这时该齿轮的各个圆周都变成直线，渐开线齿廓也变成直线齿廓，并且齿条运动为平动，所以齿条直线齿廓上各点的压力角相等，其大小等于齿廓倾斜角，也即齿形角，故齿形角为标准值。由于齿条上同侧齿廓平行，所以在与分度线平行的其他直线上的齿距均相等，为 $p=\pi m$，但只有在分度线上 $e=s=\frac{1}{2}m\pi$。其他尺寸可参照直齿标准齿轮计算。

6.4 渐开线圆柱直齿轮的啮合传动

前面主要对单个渐开线齿轮进行了研究，但单个齿轮无法组成传动机构。下面进一步研究两个或两个以上的渐开线齿轮的啮合传动情况。

6.4.1 一对渐开线齿轮正确啮合的条件

由前述渐开线齿轮传动的特点，可知一对渐开线齿廓能满足啮合的基本定律并能保证齿轮以定传动比传动，但这并不说明任意两个渐开线齿轮都能搭配起来并能正确地传动。

图 6-11 为一对齿轮啮合传动。渐开线齿轮在传动时，它们的齿廓啮合点都应该在

N_1N_2 啮合线上。因此，要使处于啮合线上的各对齿轮轮齿都能正确地进入啮合，显然两齿轮的相邻两齿同侧齿廓间的法线距离应相等，即

$$p_{n1}=p_{n2}$$

因法向齿距与基圆齿距相等，故

$$p_{b1}=p_{b2}$$

又 $p_b=p\cos\alpha$，所以

$$p_{b1}=\pi m_1\cos\alpha_1$$

$$p_{b2}=\pi m_2\cos\alpha_2$$

可以得到两轮正确啮合的条件为

$$m_1\cos\alpha_1=m_2\cos\alpha_2$$

由于 m 和 α 都已标准化了，所以要满足上式必须有

$$\begin{cases}m_1=m_2=m\\ \alpha_1=\alpha_2=\alpha\end{cases} \tag{6-7}$$

也就是说，渐开线齿轮正确啮合的条件为：两轮的模数和压力角必须分别相等。

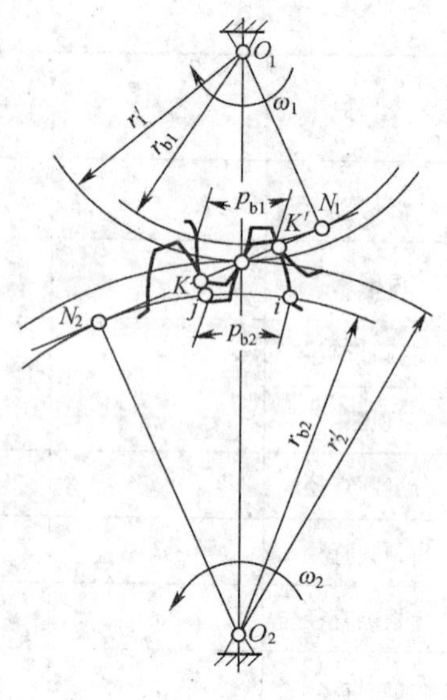

图 6-11　渐开线齿轮的正确啮合

6.4.2　齿轮传动的标准中心距及啮合角

1. 标准顶隙与无侧隙啮合条件

在齿轮传动中，为避免一轮的齿顶与另一轮齿根的过渡曲线相抵触，故在一轮齿顶与另一轮齿根圆之间应留有一定的间隙 c，称作顶隙。$c=c^*m$ 称为标准顶隙。顶隙在传动中还可以起到储存润滑油的作用。

在齿轮传动中，为避免或减小轮齿的冲击，应使两轮齿侧间隙为零；而为防止轮齿受力变形、发热膨胀以及其他因素引起轮齿间的挤轧现象，两轮非工作齿廓间又要留有一定的齿侧间隙。

这个齿侧间隙一般很小，通常由制造公差来保证。在实际设计中，齿轮的公称尺寸是按无侧隙计算的。

由于轮齿传动时，仅两轮节圆作纯滚动，故无侧隙啮合条件是：一个齿轮节圆上的齿厚等于另一个齿轮节圆上的齿槽宽，即

$$s_1'=e_2'$$

$$s_2'=e_1'$$

2. 中心距和啮合角

中心距 a 是齿轮传动的一个重要参数，它直接影响两齿轮传动是否为标准顶隙和无侧隙啮合。

图 6-12 所示为一对标准外啮合齿轮传动的情况，当保证标准顶隙 $c=c^*m$ 时，两轮的中心距应为

$$a=r_{a1}+c+r_{f2}=r_1+h_a^*m+c^*m+r_2-h_a^*m-c^*m$$

即

$$a=r_1+r_2=\frac{m}{2}(z_1+z_2) \quad (6\text{-}8)$$

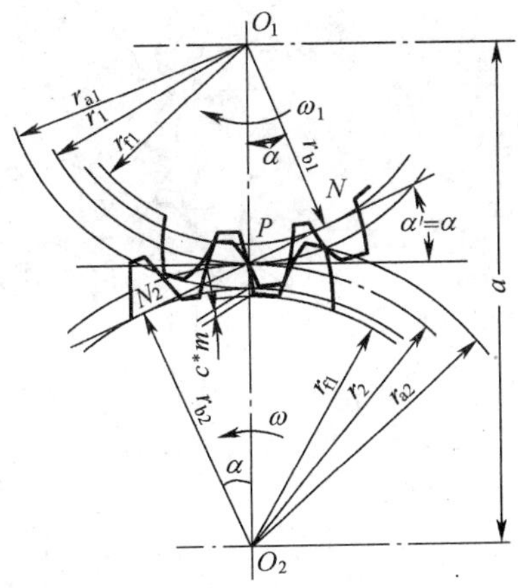

图 6-12　标准齿轮外啮合传动

两轮的中心距 a 应等于两轮分度圆半径之和。这个中心距称为标准中心距，按照标准中心距进行安装称标准安装。

一对齿轮啮合时两轮的节圆总是相切的，即两轮的中心距总是等于两轮节圆半径之和。当两轮按标准中心距安装时，由上式可知两轮的分度圆也是相切的，故两轮的节圆与分度圆相重合。由此可知，节圆与分度圆上的齿厚和齿槽宽分别相等，满足无侧隙啮合条件。可以得到结论：一对渐开线标准齿轮按照标准中心距安装能同时满足标准顶隙和无侧隙啮合条件。

两轮节点 P 的圆周速度方向与啮合线 N_1N_2 之间所夹的锐角称为啮合角，用 α' 表示，如图 6-12 所示。当标准齿轮按照标准中心距安装时，节圆与分度圆重合，故 $\alpha=\alpha'$。

由于齿轮制造和安装的误差，运转时径向力引起轴的变形以及轴承磨损等原因，两轮的实际中心距 a' 往往与标准中心距 a 不一致，而是略有变动。

当两轮实际中心距 a' 大于或小于标准中心距 a 时，两轮的节圆虽相切，但两轮的分度圆却分离或相割，出现分度圆与节圆不重合情况。

因为 $r_{b1}+r_{b2}=(r_1+r_2)\cos\alpha=(r_1'+r_2')\cos\alpha'$，所以 $a'\cos\alpha'=a\cos\alpha$，该式表明了啮合角随中心距改变的关系。

6.4.3　重合度、连续传动

一对满足正确啮合条件的齿轮，只能保证在传动时其各对齿轮能依次正确的啮合，但并不能说明齿轮传动是否连续。为了研究齿轮传动的连续性，首先必须了解两轮轮齿的啮合过程。

1. 轮齿的啮合过程

如图 6-13 反映了轮齿的啮合过程。图 6-13(a)显示了一对渐开线齿轮的啮合情况。

设轮 1 为主动轮，以角速度 ω_1 顺时针回转；轮 2 为从动轮，以角速度 ω_2 逆时针回转；N_1N_2 为啮合线。在两轮轮齿开始进入啮合时，先是主动轮 1 的齿根部分与从动轮 2 的齿顶部分接触，即主动轮 1 的齿根推动从动轮 2 的齿顶。而轮齿进入啮合的起点为从动轮的齿顶圆与啮合线 N_1N_2 的交点 B_2。随着啮合传动的进行，轮齿的啮合点沿啮合线 N_1N_2 移动，即主动轮轮齿上的啮合点逐渐向齿根部分移动，而从动轮轮齿上的啮合点则逐渐向齿根部分移动。当啮合进行到主动轮的齿顶与啮合线的交点 B_1 时，两轮齿即将脱离接触，故 B_1 点为轮齿接触的终点。

从一对轮齿的啮合过程来看，啮合点实际走过的轨迹只是啮合线 N_1N_2 的一部分线段 B_1B_2，故把 B_1B_2 称为实际啮合线段。

当两轮齿顶圆加大(图 6-13(b))时，B_1 及 B_2 点越接近于啮合线与两基圆的切点，实际啮合线段就越长。

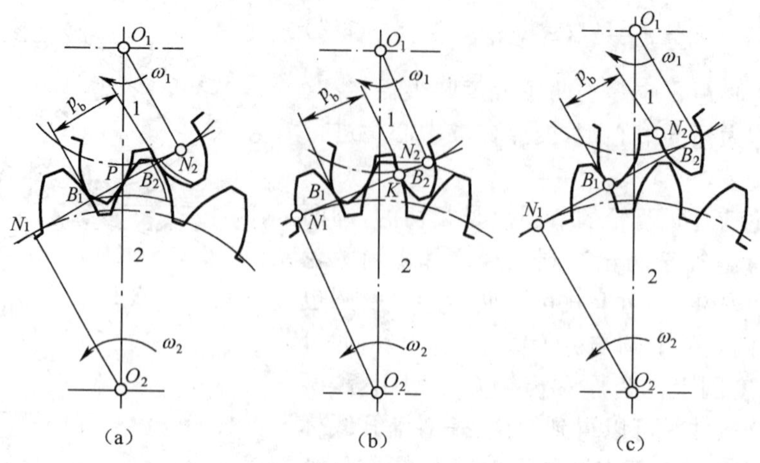

图 6-13　轮齿的啮合过程

但因为基圆内部没有渐开线，所以两轮的齿顶圆不得超过 N_1、N_2 点。因此啮合线 N_1N_2 是理论上可能的最大啮合线段，称作理论啮合线段，而 N_1、N_2 称作啮合极限点。

2. 渐开线齿轮连续传动的条件

由上述齿轮啮合的过程可以看出，一对齿轮的啮合只能推动从动轮转过一定的角度，而要使齿轮连续地进行转动，就必须在前一对轮齿尚未脱离啮合时，后一对轮齿能及时地进入啮合。显然，为此必须使 $B_1B_2 \geqslant p_b$，即要求实际的啮合线段 B_1B_2 大于或等于齿轮的基圆齿距 p_b。

如图 6-13 所示，如果 $B_1B_2 = p_b$，如图 6-13(a)所示，则表明始终只有一对轮齿处于啮合状态；如果 $B_1B_2 > p_b$，如图 6-13(b)所示，则表明有时为一对轮齿啮合，有时为多于一对轮齿啮合；如果 $B_1B_2 < p_b$，如图 6-13(c)所示，则前一对轮齿在 B_1 脱离啮合时，后一对轮齿还未进入啮合，结果将使传动中断，从而引起轮齿间的冲击，影响传动的平稳性。

由上可知，齿轮连续传动的条件是：两齿轮的实际啮合线 B_1B_2 应大于或至少等于齿轮的基圆齿距 p_b。

实际啮合线与齿轮的基圆齿距之比称为重合度，用 ε 表示。因此齿轮连续传动的条件是

$$\varepsilon = \frac{\overline{B_1B_2}}{p_b} \geqslant 1 \tag{6-9}$$

增大重合度，对提高齿轮传动的承载能力具有重要意义。

6.5　齿廓的切削加工原理

近代齿轮的加工方法很多，有铸造法、热轧法、冲压法、模锻法和切削法等，其中最常用的是切削方法，就其原理可以概括分为仿形法和范成法两大类。

1. 仿形法

仿形法就是刀具的轴剖面刀刃形状和被切齿槽的形状相同。其刀具有盘状铣刀和指状铣刀等，如图 6-14 所示。

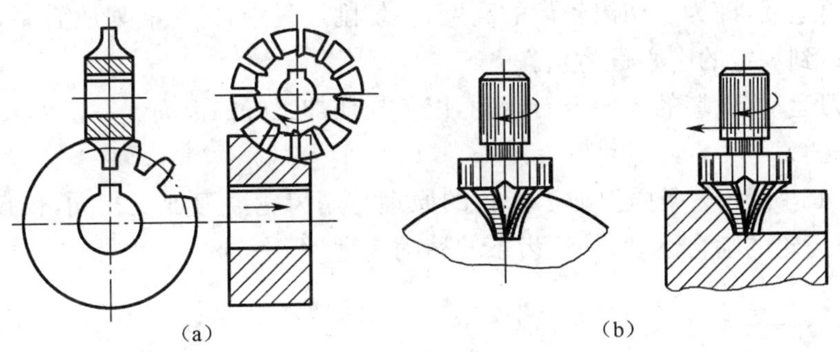

图 6-14　仿形法切齿

(a)盘状铣刀;(b)指状铣刀。

如图 6-14(a)所示,切削时,铣刀转动,同时毛坯沿它的轴线方向移动一个行程,这样就切出一个齿间,也就是切出相邻两齿的各一侧齿槽;然后毛坯退回原来的位置,并用分度盘将毛坯转过$\frac{360^\circ}{z}$,再继续切削第二个齿间(槽)。依次进行即可切削出所有轮齿。

在图 6-14(b)中,显示的是指状铣刀切削加工的情形。其加工方法与盘状铣刀加工时基本相同。不过指状铣刀常用于加工模数较大($m>20$mm)的齿轮,并可用于切制人字齿轮。

这种加工方法简单,不需要专用机床,但加工精度低;加工不连续,生产率低;加工成本高。主要用于修配和小批量生产。

2. 范成法(又称展成法、共轭法或包络法)

这种方法是加工齿轮中最常用的一种方法。它是根据共轭曲线原理,利用一对齿轮互相啮合传动时,两轮的齿廓互为包络线的原理来加工的。设想将一对互相啮合传动的齿轮之一变为刀具,而另一个作为轮坯,并使两者仍按原传动比进行传动,则在传动过程中,刀具的齿廓便将在轮坯上包络出与其共轭的齿廓。

常用的刀具有齿轮插刀、齿条插刀和齿轮滚刀。

1)齿轮插刀

图 6-15 所示为用齿轮插刀进行轮齿加工的情形。

齿轮插刀的外形就像一个具有刀刃的外齿轮,当用一把齿数为 z_c 的齿轮插刀去加工一个模数 m、压力角 α 与该插刀相同而齿数为 z 的齿轮时,将插刀和轮坯装在专用的插齿机床上,通过机车的传动系统使插刀与轮坯按恒定的传动比 $i=\frac{\omega_c}{\omega}=\frac{z}{z_c}$ 回转,并使插刀沿轮坯的齿宽方向作往复切削运动。这样,刀具的渐开线齿廓就在轮坯上包络出与刀具渐开线齿廓相共轭的渐开线齿廓。

在用齿轮插刀加工齿轮时,刀具与轮坯之间的相对运动主要有:

(1)范成运动:即齿轮插刀与轮坯以恒定的传动比 $i=\frac{\omega_c}{\omega}=\frac{z}{z_c}$ 作回转运动,就如同一对齿轮啮合一样(展成运动)。

(2)切削运动:即齿轮插刀沿着轮坯的齿宽方向作往复切削运动。

(3)进给运动:即为了切出轮齿的高度,在切削过程中,齿轮插刀还需要向轮坯的中心移动,直至达到规定的中心距为止。

(4)让刀运动:轮坯的径向退刀运动,以免损伤加工好的齿面。

2)齿条插刀

如图 6-16 所示,齿条插刀加工齿轮的原理与用齿轮插刀加工相同,仅仅是展成运动变为齿条与齿轮的啮合运动,并且齿条的移动速度为 $v=\omega mz/2$。

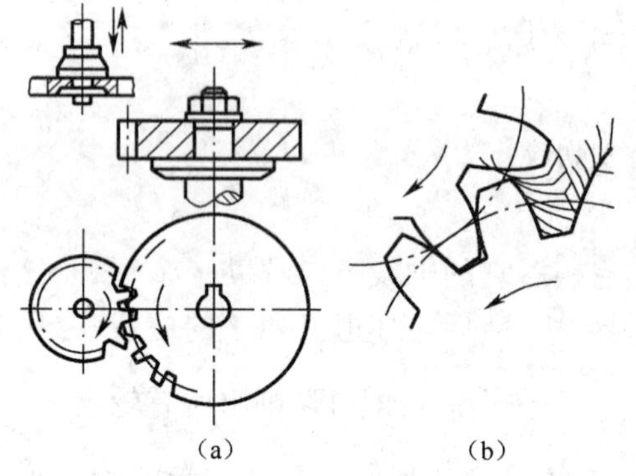

图 6-15　齿轮插刀切齿

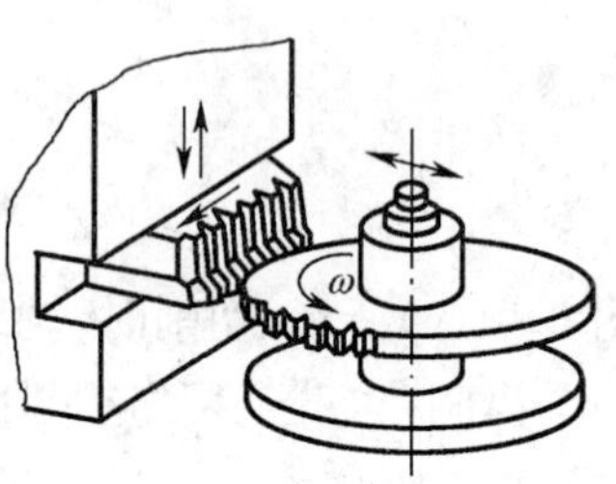

图 6-16　齿条插刀切齿

由加工过程可以看出,以上两种方法其切削都不是连续的,这样就影响了生产率的提高。因此,在生产中更广泛地采用齿轮滚刀来加工齿轮。

3)齿轮滚刀

滚刀形状像一个开有刀口的螺旋,且在其轴剖面(即轮坯端面)内的形状相当于一齿条,如图 6-17 所示。其加工原理与用齿条插刀加工时基本相同。但滚刀转动时,刀刃的螺旋运动代替了齿条插刀的展成运动和切削运动。滚刀回转时,还需沿轮坯轴向方向缓慢进给运动,以便切削一定的齿宽。加工直齿轮时,滚刀轴线与轮坯端面之间的夹角应等于滚刀的螺旋升角 γ,以使其螺旋的切线方向与轮坯径向相同。

滚刀的回转就像一个无穷长的齿条刀在移动,所以这种加工方法是连续的,具有很高的生产率。

利用范成法加工齿轮,只要刀具和被加工齿轮的模数及压力角相同,就可以利用一把刀具来加工。

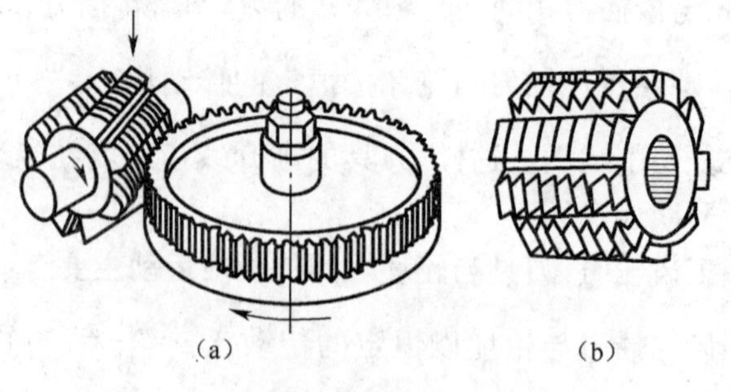

图 6-17　滚刀切齿

6.6 渐开线齿轮的根切现象及最少齿数

6.6.1 渐开线齿轮轮齿的根切现象

齿条插刀和齿条滚刀都属于齿条型刀具。齿条型刀具与普通齿条基本相同，仅仅是在齿顶部分高出一段 c^*m，以便切出齿轮的顶隙，如图 6-18 所示。

加工齿轮时，刀具的中线（或称分度线）与轮坯分度圆相切并作纯滚动，由于刀具中线的齿厚和齿槽宽均为$\frac{\pi m}{2}$，故加工出的齿轮在分度圆上 $s=e=\frac{\pi m}{2}$。被切齿轮的齿顶高为 h_a^*m，齿根高为$(h_a^*+c^*)m$，这样便加工出所需的标准齿轮。

用范成法加工齿轮时，有时会发现刀具的顶部切入了轮齿的根部，而把齿根切去了一部分，破坏了渐开线齿廓，如图 6-19 所示。这种现象称为根切。

根切的齿轮会削弱轮齿的抗弯强度、降低传动的重合度和平稳性。所以在设计制造中应力求避免根切。

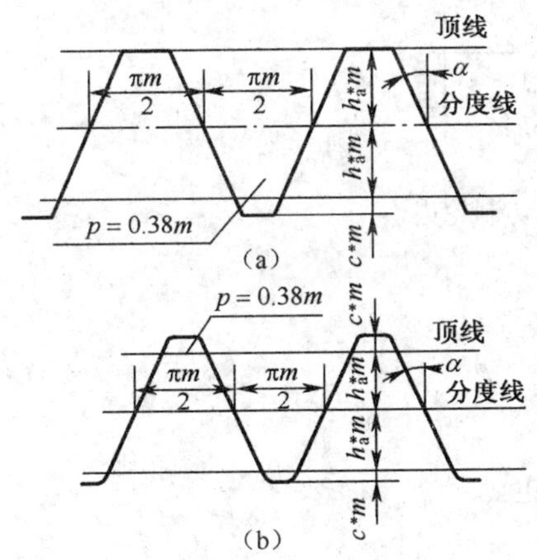

图 6-18　齿条插刀

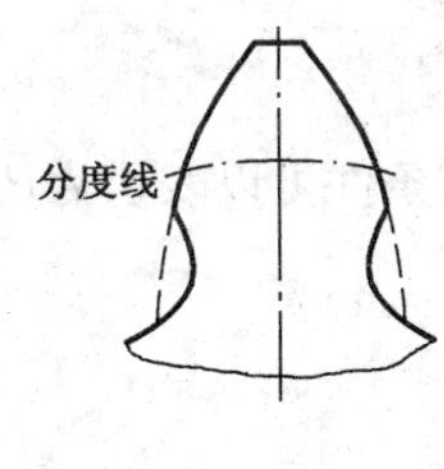

图 6-19　齿廓的根切现象

6.6.2 根切的原因

要避免根切，应了解根切的成因。如图 6-20 所示，用齿条加工标准齿轮时，刀具中线与轮坯分度圆相切并作纯滚动。当刀具由左向右移动切削加工，其直线齿廓到极限啮合点 N_1 时，轮坯渐开线齿廓全部加工完成。当范成运动继续进行时，刀具齿顶没能退出而继续切削加工。设轮坯转过 φ 角，则已加工好的渐开线齿廓$\overline{N'_1K}$段即被刀具齿顶部分切去形成根切。

6.6.3 渐开线标准齿轮不根切的最少齿数

由前述可知，只要刀具齿顶线不超过啮合极限点 N_1，轮齿将不发生根切，如图 6-21 所示。

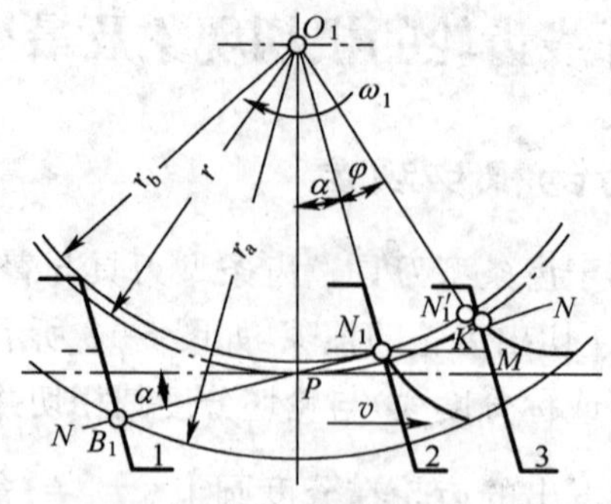

图 6-20　根切形成分析

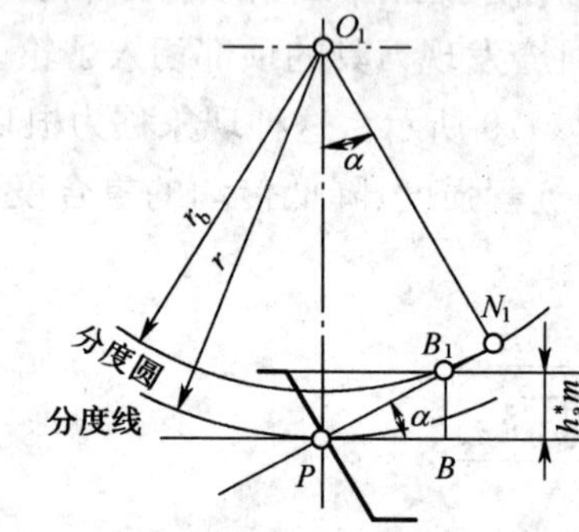

图 6-21　用标准齿条刀具切制轮齿

不根切的条件可以表示为$\overline{PB_1} \leqslant \overline{PN_1}$，而

$$\overline{PB_1} = h_a^* m / \sin\alpha$$

$$\overline{PN_1} = r\sin\alpha = mz\sin\alpha / 2$$

所以有

$$h_a^* m / \sin\alpha \leqslant \frac{mz\sin\alpha}{2}$$

则

$$z \geqslant \frac{2h_a^*}{\sin^2\alpha} \tag{6-10}$$

因此，渐开线标准齿轮不根切的最少齿数为

$$z_{\min} = \frac{2h_a^*}{\sin^2\alpha}$$

$\alpha = 20°, h_a^* = 1.0$ 时，$z_{\min} = 17$。

$\alpha = 20°, h_a^* = 0.8$ 时，$z_{\min} = 14$。

可以看出，增大 α 或减小 h_a^* 都可以减少最小根切齿数。

6.7　渐开线变位齿轮简介

6.7.1　渐开线标准齿轮的局限性

渐开线标准齿轮有很多优点，但也存在如下不足：

(1)用范成法加工时,当 $z<z_{\min}$ 时,标准齿轮将发生根切。

(2)标准齿轮不适合中心距 $a'\neq a=\dfrac{m(z_1+z_2)}{2}$ 的场合。当 $a'<a$ 时无法安装;当 $a'>a$ 时,侧隙大,重合度减小,平稳性差。

(3)小齿轮渐开线齿廓曲率半径较小,齿根厚度较薄,参与啮合的次数多,故强度较低。并且齿根的滑动系数大,所以小齿轮易损坏。

为了改善和解决标准齿轮的这些不足,工程上广泛使用变位修正齿轮,有效地解决了这些问题。

6.7.2 变位修正法

在实际机械中,常常要用到 $z<z_{\min}$ 的齿轮。为避免根切,应该设法减小 $z_{\min}$。由 $z_{\min}=\dfrac{2h_a^*}{\sin^2\alpha}$ 知,增大 α 或减小 h_a^* 都可以减少最小根切齿数,但是 h_a^* 的减小会降低传动的重合度,影响平稳性,而 α 的增大将增大齿廓间的受力及功率损耗。更重要的是不能用标准刀具加工齿轮。

轮齿根切的根本原因是刀具的齿顶线超过了啮合极限点 N_1,如图 6-22 所示。

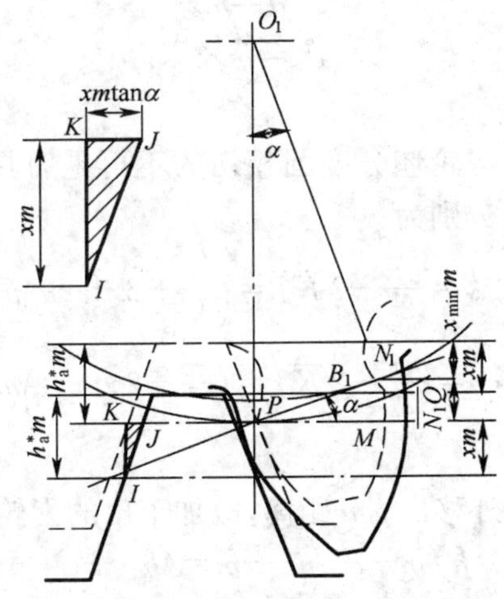

图 6-22 根切与变位齿轮

当标准刀具从发生根切的虚线位置相对于轮坯中心向外移动至刀具齿顶线不超过啮合极限点 N_1 的实线位置,则切出的齿轮就不发生根切。这种用改变刀具与轮坯相对位置的齿轮加工方法称为变位修正法。加工出的齿轮称作变位齿轮。刀具移动的距离称作变位量,用 xm 表示,x 称作变位系数。相对于轮坯中心,刀具向外移动称作正变位,$x>0$;刀具向里移动,称作负变位,$x<0$;正变位加工出的齿轮称作正变位齿轮,负变位加工出来的齿轮称作负变位齿轮。

6.7.3 不根切的最小变位系数

如图 6-22 所示,当刀具齿顶线移至 N_1 点或以下时,齿轮即不根切,故变位量应该满足 $\overline{N_1Q}\geqslant h_a^*m-xm$,即

$$xm \geqslant h_a^* m - \overline{N_1Q}$$

因为 $\overline{N_1Q}=\overline{PN_1}\sin\alpha, \overline{PN_1}=r\sin\alpha=\frac{mz\sin\alpha}{2}, \frac{\sin^2\alpha}{2}=\frac{h_a^*}{z_{\min}}$,所以

$$x \geqslant \frac{h_a^*(z_{\min}-z)}{z_{\min}} \tag{6-11}$$

故最小变为系数为

$$x_{\min}=\frac{h_a^*(z_{\min}-z)}{z_{\min}} \tag{6-12}$$

可以看出,当 $z<z_{\min}$ 时,$x_{\min}>0$,为避免根切,必须正变位。当 $z>z_{\min}$ 时,$x_{\min}<0$,该齿轮不会根切,但为了保证某些性能的要求,也可以用正变位或负变位方法加工齿轮。

6.7.4 变位齿轮的几何尺寸

1. 分度圆和基圆

由于分度圆和基圆仅与齿轮的 z、m、α 有关,并且加工变位齿轮的刀具仍是标准刀具,故变位齿轮的分度圆和基圆直径仍分别为

$$d=mz \tag{6-13}$$

$$d_b=mz\cos\alpha \tag{6-14}$$

2. 齿厚和齿槽宽

由于加工变位齿轮时,与轮坯分度圆相切的不再是刀具中线(即刀具分度线),如图 6-22 所示,则齿厚和齿槽宽分别为

$$s=\frac{\pi m}{2}+2\overline{KJ}=\left(\frac{\pi}{2}+2x\tan\alpha\right)m \tag{6-15}$$

$$e=\frac{m\pi}{2}-2\overline{KJ}=\left(\frac{\pi}{2}-2x\tan\alpha\right)m \tag{6-16}$$

3. 齿顶高和齿根高

由于正变位时,刀具向外移出 xm 距离,故加工出的齿轮其齿根高减小 xm,即

$$h_f=h_a^*m+c^*m-xm=(h_a^*+c^*-x)m \tag{6-17}$$

同样,齿顶高增大 xm,即

$$h_a=h_a^*m+xm=(h_a^*+x)m \tag{6-18}$$

变位齿轮需要利用被切齿轮毛坯的直径(外径)保证齿顶高。

4. 齿顶圆和齿根圆

变位齿轮的齿顶圆和齿根圆分别为

$$d_a=(z+2h_a^*+2x-2\sigma)m \tag{6-19}$$

$$d_f=(z-2h_a^*-2c^*+2x)m \tag{6-20}$$

式中:σ 为齿顶高削减系数。

5. 变位齿轮的应用

变位有等距变位和不等距变位两大类。不等距变位又有正变位和负变位两种。

等距变位指 $x_1+x_2=0$,一般用在 $z<z_{\min}$ 的情况下。结果使齿根变厚,可以改善磨损、避免根切、提高强度,但 ε_α 有所下降。

不等距变位指 $x_1+x_2\neq 0$ 的情况，当 $x_1+x_2>0$ 称作正变位，$x_1+x_2<0$ 称作负变位，可以用在 $z>z_{\min}$ 的情况下。对正变位，ε_α 下降，负变位 ε_α 上升。

变位齿轮的共同缺点是互换性差。

6.8 齿轮传动失效形式、设计准则及精度等级

6.8.1 失效形式及设计准则

齿轮传动的失效主要是指齿轮轮齿的破坏。常见的失效形式有轮齿折断、轮齿工作表面的破坏。

1. 轮齿折断(打牙)

轮齿就好像一个悬臂梁，在受外载作用时，在其轮齿根部产生的弯曲应力最大。同时，在齿根部位过渡尺寸发生急剧变化，以及加工时沿齿宽方向留下加工刀痕而造成应力集中的作用，当轮齿重复受载，在脉动循环或对称循环应力作用下，在根部会造成疲劳断裂，如图 6-23(a)所示。

轮齿受到突然过载，齿根应力如果超过材料强度极限，也会发生脆断现象。

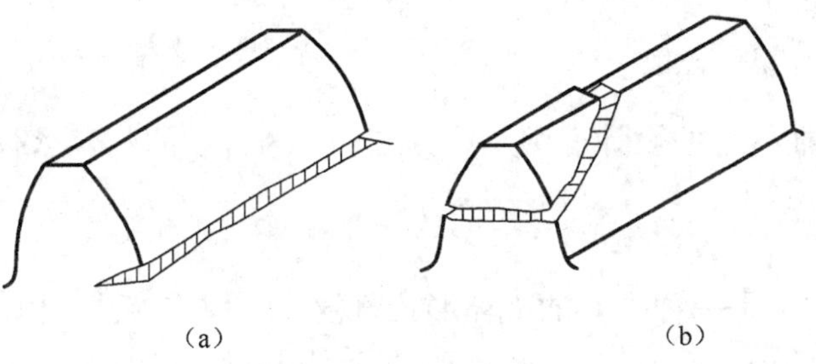

(a) (b)

图 6-23 轮齿弯曲断裂

(a)齿根折断；(b)局部折断。

在斜齿轮传动中，轮齿的接触线为一斜线，轮齿受载后会发生局部折断；即使是直齿圆柱齿轮，若制造及安装不良或由于轴的刚度不足而产生过大的弯曲变形，也会出现轮齿局部受载过重，造成局部折断，如图 6-23(b)所示。

轮齿的折断都是其弯曲应力超过了材料相应的极限应力，是最危险的一种失效形式。一旦发生断齿，传动立即失效。根据这种失效形式确定的设计准则及计算方法即为轮齿的弯曲强度计算。由于疲劳破坏是断齿的主要原因，故齿根弯曲疲劳强度计算是后面所要讨论的主要问题之一。

2. 轮齿工作表面的破坏

轮齿的破坏，除断齿外，还有轮齿表面的破坏而造成传动的失效。轮齿表面的破坏主要有四类：点蚀、胶合、磨损和塑性变形。

1)齿面点蚀

在润滑良好的闭式齿轮传动中，由于齿面材料在交变接触应力作用下，因为接触疲劳产生贝壳形状凹坑的破坏形式称为点蚀，也是常见的一种齿面破坏形式。齿面上最初出现的点蚀随材料不同而不同，一般出现在靠近节线的齿根面上，最初为细小的尖状麻点，

如图 6-24 所示。

当齿面硬度较低、材料塑性良好，齿面经跑合后，接触应力趋于均匀，麻点不再继续扩展，这是一种收敛性点蚀，不会导致传动失效。但当齿面硬度较高、材料塑性较差时，点蚀就会不断扩大，这是一种破坏性点蚀，是一种危险的失效形式。

针对点蚀破坏而拟订的设计准则和计算方法即为齿面接触疲劳强度计算。

2)齿面胶合

对于某些高速重载的齿轮传动(如航空发动机的主传动齿轮)，齿面间的压力大，瞬时温度高，油变稀而降低了润滑效果，导致摩擦增大，发热增多，将会使某些齿面上接触的点熔合焊在一起，在两齿面间相对滑动时，焊在一起的地方又被撕开。于是，在齿面上沿相对滑动的方向形成伤痕，这种现象称作胶合。缺少供油，也会导致胶合，如图 6-25 所示。

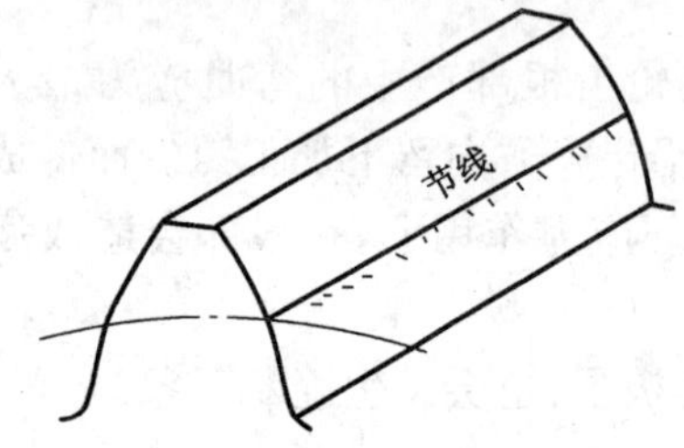

图 6-24　齿面点蚀

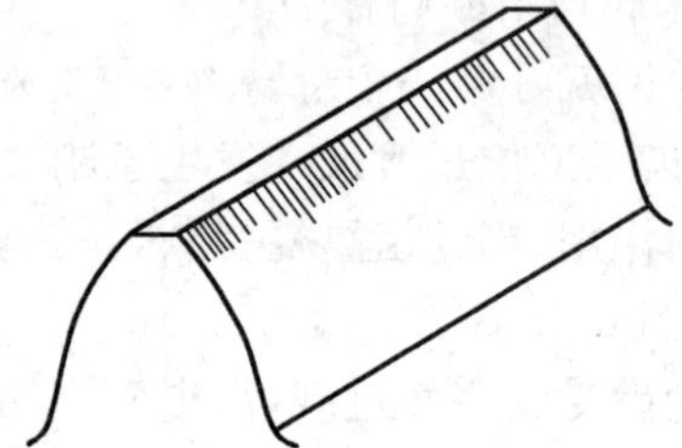
图 6-25　齿面胶合

针对胶合失效而拟订的设计准则及计算方法即为传动的胶合承载能力计算。由于这种方法目前还不统一，而且计算过程复杂。

3)齿面磨损

在开式传动中，这是一种主要的破坏形式，现在还没有简明的计算方法。改用闭式传动是避免轮齿磨损的最有效办法。加大齿面硬度也有助于减少磨损，如图 6-26 所示。

4)齿面塑性变形

若轮齿的材料较软，载荷及摩擦力又都很大时，齿面材料就会沿着摩擦力的方向产生塑性变形，这种情况一般发生在硬度较低的齿面上(图 6-27)。

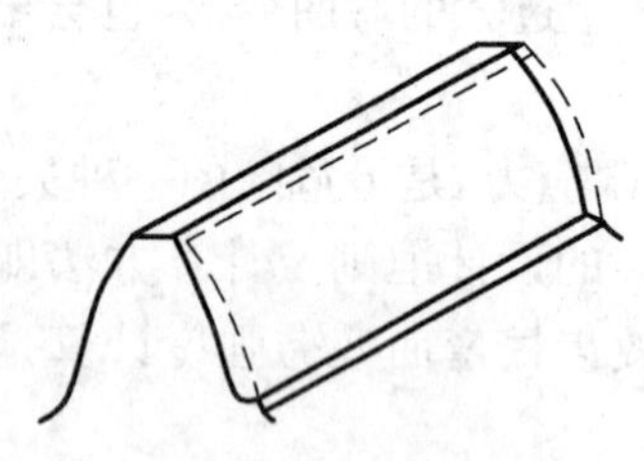
图 6-26　齿面磨损

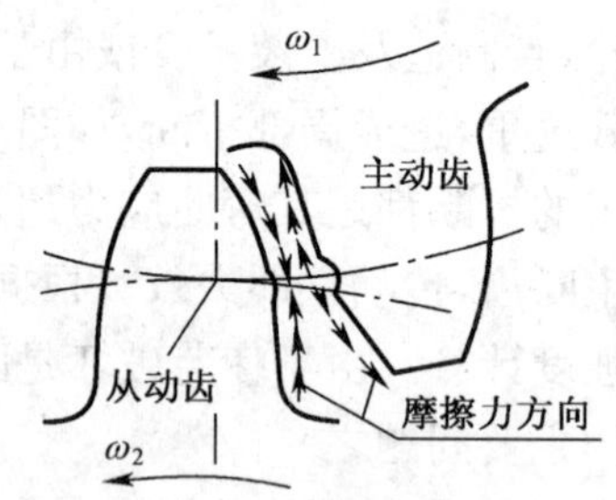

图 6-27　齿面塑性变形

以上所列举的是齿轮失效的几种主要形式，都有可能在传动中发生。但在一定条件下，总有一种形式是主要的。

随着强度计算理论的发展和计算方法的完善，现在各国都已制订有针对轮齿折断和点蚀的两种计算方法和标准，也是比较成熟和完善的两种。针对其他种类的失效也在研究之中，已经拟订了在设计部门推广使用的胶合承载能力计算方法。本章只介绍两种基本的计算方法。

针对不同的齿轮传动失效形式，设计准则也有所不同，具体设计准则如下：

(1)当轮齿表面硬度≤350HBW(＜38HRC)时，称软齿面；当轮齿表面硬度＞350HBS(＞38HRC)时，称硬齿面。

(2)闭式软齿面齿轮传动：按齿面接触强度确定几何尺寸，而后验算齿根弯曲疲劳强度。

(3)闭式硬齿面齿轮传动：按齿根弯曲疲劳强度确定几何尺寸，而后验算齿面接触强度。

(4)开式传动：由于开式传动的失效形式主要是造成轮齿变薄、产生断齿，故按齿根弯曲疲劳强度计算进行设计，并在设计计算时适当将模数加大10%～15%来考虑磨损因素。

6.8.2 材料选择及热处理

齿轮材料应具备如下性能：①齿面具有足够的硬度，以获得较高的抗点蚀、抗磨损、抗胶合的能力；②齿芯部有足够的韧性，以获得较高的抗弯曲和抗冲击载荷的能力；③具有良好的加工工艺性和热处理工艺性能；④经济。

总的要求是齿面硬度要高、齿芯韧性要好。所以，主要用各种钢材，由于钢材经过适当的热处理就具有这种综合性能。在特殊场合也有使用其他材料的，如铸铁、工程塑料等。

材料的选择：

(1)软齿面齿轮：工艺简单、生产率高，故比较经济。但因为齿面硬度不高，限制了承载能力，故适用于载荷、速度、精度要求均不很高的场合。硬齿面齿轮承载能力高，但成本也高，故适用于载荷、速度、精度要求高的重要齿轮。

(2)相啮合的一对齿轮，小齿轮齿面硬度要比大齿轮齿面硬度高30HBW～50HBW。

(3)由于锻钢的力学性能优于同类铸钢，所以齿轮材料应优先选用锻钢。对于结构复杂的大型齿轮，受手锻造工艺和设备的限制，可采用铸钢制造，如低速重载的轧钢设备、矿山机械的大型齿轮等。

(4)在小功率和精度要求不高的高速齿轮传动中，为了减少噪声，其小齿轮常用尼龙、夹布胶木、聚甲醛等非金属材料制造，但配对的大齿轮仍用钢或铸铁制造。

提高齿面硬度，既可以提高接触强度，又可以提高抗磨粒磨损及抗塑性变形的能力。硬齿面齿轮与软齿面齿轮比较，其综合承载能力可提高2倍～3倍。在相同承载能力的条件下，硬齿面齿轮尺寸比软齿面齿轮尺寸小得多。所以除非生产条件受到限制，一般硬采用硬齿面齿轮传动。

选取齿轮材料及热处理方法时，要根据需要及可能而定。钢制齿轮总要进行适当的热处理以改善材料性能，常用的方法有常化、调质、淬火、渗碳淬火、氮化等。齿轮常用材料及其力学性能见表6-3，常用齿轮材料配对示例见表6-4。

6.8.3 齿轮传动的精度等级

齿轮传动的精度等级，应根据齿轮传动的用途、工作条件、传动功率和圆周速度的大小及其他技术要求等来选择。在传递功率大、圆周速度高、要求传动平稳和噪声低等场合，应选较高的精度等级；反之，为了降低制造成本，可选较低的精度等级。表 6-5 列出了齿轮传动精度等级适用的圆周速度范围及应用举例，可供设计时参考。

表 6-3　齿轮常用材料及其力学性能

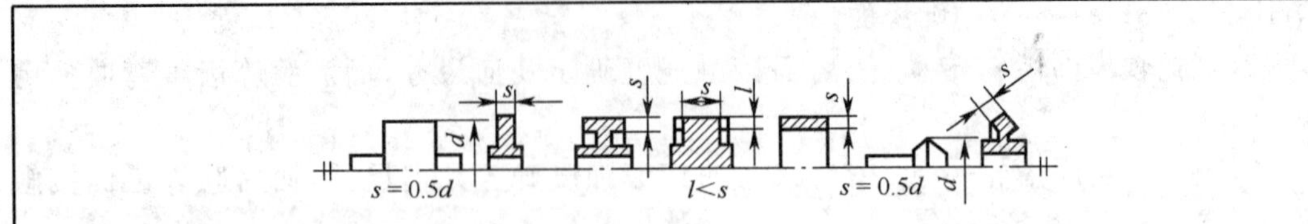

材料	热处理	剖面尺寸/mm		力学性能/MPa		硬　度	
		直径 d	壁厚 s	σ_b	σ_s	/HBS	/HRC（表面淬火）
45	正火	≤100	≤50	590	300	169～217	40～50
		101～300	51～150	570	290	162～217	
	调质	≤100	≤50	650	380	229～286	
		101～300	51～150	630	350	217～255	
42SiMn	调质	≤100	≤50	790	510	229～286	45～55
		101～200	51～100	740	460	217～269	
		201～300	101～150	690	440	217～255	
40MnB	调质	≤200	≤100	740	490	241～286	45～55
		201～300	101～150	690	440	241～286	
38SiMnMo	调质	≤100	≤50	740	590	229～286	45～55
		101～300	51～150	690	540	217～269	
35CrMo	调质	≤100	≤50	740	540	207～269	40～45
		101～300	51～150	690	490	207～269	
40Cr	调质	≤100	≤50	740	540	214～286	48～55
		101～300	51～150	690	490	241～286	
20Cr	渗碳淬火、渗氮	≤60		640	400		56～62 53～60
20CrMnTi	渗碳淬火、渗氮	15		1080	840		56～62 57～63
38CrMoAlA	调质、渗氮	30		980	840	229	HV>850
ZG310～570	正火			570	320	163～207	
ZG340～640	正火			640	350	179～207	
HT300				300		187～255	
HT350				350			197～269

（续）

材料	热处理	剖面尺寸/mm		力学性能/MPa		硬　度	
		直径 d	壁厚 s	σ_b	σ_s	/HBS	/HRC（表面淬火）
HT400				400		207～269	
QT450-10				490	350	147～241	
QT500-7				590	420	229～302	
夹布胶木				100		25～35	

表 6-4　常用齿轮材料配对示例

工 作 情 况		小　轮	大　轮
闭式齿轮	软齿面	45 调质　220HBW～250HBW	45 正火　170HBW～210HBW
	中硬齿面	38SiMnMo 调质 320HBW～360HBW	38SiMnMo 调质 298HBW～332HBW
	硬齿面	40Cr 表面淬火 50HBC～55HBC	45 表面淬火 40HBC～50HBC
		20CrMnTi 渗碳淬火 56HBC～62HBC	20CrMnTi 渗碳淬火 56HBC～62HBC

表 6-5　齿轮传动精度等级及其应用

精度等级	圆周速度 $v/(\mathrm{m\cdot s^{-1}})$			应 用 举 例
	直齿圆柱齿轮	斜齿圆柱齿轮	直齿锥齿轮	
6 （高精度）	≤15	≤30	≤9	在高速、重载下工作的齿轮传动，如机床、汽车和飞机中的重要齿轮；分度机构的齿轮；高速减速器的齿轮
7 （精密）	≤10	≤20	≤6	在高速、中载或中速、重载下工作的齿轮传动，如标准减速器的齿轮；机床和汽车变速器中的齿轮
8 （中等精度）	≤5	≤9	≤3	一般机械中的齿轮传动，如机床、汽车和拖拉机中一般的齿轮；起重机中的齿轮；农业机械中的重要齿轮
9 （低精度）	≤3	≤6	≤2.5	在低速、重载下工作的齿轮，粗糙工作机械中的齿轮

6.9　直齿圆柱齿轮传动的受力分析

1. 公称载荷（也称名义载荷）

为了计算轮齿的强度，设计轴和轴承，有必要分析轮齿上的作用力。

直齿圆柱齿轮在传动时所受得公称载荷，在不计及齿面摩擦力时，即为作用于齿面法线方向上的法向载荷 F_n，如图 6-28 所示。

圆周力：　　$F_t=\frac{2T_1}{d_1}$　　(6-21)

径向力：　　$F_r=F_n\sin\alpha=F_t\tan\alpha$　　(6-22)

法向力：　　$F_n=\frac{F_t}{\cos\alpha}$　　(6-23)

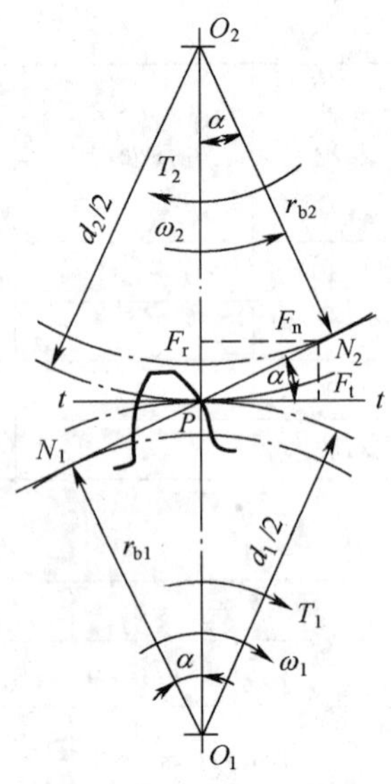

图 6-28　直齿圆柱齿轮的受力分析

式中：T_1 为小齿轮上的转矩，$T_1=9550\times10^6\ \frac{P_1}{n_1}$(N · mm)；$P_1$ 为小齿轮传递的名义功率(kW)；n_1 为小齿轮的转速(r/min)；d_1 为小齿轮的分度圆直径(mm)；α 为压力角。

作用在主动轮和从动轮上的各对分力等值反向。主动轮上的圆周力 F_{t1} 方向与主动轮回转方向相反；从动轮上的圆周力 F_{t2} 方向与从动轮回转方向相同。两轮的径向力 F_{r1} 和 F_{r2} 分别指向各自的轮心。

2. 计算载荷

法向力 F_n 是在理想模型下计算出来的，称为名义载荷。但由于轴和轴承的变形、齿轮机构中各零件的制造误差和齿轮的安装误差等原因，实际载荷沿齿宽的分布不是均匀的，载荷可能集中出现在轮齿的某一侧，这种现象称为载荷集中。轴和轴承的刚度越小，齿宽 b 越宽和齿轮安装越不对称，载荷集中就越严重。

此外，由于各种原动机和工作机的特性不同，还会引起由于阻力矩和驱动力矩的变化而产生的附加动载荷。齿轮的制造误差以及轮齿的受力变形等原因，也会产生附加动载荷。精度越低，圆周速度越高，附加载荷就越大。因此，计算齿轮强度时，通常用计算载荷代替名义载荷 F_n，以考虑载荷集中和附加动载荷的影响，即

$$F_c=KF_n \tag{6-24}$$

式中　K——载荷系数，见表 6-6；

F_c——计算载荷(N)。

表 6-6　齿轮传动的载荷系数

原动机特性 / 工作机特性	平稳(电动机)	轻微冲击(汽轮机)	中等冲击(多缸内燃机)	强烈冲击(单缸内燃机)
平稳	1.2～1.4	1.4～1.6	1.6～1.8	1.8～2.0
轻微冲击	1.4～1.6	1.6～1.8	1.8～2.0	2.0～2.2
中等冲击	1.6～1.8	1.8～2.0	2.0～2.2	2.2～2.4
强烈冲击	1.8～2.0	2.0～2.2	2.2～2.4	2.4～2.6

6.10　直齿圆柱齿轮传动的强度计算

6.10.1　直齿圆柱齿轮齿面接触疲劳强度计算

1. 理论依据

直齿圆柱齿轮接触疲劳强度计算是防止齿面点蚀破坏的计算方法，其理论依据是两

平行圆柱体的接触应力理论。

如图 6-29 所示，此接触面积内，接触应力的分布是不均匀的，在初始接触线上有最大的压应力，即接触应力。一般用 σ_H 表示，其大小的值就是著名的赫兹公式：

$$\sigma_H=\sqrt{\frac{F_n}{\pi b}\cdot\frac{\frac{1}{\rho_1}\pm\frac{1}{\rho_2}}{\frac{1-\mu_1^2}{E_1}+\frac{1-\mu_2^2}{E_2}}} \tag{6-25}$$

式中：ρ_1，ρ_2 代表两接触圆柱体的半径(接触点曲率半径)；E，μ 分别代表材料的弹性模量和泊松比；±号中的“+”用于外接触，“-”号用于内接触。

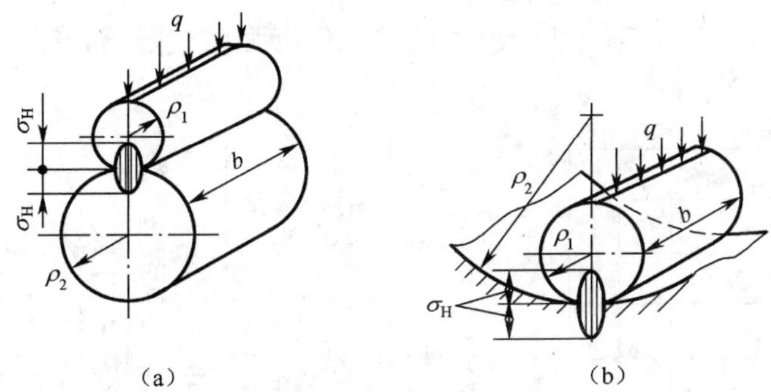

图 6-29 圆柱体平行接触

(a)外接触；(b)内接触。

由于点蚀往往先发生在靠近接线的齿根面上，所以可以把在节点 P 处的接触应力值作为计算的依据。

在节点处齿廓的曲率半径分别为

$$\rho_1=N_1P=\frac{d_1}{2}\sin\alpha$$

$$\rho_2=N_2P=\frac{d_2}{2}\sin\alpha=\frac{\mu\cdot d_1}{2}\sin\alpha=\mu\cdot\rho_1$$

故

$$\frac{1}{\rho_1}\pm\frac{1}{\rho_2}=\frac{(\mu\pm1)}{2}\cdot\frac{2}{d_1\sin\alpha}$$

将上式代入赫兹公式有

$$\sigma_H=\sqrt{\frac{2KT_1}{bd_1\cos\alpha}\cdot\frac{u\pm1}{u}\cdot\frac{2}{d_1\sin\alpha}\cdot\frac{1}{\left(\frac{1-\mu_1^2}{E_1}+\frac{1-\mu_2^2}{E_2}\right)\pi}} \tag{6-26}$$

对一对钢制标准齿轮有

$$E_1=E_2=2.06\times10^5\text{MPa}\ ;\mu_1=\mu_2=0.3,\alpha=20^\circ$$

令齿数比为 $u=\frac{z_2}{z_1}$，并将 $F_t=\frac{2T_1}{d_1}=\frac{2T_1}{mz_1}$ 代入整理得

$$\sigma_H=335\sqrt{\frac{(u\pm1)^3KT_1}{uba^2}} \tag{6-27}$$

2. 强度计算

根据齿面应力公式，可得齿面接触疲劳强度的校核公式为

$$\sigma_H = 335\sqrt{\frac{(u\pm1)^3KT_1}{uba^2}} \leqslant [\sigma_H] \tag{6-28}$$

引入齿宽系数 $\varphi_a = \frac{b}{a}$，则可导出设计公式：

$$a \geqslant (u\pm1)\sqrt[3]{\left(\frac{335}{[\sigma_H]}\right)^2 \frac{KT_1}{\Psi_a u}} \tag{6-29}$$

式中：$[\sigma_H]$为许用接触应力，$[\sigma_H] = \frac{\sigma_{Hlim}}{S_H}$(MPa)。 (6-30)

σ_{Hlim}为试验齿轮失效概率为 1/100 时的接触疲劳强度极限值，它与齿面硬度有关，如图 6-30 所示。

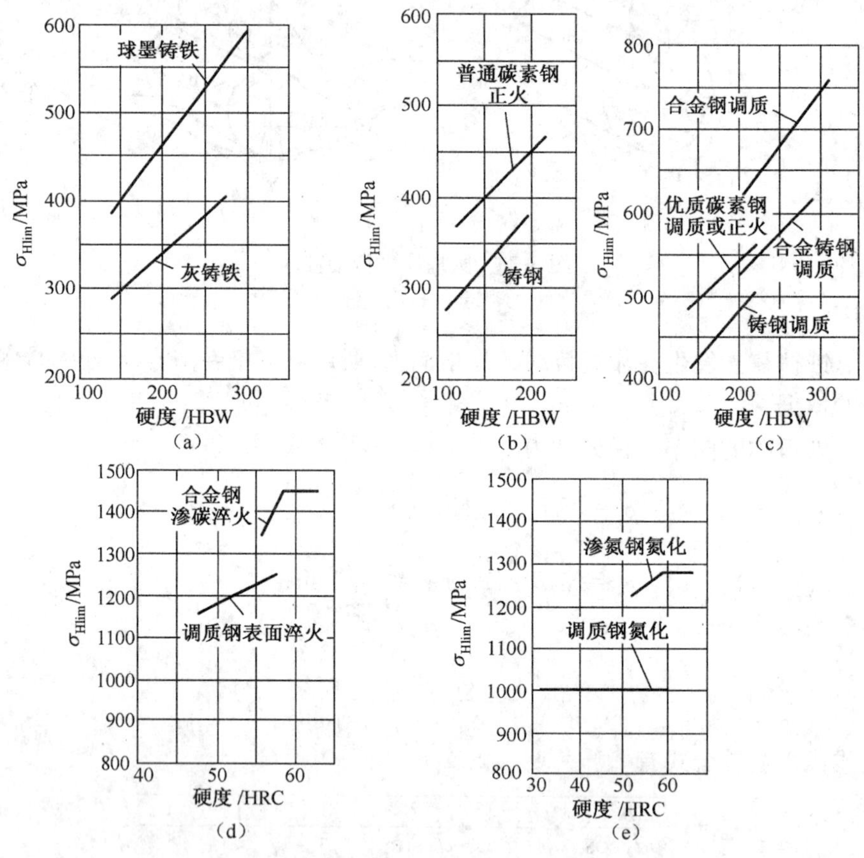

图 6-30 试验齿轮的接触疲劳极限

S_H 为安全系数，见表 6-7。

表 6-7 最小安全系数 S_H 和 S_F

安全系数	软齿面	硬齿面	重要的传动、渗碳淬火齿轮或铸铁齿轮
S_{Hlim}	1.0~1.1	1.1~1.2	1.3
S_{Flim}	1.3~1.4	1.4~1.6	1.6~2.2

应用式(6-29)时应注意：由于两齿轮材料、齿面硬度、应力循环次数不同，许用应力也不同，故应以较小值代入计算；式中“+”号用于外啮合，“−”用于内啮合。

6.10.2 齿根弯曲疲劳强度计算

1. 理论依据

直齿圆柱齿轮齿根弯曲疲劳强度计算是针对防止齿根疲劳折断破坏而进行的计算方法，其依据是材料力学中的悬臂梁的应力分析。

无论载荷作用于齿面何处，法向载荷 F_n 的值不变。当然，当载荷作用于齿顶时，齿根上的弯矩最大，轮齿的弯曲疲劳强度齿根处最弱。所以以齿顶受载作为分析的依据，可以把轮齿简化为宽度为 b 的悬臂梁。图 6-31 所示为轮齿齿顶受载的情况。

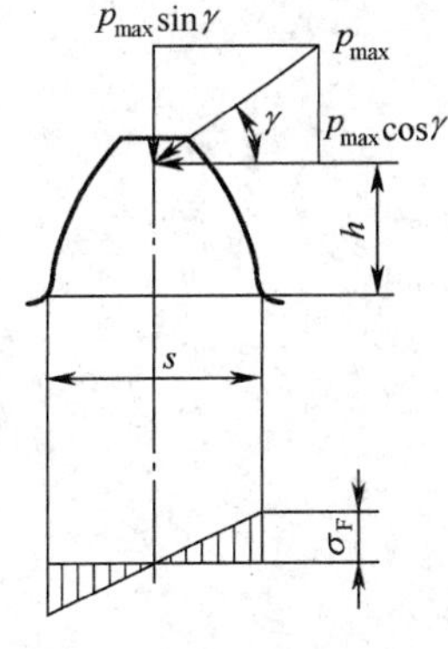

图 6-31 齿根应力

图(6-31)中所示为单位宽度的齿，作用于此单位齿宽上的载荷即为最大的单位接触线上的载荷 p_{max}。当不计摩擦力时，作用于齿顶的总载荷 F_n 沿啮合线方向，把 p_{max} 沿作用线移到轮齿的对称中线上，并分解为垂直于对称中线和平行对称中线的两个分量，即为 $p_{max}\cos\gamma$ 和 $p_{max}\sin\gamma$。显然只有 $p_{max}\cos\gamma$ 分量在齿根剖面上引起弯矩 $M=p_{max}\cdot\cos\gamma\cdot h$。

在齿根危险截面上，切向力 $p_{max}\cos\gamma$ 引起弯曲应力和切应力，径向力 $p_{max}\text{c}\sin\gamma$ 引起压应力。其中切应力和压应力起的作用很小，疲劳裂纹往往从齿根受拉边开始发生。因此，只考虑最危险的弯曲拉应力，齿根弯曲疲劳强度计算以受拉边为依据。

2. 强度计算

由工程力学可知，齿根危险截面的弯曲应力为

$$\sigma_F=\frac{M}{W}$$

如图 6-31 所示，根据工程力学可导出齿根弯曲疲劳强度校核公式为

$$\sigma_F=\frac{M}{W}=\frac{KF_tY_F}{bm}=\frac{2KT_1Y_F}{bd_1m}=\frac{2KT_1Y_F}{bm^2z_1}\leqslant[\sigma_F] \tag{6-31}$$

式中：Y_F 为齿形系数。Y_F 取决于轮齿的形状，与齿数、变位系数、压力角等有关，与模数无关。Y_F 值根据齿数由图 6-32 查得。

引入齿宽系数 $\varphi_a=\dfrac{b}{a}$，$b=\varphi_a a$。代入强度校核公式整理，可以得到设计计算公式为

$$m\geqslant\sqrt[3]{\frac{4KT_1Y_F}{\varphi_a(u\pm1)z_1^2[\sigma]_F}} \tag{6-32}$$

式中：“+”号用于外啮合，“−”用于内啮合。m 计算后应取标准值。

$[\sigma_F]$为许用弯曲应力，计算公式为

$$[\sigma_F]=\frac{\sigma_{Flim}}{S_F} \tag{6-33}$$

σ_{Flim}为试验齿轮失效概率为 1/100 时的齿根弯曲疲劳强度极限值，它与齿面硬度有关，如图 6-33 所示。若轮齿两面工作时，应将表中的数值×0.7；S_F 为安全系数，见表 6-3。

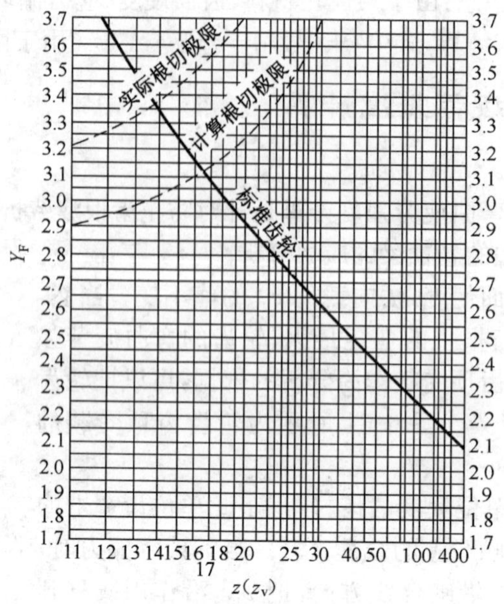

图 6-32　齿形系数

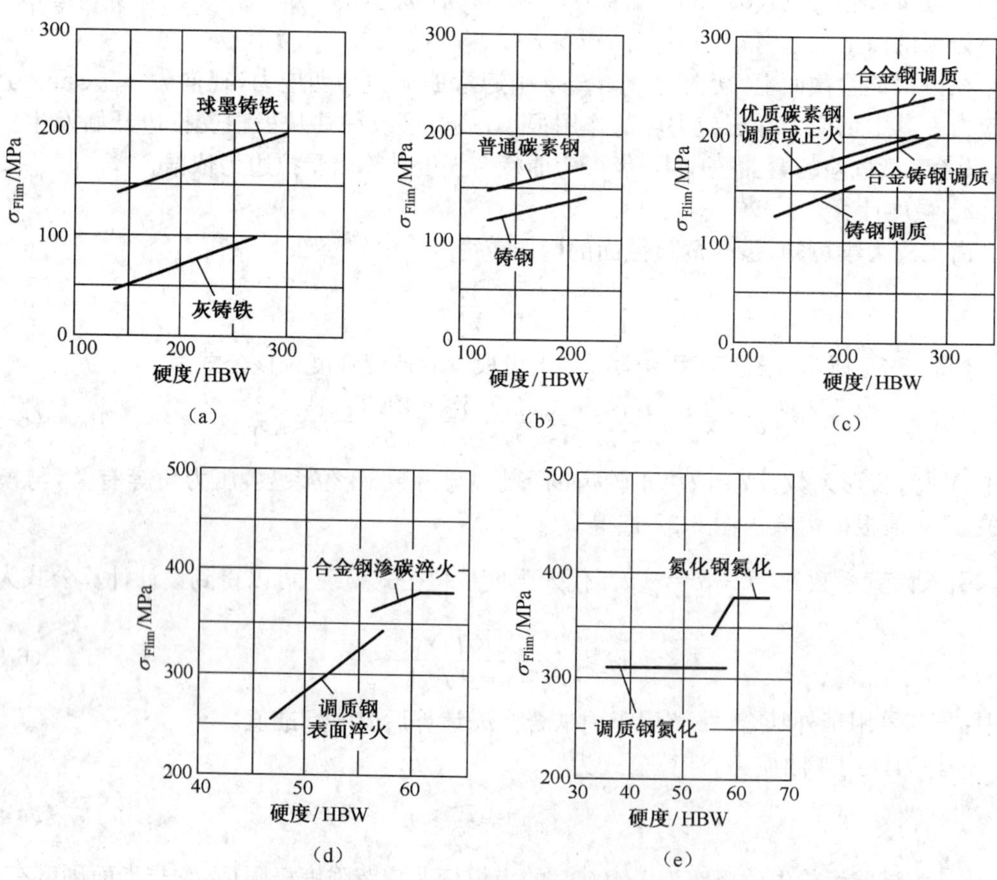

图 6-33　齿根弯曲疲劳极限

应用式(6-31)和式(6-32)时应注意:由于大、小齿轮的齿形系数 Y_F 和许用弯曲应力$[\sigma_F]$是不相同的,故进行轮齿弯曲强度校核时,大、小齿轮应分别计算;此外,大、小齿轮的$\frac{Y_F}{[\sigma_F]}$比值可能不同,进行设计计算时应将两者中的较大值代入式(6-32)中进行,求得 m 后,应按表6-1圆整。

6.11 齿轮传动参数的选择及设计实例

6.11.1 主要参数的选择

1. 精度等级

根据使用条件、受载情况、重要程度等因素确定。

2. 齿数比 u

齿轮减速传动时,$u=i$;增速传动时 $u=1/i$。

单级闭式传动,一般取 $i\leqslant5$(直齿)、$i\leqslant7$(斜齿)。传动比过大,则大、小齿轮尺寸悬殊,会使传动的总体尺寸增大,且大、小齿轮强度差别过大,不利于传动。所以,需要更大的传动比时,可采用两级或两级以上的传动。开式传动或手动机械传动比可以达到8～12。

对传动比无严格要求的一般齿轮传动,实际传动比 i 允许有±3%～±5%的误差。

3. 齿数 z_1 和模数 m

为使轮齿避免根切,标准直齿圆柱齿轮的最少齿数为17;若允许少量根切或采用变位齿轮,则亦可少至14或12,甚至更少。软齿面通常选取 $z_1=20\sim40$;对于硬齿面闭式齿轮传动,首先应具有足够大的模数以保证齿根弯曲疲劳强度,为减小传动尺寸,其齿数一般可取 $z_1=17\sim25$。

为了提高开式齿轮传动的耐磨性,要求有较大的模数,因而齿数应尽可能的少,一般取 $z_1=17\sim20$。

模数 m 的最小允许值应根据抗弯曲疲劳强度确定,再按表6-1圆整成标准模数。

动力传动中,通常应使 m 不小于1.5mm～2.0mm,普通减速器、机床及汽车变速器中的齿轮模数一般在2mm～8mm之间。

4. 齿宽系数 φ_a 及齿宽 b

齿宽系数取大值时,齿宽 b 增加,可减小两轮分度圆直径和中心距,进而减小传动装置的径向尺寸,而且齿轮越宽承载能力越高,所以齿轮不宜过窄;但是增大齿宽会使载荷沿齿宽方向分布不均匀更加严重,导致偏载发生,所以,齿宽系数应取得适当。

6.11.2 齿轮传动的设计实例

例6-1 某两级直齿圆柱齿轮减速器用电动机驱动,单向运转,载荷有中等冲击。高速级传动比 $i=3.7$,高速轴转速 $n=745$r/min,传动功率 $P=17$kW,采用软齿面,试计算此高速级传动。

解:1. 选择齿轮材料、热处理方式及精度等级,确定许用应力

(1)选择齿轮材料、热处理方式。该齿轮无特殊要求,可选用一般齿轮材料,由表6-3和表6-4,小齿轮选用45钢,调质处理,齿面硬度为217HBW～255HBW,取中间值230HBW,

大齿轮选用 45 钢，正火处理，齿面硬度 162HBW～217HBW，考虑 $HBW_1=HBW_2+(30\sim50)$ 的要求，硬度取 190HBW。

(2)确定精度等级。减速器为一般齿轮传动，估计圆周速度不大于 5m/s，根据表 6-5，初选 8 级精度。

(3)确定许用应力。由图 6-30(c)和图 6-33(c)分别查得

$$\sigma_{Hlim1}=570\text{MPa},\sigma_{Hlim2}=540\text{MPa}$$
$$\sigma_{Flim1}=190\text{MPa},\sigma_{Flim2}=180\text{MPa}$$

由表 6-7 查得

$$S_H=1.1 \text{ 和 } S_F=1.4$$

故

$$[\sigma_H]_1=\frac{\sigma_{Hlim1}}{S_H}=\frac{570}{1.1}\text{MPa}=518.2\text{MPa}$$

$$[\sigma_H]_2=\frac{\sigma_{Hlim2}}{S_H}=\frac{540}{1.1}\text{MPa}=490.9\text{MPa}$$

$$[\sigma_F]_1=\frac{\sigma_{Flim1}}{S_F}=\frac{190}{1.4}\text{MPa}=135.7\text{MPa}$$

$$[\sigma_F]_2=\frac{\sigma_{Flim2}}{S_F}=\frac{180}{1.4}\text{MPa}=128.6\text{MPa}$$

由于采用软齿面，所以按齿面接触疲劳强度进行设计，再按齿根弯曲疲劳强度校核。

2. 按齿面接触疲劳强度设计

由式(6-29)计算中心距，即

$$a\geqslant(u\pm1)\sqrt[3]{\left(\frac{355}{[\sigma_H]}\right)^2\frac{KT_1}{\varphi_a u}}$$

(1)取 $[\sigma_H]=[\sigma_H]_2=490.9\text{MPa}$。

(2)小齿轮转矩 $T_1=9.55\times10^6\ \dfrac{P}{n}=0.55\times10^6\times\dfrac{17}{745}\text{N}\cdot\text{mm}=2.18\times10^5\text{N}\cdot\text{mm}$。

(3)取齿宽系数 $\varphi_a=0.4,u=i=3.7$。

(4)由于原动机为电动机，载荷有中等冲击，查表 6-6，取载荷系数 $K=1.5$。

将上述数据代入设计公式得初算中心距 a_0 为

$$a\geqslant(3.7+1)\sqrt[3]{\left(\frac{355}{490.9}\right)^2\frac{1.5\times2.18\times10^5}{0.4\times3.7}}=220.2\text{mm}$$

3. 确定基本参数计算齿轮的主要尺寸

(1)选择齿数。取 $z_1=32$，则

$$z_2=iz_1=3.7\times32\approx118$$

(2)确定模数。

$$m=\frac{2a_0}{z_1+z_2}=\frac{2\times220.2}{32+118}\text{mm}=2.94\text{mm}$$

由表 6-1 取 $m=3\text{mm}$。

(3)确定中心距：$a=\dfrac{m(z_1+z_2)}{2}=\dfrac{3\times(32+118)}{2}=225\text{mm}$

(4)确定齿宽：$b=\varphi_a a=0.4\times225\text{mm}=90\text{mm}$

为了补偿两轮轴向尺寸的误差，使小齿轮宽度略大于大齿轮，故取

$$b_2=90\text{mm}, b_1=95\text{mm}$$

(5)分度圆直径：$d_1=mz_1=3\times32=96\text{mm}$

$$d_2=mz_2=3\times118=354\text{mm}$$

其余尺寸按表6-2计算，此处从略。

4. 按齿根弯曲疲劳强度进行校核

(1)由式(6-31)校核齿根弯曲疲劳强度。因 $z_1=32, z_2=118$，由图6-32查得

$$Y_{F1}=2.58, Y_{F2}=2.24$$

代入式(6-31)得

$$\sigma_{F1}=\frac{2KT_1Y_{F1}}{bm^2z_1}=\frac{2\times1.5\times2.18\times10^5\times2.58}{95\times3^2\times32}=61.67\text{MPa}$$

$$\sigma_{F2}=\sigma_{F1}\frac{Y_{F2}}{Y_{F1}}=61.67\times\frac{2.24}{2.58}=53.54\text{MPa}$$

(2)验算圆周速度： $v=\dfrac{\pi d_1n_1}{60\times1000}=\dfrac{\pi\times96\times745}{60\times1000}=3.74\text{m/s}$

由表6-5可知，选8级精度合适。

5. 确定齿轮的结构尺寸及绘制齿轮的零件工作图(略)

6.12 斜齿圆柱齿轮传动

斜齿圆柱齿轮传动的特点是传动平稳、噪声小以及承载能力高，因此常用于速度较高的传动系统中。

6.12.1 齿面形成及啮合特点

前面研究渐开线直齿圆柱齿轮，仅讨论了齿轮端面上的渐开线齿廓及其啮合。但是，实际上齿轮都有一定的宽度。因此，前述的发生线实际应该为发生面，前面的基圆应该为基圆柱，发生线上的 K 点就成了直线 $\overline{KK}$，如图6-34(a)所示。

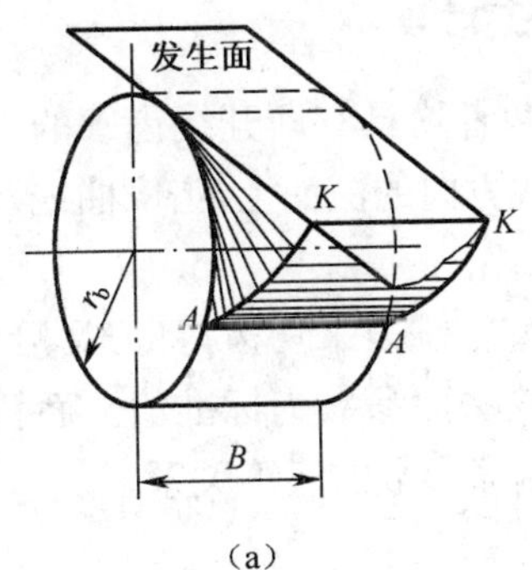

(a)

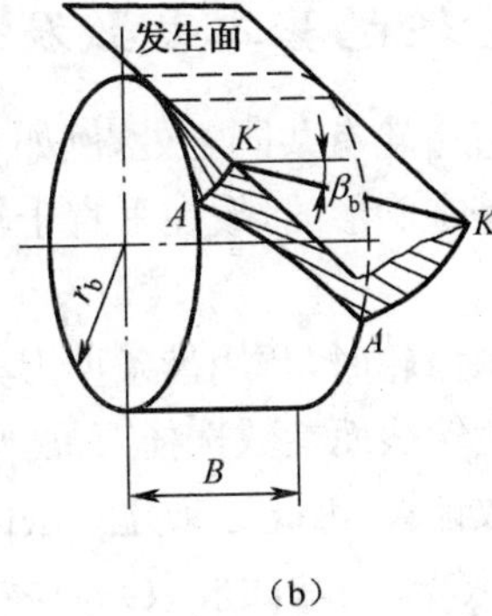

(b)

图6-34 渐开线齿面的形成

(a)直齿轮齿面的形成；(b)斜齿轮齿面的形成。

发生面沿基圆柱纯滚动，发生面上与基圆柱轴线平行的直线$\overline{KK}$所形成的轨迹，即为直齿轮齿面，它是渐开线曲面。

斜齿圆柱齿轮齿面形成的原理与直齿轮相似，所不同的是直线$\overline{KK}$与轴线不平行，而有一个夹角β_b，如图6-34(b)所示。

当发生面沿基圆柱纯滚动时，斜直线$\overline{KK}$的轨迹即为斜齿轮齿面，它是一个渐开线螺旋面。该螺旋面与基圆柱的交线AA为一条螺旋线，其螺旋角为β_b，称为基圆柱上的螺旋角。

同理，该螺旋面与分度圆柱的交线也是一条螺旋线，该螺旋线的螺旋角用β表示，β称为分度圆圆柱上的螺旋角，通常称为斜齿轮的螺旋角。

根据螺旋线左右旋向，β有正负之分。

啮合特点如下：

(1)当两直齿轮啮合时，其齿面接触线是与整个齿轮轴线平行的直线，如图6-35(a)所示。因此，直齿轮啮合时，整个齿宽同时进入和退出啮合，所以容易引起冲击、振动和噪声，从而影响传动的平稳性，不适宜于高速传动。

(2)当两斜齿轮啮合时，由于轮齿的倾斜，一端先进入啮合，另一端后进入啮合，其接触线由短变长，再由长变短，如图6-35(b)所示。这样可极大地降低冲击、振动和噪声，改善了传动的平稳性，相对于直齿轮而言更适合高速传动。

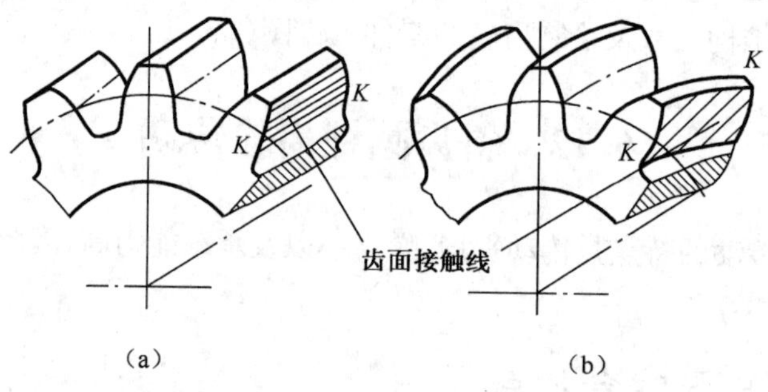

图6-35　直齿轮和斜齿轮齿面上的接触线

(3)斜齿圆柱齿轮相对于直齿圆柱齿轮而言，可以增大重合度，降低根切齿数，提高齿轮承载能力，减小结构尺寸。

6.12.2 斜齿轮的基本参数及几何尺寸计算

斜齿轮与直齿轮有共同之处，例如在端面上两者均具有渐开线齿廓的齿型等。但由于斜齿轮的轮齿是螺旋形的，故在垂直于轮齿螺旋线方向的法面上，齿廓曲线及齿型都与端面不同。

由于加工斜齿轮时，常用齿条型刀具或盘形齿轮铣刀来切齿，且刀具沿齿向方向进刀，所以必须按斜齿轮法面参数选择刀具，规定斜齿轮法面参数为标准值。而斜齿轮几何尺寸又要按端面参数计算，因此必须建立法面参数与端面参数的换算关系。

1. 法面模数m_n与端面模数m_t

把斜齿轮分度圆柱面展开，成为一个矩形，如图6-36所示。它的宽度是斜齿轮的轮宽b；长是分度圆的周长πd。分度圆柱面上轮齿的螺旋线便展成一条斜直线，其与平行于轴的直线的夹角为β，称为分度圆柱面上的螺旋角，简称螺旋角。通常用螺旋角β来表示斜齿轮轮齿的倾斜程度。

由图 6-36 所示的几何关系，可得

$$\tan\beta=\frac{\pi d}{s} \tag{6-34}$$

式中：s 为螺旋线的导程，即螺旋线绕分度圆柱一整周后上升的高度。

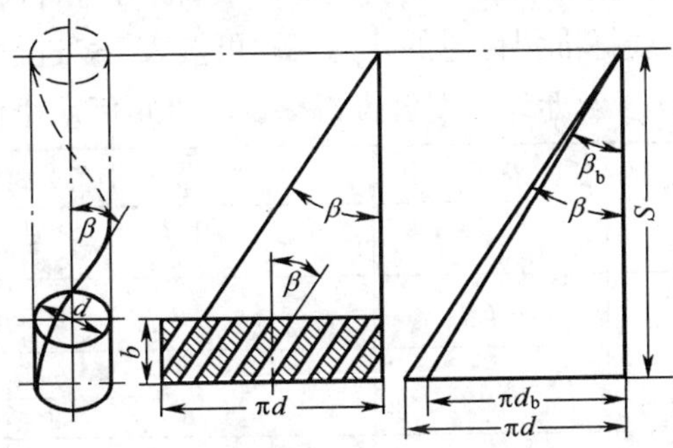

图 6-36 斜齿轮展开式

从图上可以看出：

$$p_n=p_t\cos\beta$$

因为 $p_n=\pi m_n$，$p_t=\pi m_t$，故

$$m_n=m_t\cos\beta \tag{6-35}$$

传动时的轴向分力与 β 有关，为了减小轴向力，β 不宜过大，一般取 $\beta=8°\sim20°$（最大不超过 30°）。但是对噪声有特殊要求的齿轮，可以适当放大。例如目前小轿车齿轮已经达到 $\beta=35°\sim37°$。

2. 法面压力角 α_n 与端面压力角 α_t

对于斜齿条有端面与法面之分，如图 6-37 所示的斜齿条。

ABC 平面为端面，$A'B'C$ 为法面。$\angle ABC$ 即为端面压力角 α_t，$\angle A'B'C$ 为法面压力角 α_n。

由于 $\triangle ABC$ 和 $\triangle A'B'C$ 这两个直角三角形等高，即

$$AB=A'B'$$

于是，通过三角关系可以得

$$\frac{\overline{AB}}{\tan\alpha_t}=\frac{\overline{A'B'}}{\tan\alpha_n}$$

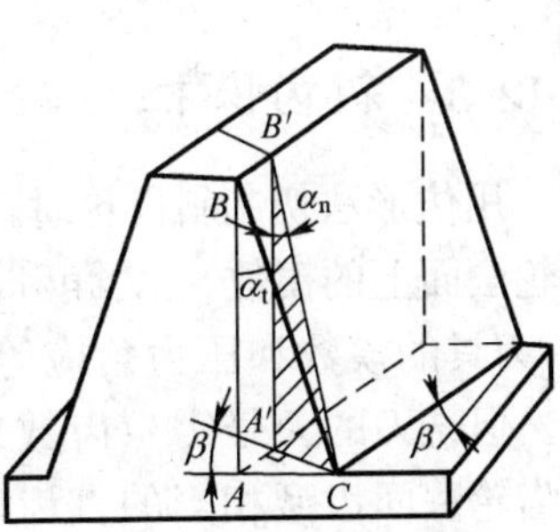

图 6 37 斜齿条的压力角

而 $\overline{A'C}=\overline{AC}\cos\beta$，故

$$\tan\alpha_n=\tan\alpha_t\cdot\cos\beta \tag{6-36}$$

3. 法面 h_{an}^*、c_n^* 与端面 h_{at}^*、c_t^*

斜齿轮的齿顶高和齿根高，在法面和端面上是相同的，计算方法和直齿轮相同，有

$$h_a=h_{an}^*m_n=h_{at}^*m_t \tag{6-37}$$

$$h_f=(h_{an}^*+c_n^*)m_n=(h_{at}^*+c_t^*)m_t \tag{6-38}$$

即

$$\begin{cases} h_{at}^{*}=h_{an}^{*}\cos\beta \\ c_{t}^{*}=c_{n}^{*}\cos\beta \end{cases} \tag{6-39}$$

式中：h_{an}^{*}、c_{n}^{*} 为标准值。

4. 斜齿圆柱齿轮的几何尺寸计算

一对斜齿轮传动在端面上相当于一对直齿轮传动，故可将直齿轮的几何尺寸计算公式用于斜齿轮的端面。渐开线标准斜齿轮的几何尺寸可按表 6-8 进行计算。

表 6-8 渐开线标准斜齿圆柱齿轮的几何尺寸计算

序 号	名 称	符 号	计算公式及参数选择
1	端面模数	m_t	$m_t=\frac{m_n}{\cos\beta}$，$m_n$ 为标准值
2	螺旋角	β	一般取 $\beta=8^\circ\sim20^\circ$
3	分度圆直径	d_1,d_2	$d_1=m_tz_1=\frac{m_nz_1}{\cos\beta}, d_2=m_tz_2=\frac{m_nz_2}{\cos\beta}$
4	齿顶高	h_a	$h_a=m_n$
5	齿根高	h_f	$h_f=1.25m_n$
6	全齿高	h	$h=h_a+h_f=2.25m_n$
7	顶隙	c	$c=h_f-h_a=0.25m_n$
8	齿顶圆直径	d_{a1},d_{a2}	$d_{a1}=d_1+2h_a, d_{a2}=d_2+2h_a$
9	齿根圆直径	d_{f1},d_{f2}	$d_{f1}=d_1-2h_f, d_{f2}=d_2-2h_f$
10	中心距	a	$a=\frac{d_1+d_2}{2}=\frac{m_t}{2}(z_1+z_2)=\frac{m_n(z_1+z_2)}{2\cos\beta}$

6.12.3 斜齿圆柱齿轮的当量齿数

用仿形法切制斜齿轮时，刀刃位于轮齿的法面内，并沿分度圆柱螺旋线方向切齿，故斜齿轮法面上的模数、压力角和法面齿型应与刀具参数和齿型分别相同。因此，选择齿轮铣刀时，刀具的模数和压力角应等于斜齿轮法面模数和压力角。但铣刀的刀号需由齿数来确定，因此应找出一个与斜齿轮法面齿型相当的直齿轮，该虚拟的直齿轮称为斜齿轮的当量齿轮，当量齿轮的齿数称为当量齿数，用 z_v 表示。铣刀刀号应按照 z_v 选取。

为确定当量齿数 z_v，如图 6-38 所示。过斜齿轮分度圆上 C 点，作斜齿轮法面剖面，得到一椭圆。该剖面上 C 点附近的齿型可以视为斜齿轮的法面齿型。以椭圆上点 C 的曲率半径 ρ 作为虚拟直齿轮的分度圆半径，并设该虚拟直齿轮的模数和压力角分别等于斜齿轮的法面模数和压力角，该虚拟直齿轮即为当量齿轮，其齿数即为当量

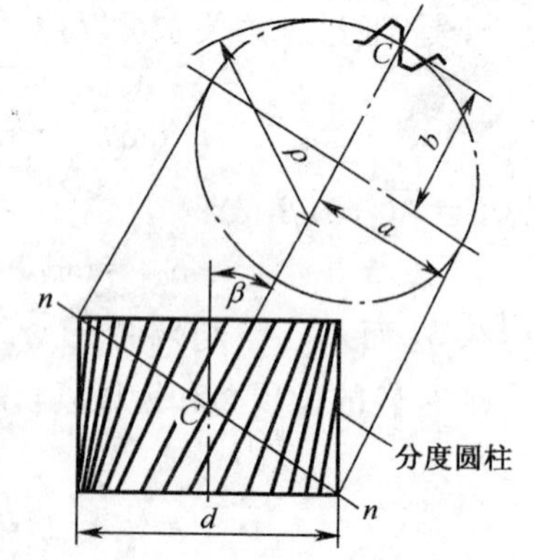

图 6-38 斜齿轮的当量齿轮

齿数。

根据几何学，由图 6-38 可知：

椭圆长半轴为

$$a=d/2\cos\beta$$

短半轴为

$$b=d/2$$

而 $\rho=\dfrac{a^2}{b}=\dfrac{d}{2\cos^2\beta}$，所以得

$$z_{\mathrm{v}}=\frac{2\rho}{m_{\mathrm{n}}}=\frac{d}{m_{\mathrm{n}}\cos^2\beta}=\frac{z}{\cos^3\beta} \tag{6-40}$$

当量齿数的作用如下：

(1)用来选取齿轮铣刀的刀号。

(2)用来计算斜齿轮的强度。

(3)用来确定斜齿轮不根切的最少齿数：

$$z_{\min}=z_{\mathrm{v}\min}\cos^3\beta \tag{6-41}$$

6.12.4 斜齿圆柱齿轮啮合传动

1. 正确啮合的条件

斜齿轮传动的正确啮合条件，除了两齿轮的模数和压力角分别相等外，螺旋角必须相匹配，否则两啮合齿轮的齿向不同，依然不能进行啮合。因此斜齿轮传动正确啮合的条件为

$$\begin{cases}\beta_1=\pm\beta_2\\ m_{\mathrm{n}1}=m_{\mathrm{n}2}=m_{\mathrm{n}}\\ \alpha_{\mathrm{n}1}=\alpha_{\mathrm{n}2}=\alpha_{\mathrm{n}}\end{cases} \tag{6-42}$$

β 前的"＋"号用于内啮合，"－"号用于外啮合。

2. 重合度

可利用直齿轮传动与斜齿轮传动来进行对比分析，如图 6-39 所示。直线 B_2B_2、B_1B_1 分别表示轮齿进入啮合过程和退出啮合的位置，啮合区的长度为 L。

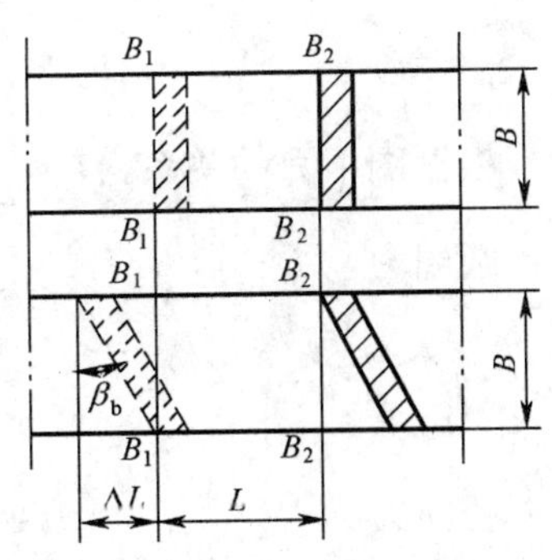

图 6-39 斜齿轮机构的啮合区

对于直齿轮传动，沿整个齿宽 B 同时进入啮合，同时退出啮合，重合度为

$$\varepsilon_\alpha=\frac{\overline{B_1B_2}}{p_{\mathrm{bt}}}=\frac{L}{p_{\mathrm{bt}}} \tag{6-43}$$

对于斜齿轮传动，轮齿前端 B_2 先进入啮合，待整个轮齿全部退出啮合，啮合区增长了 $\Delta L=B\tan\beta_{\mathrm{b}}$ 一段。由于轮齿倾斜而增加的重合度用 ε_β 表示，即

$$\varepsilon_\beta=\frac{\Delta L}{p_{\mathrm{bt}}}=\frac{B\sin\beta}{\pi m_{\mathrm{n}}} \tag{6-44}$$

所以斜齿轮的重合度为

$$\varepsilon_{\mathrm{r}}=\varepsilon_\alpha+\varepsilon_\beta \tag{6-45}$$

式中：ε_α 为端面重合度；ε_β 为轴向重合度。

3. 传动特点

与直齿轮传动相比较，斜齿轮的优点如下：

(1)啮合性好：轮齿开始和退出啮合都是逐渐的，传动平稳，噪声小，对齿廓的制造误差反映小。

(2)重合度大：相对提高了承载能力，延长了使用寿命。

(3)结构紧凑：斜齿标准齿轮的最少齿数比直齿轮少，相对而言，在同样的条件下，斜齿轮传动结构更紧凑。

其缺点是会产生轴向推力。β越大，推力越大。要消除轴向推力的影响，可以采用左右对称的人字形齿轮或反向同时使用两个斜齿轮传动。

6.12.5 斜齿圆柱齿轮传动的受力分析

如图 6-40 所示，斜齿轮传动时，作用于齿面上的法向载荷 F_n 仍垂直指向齿面。由于齿向有偏斜，故 F_n 不再与齿轮轴线垂直，而在啮合面上与端面齿形的发线偏一基圆螺旋角。可以把作用于节点 P 的 F_n 分解成圆周力 F_t、径向力 F_r 及轴向力 F_a。

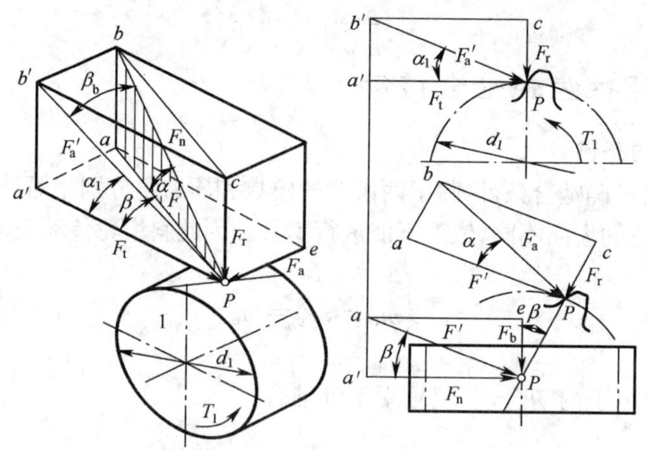

图 6-40　斜齿圆柱齿轮上的载荷

根据图中力的关系，有

圆周力：
$$F_t=\frac{2T_1}{d_1} \tag{6-46}$$

$$F'=\frac{F_t}{\cos\beta} \tag{6-47}$$

径向力：
$$F_r=F'\tan\alpha_n=F_t\frac{\tan\alpha_n}{\cos\beta} \tag{6-48}$$

轴向力：
$$F_a=F_t\tan\beta \tag{6-49}$$

法向力：
$$F_n=\frac{F'}{\cos\alpha_n}=\frac{F_t}{\cos\alpha_n\cos\beta} \tag{6-50}$$

式中：β为分度圆螺旋角；α_n 法面压力角；α_t 端面压力角。

由于轴向载荷 F_a 与螺旋角的正切成正比，为了不使轴向力过大而使(齿轮)轴的轴承设计发生困难，通常规定 $\beta=8°\sim20°$。对于人字齿轮，$\beta=15°\sim40°$。

作用在主、从动轮上的各对分力大小相等。各分力的方向可用下列方法来判断：

(1)圆周力 F_t：主动轮上的圆周力是阻力，其方向与主动轮回转方向相反；从动轮上的圆周力是驱动力，其方向与从动轮回转方向相同。

(2)径向力 F_r：其方向分别指向各自的轮心(内齿轮为远离轮心方向)。

(3)轴向力 F_a：其方向决定于轮齿螺旋线方向和齿轮回转方向，可用“主动轮左、右手法则”来判断：左旋用左手，右旋用右手，握住主动轮轴线，以四指弯曲方向代表主动轮转向，大拇指的指向即为主动轮的轴向力方向，从动轮轴向力方向与其相反。

6.12.6 斜齿圆柱齿轮传动的强度计算

由于在斜齿圆柱齿轮传动中，作用于齿面上的力仍垂直于齿面，因而斜齿圆柱齿轮的强度计算是按法向进行分析的。因此，可以通过其当量直齿轮对斜齿圆柱齿轮进行强度分析和计算。

1. 齿面接触疲劳强度计算

由于在斜齿圆柱齿轮传动中，作用于齿面上的力仍垂直于齿面，因而斜齿圆柱齿轮的强度计算是按法向进行分析的。因此，可以通过其当量直齿轮来对斜齿圆柱齿轮进行强度分析和计算。

(1)齿面接触疲劳强度校核公式。一对钢制标准斜齿圆柱齿轮传动的齿面接触疲劳强度校核公式为

$$\sigma_H = 305\sqrt{\frac{(u\pm1)^3KT_1}{uba^2}} \leqslant [\sigma_H] \tag{6-51}$$

(2)齿面接触疲劳强度设计公式。将 $b=\varphi_a a$ 代入公式，可得出齿面接触疲劳强度设计公式为

$$a \geqslant (u\pm1)\sqrt[3]{\left(\frac{305}{[\sigma_H]}\right)^2\frac{KT_1}{\varphi_a u}} \tag{6-52}$$

其余符号的意义与直齿圆柱齿轮相同。

2. 齿根弯曲疲劳强度计算

(1)齿根弯曲疲劳强度校核公式：

$$\sigma_F = \frac{1.6KT_1Y_F\cos\beta}{bm_n^2z_1} \leqslant [\sigma_F] \tag{6-53}$$

(2)齿根弯曲疲劳强度设计公式。将 $b=\varphi_a a$，代入式(6-53)，可得斜齿圆柱齿轮齿根弯曲疲劳强度设计公式为

$$m_n \geqslant \sqrt[3]{\frac{3.2KT_1Y_F\cos^2\beta}{\varphi_a(u\pm1)z_1^2[\sigma_F]}} \tag{6-54}$$

式中：Y_F 为齿形系数，按当量齿数 $z_v=\dfrac{z}{\cos^3\beta}$由图 6-32 查得；$\beta$ 为螺旋角；m_n 为法向模数；其余符号的意义同直齿圆柱齿轮。

校核公式仍分别按大小齿轮进行校核，在设计计算公式中，仍用$\dfrac{Y_F}{[\sigma_F]}$值较大者代入计算。

6.12.7 齿轮传动参数的选择及设计实例

1. 主要参数的选择

斜齿轮法向参数是标准值，参数选择原则同直齿轮。在选择最少齿数和螺旋角时，由公式 $z_{min}\geqslant 17\cos^3\beta$ 式可知斜齿圆柱齿轮不产生根切的最少齿数。设计斜齿圆柱齿轮传动时，在主要参数的选择方面，比直齿轮多了一个螺旋角 β，从而增加了设计的灵活性。标准斜齿圆柱齿轮传动的中心距 α 为

$$a=\frac{m_n(z_1+z_2)}{2\cos\beta} \tag{6-55}$$

当为多联齿轮凑配中心距时，可以通过改变螺旋角 β，使中心距 a 得到改变，从而满足中心距要求。螺旋角 β 可按下式调整：

$$\beta=\arccos\frac{m_n(z_1+z_2)}{2a} \tag{6-56}$$

螺旋角 β 的增大，可增加重合度，提高传动平衡性和承载能力，但是轴向力随之增大，若螺旋角 β 过小，则将失去斜齿轮传动的优越性。所以一般取 $\beta=8°\sim20°$。

2. 设计实例

例 6-2 设计由电动机驱动的矿山用的卷扬机的闭式标准斜齿圆柱齿轮传动。已知：传递功率 $P=40\text{kW}$，小齿轮转速 $n_1=970\text{r/min}$，传动比 $i=2.5$，载荷有中等冲击，双向运转，齿轮相对于轴承为对称布置，要求结构紧凑。

解：1. 选择齿轮材料、热处理方式、精度等级，确定许用应力

(1)选择齿轮材料、热处理方式。因要求结构紧凑，故采用硬齿面，由表 6-3 和表 6-4 确定小齿轮用 20CrMnTi，其硬度为 58HRC；大齿轮用 40Cr，表面淬火，硬度为 52HRC。

(2)确定精度等级。根据表 6-5，初选齿轮精度等级为 8 级精度。

(3)确定许用应力。由图 6-30(d)和图 6-33(d)查得

$$\sigma_{H\lim1}=1380\text{MPa},\sigma_{H\lim2}=1230\text{MPa}$$

$$\sigma_{F\lim1}=370\text{MPa},\sigma_{F\lim2}=290MPa$$

由表 6-7 查得：$S_H=1.3$ 和 $S_F=1.6$，故

$$[\sigma_H]_1=\frac{\sigma_{H\lim1}}{S_H}=\frac{1380}{1.3}\text{MPa}=1061.5\text{MPa}$$

$$[\sigma_H]_2=\frac{\sigma_{H\lim2}}{S_H}=\frac{1230}{1.3}\text{MPa}=946.2\text{MPa}$$

$$[\sigma_F]_1=\frac{\sigma_{F\lim1}}{S_F}=\frac{0.7\times370}{1.6}\text{MPa}=161.9\text{MPa}$$

$$[\sigma_F]_2=\frac{\sigma_{F\lim2}}{S_F}=\frac{0.7\times290}{1.6}\text{MPa}=126.9\text{MPa}$$

由于该齿轮为硬齿面，故按齿根弯曲疲劳强度进行设计，按齿面接触疲劳强度校核。

2. 按齿根弯曲疲劳强度设计

$$m_n\geqslant\sqrt[3]{\frac{3.2KT_1Y_F\cos^2\beta}{\varphi_a(u\pm1)z_1^2[\sigma_F]}}$$

(1)小齿轮转矩：$T_1=9.55\times10^6\dfrac{P}{n_1}=9.55\times10^6\times\dfrac{40}{970}\text{N}\cdot\text{mm}=3.94\times10^5\text{N}\cdot\text{mm}$

(2)取齿宽系数 $\varphi_a=0.4$。

(3)由于原动机为电动机,载荷有中等冲击,查表 6-6,取载荷系数 $K=1.4$。

(4)初选螺旋角 $\beta=15°$。

(5)选择齿数,取 $z_1=20$,则 $z_2=iz_1=2.5\times20=50$。

(6)当量齿数:

$$z_{v1}=\frac{z_1}{\cos^3\beta}=\frac{20}{\cos^3 15°}=22.19$$

$$z_{v2}=\frac{z_2}{\cos^2\beta}=\frac{50}{\cos^3 15°}=55.48$$

由图 6-32 查得

$$Y_{F1}=2.82,Y_{F2}=2.37$$

(7)比较 $\frac{Y_{F1}}{[\sigma_F]_1}$ 和 $\frac{Y_{F2}}{[\sigma_F]_2}$:$\frac{Y_{F1}}{[\sigma_F]_1}=\frac{2.82}{161.9}=0.0174$,$\frac{Y_{F2}}{[\sigma_F]_2}=\frac{2.37}{126.9}=0.0187$,$\frac{Y_{F2}}{[\sigma_F]_2}$ 数值较大,将该数值与上述各数值代入设计公式中,得

$$m_m\geqslant\sqrt[3]{\frac{32\times1.4\times3.94\times10^5\times2.37\times\cos^2 15°}{0.4\times(2.5+1)\times20^2\times126.9}}\text{mm}=3.8\text{mm}$$

由表 6-1,取 $m_n=4$mm。

3. 确定基本参数计算齿轮的主要尺寸

(1)初算中心距 a_0:

$$a_0=\frac{m_n(z_1+z_2)}{2\cos\beta}=\frac{4\times(20+50)}{2\cos15°}=144.9(\text{mm})$$

取 $a=145$mm。

(2)修正螺旋角 β:

$$\beta=\arccos\frac{m_n(z_1+z_2)}{2a}=\arccos\frac{4\times(20+50)}{2\times145}=15°22'12''$$

(3)确定齿宽:

$$b=\varphi_a a=0.4\times145\text{mm}=58\text{mm}$$

(4)分度圆直径:

$$d_1=m_n z_1/\cos\beta=4\times20/\cos15°22'12''=82.9\text{mm}$$
$$d_2=m_n z_2/\cos\beta=4\times50/\cos15°22'12''=207.4\text{mm}$$

4. 按齿面接触疲劳强度校核

(1)按式(6-51)校核齿面接触疲劳强度:

$$\sigma_H=305\sqrt{\frac{(u\pm1)^3KT_1}{uba^2}}=305\times\sqrt{\frac{(2.5+1)^3\times1.4\times3.94\times10^5}{2.5\times62\times145^2}}=821.6\leqslant[\sigma_H]_1$$

(2)验算圆周速度:

$$v=\frac{\pi d_1 n_1}{60\times1000}=\frac{\pi\times82.9\times970}{60\times1000}=4.2\text{m/s}$$

由表 6-5,选 8 级精度合适。

6.13 圆锥齿轮传动

圆锥齿轮机构主要用来传递两相交轴之间的运动和动力。一对圆锥齿轮两轴之间的

夹角 $\sum$ 可根据传动的需要来决定。但通常情况下，工程上多采用的是 $\sum = 90°$ 的传动。

圆锥齿轮的轮齿有直齿、斜齿及曲齿(圆弧齿)等多种形式。其轮齿排列在截圆锥上。轮齿由齿轮的大端到小端逐渐收缩变小。如图 6-41 所示。由于直齿圆锥齿轮的设计、制造和安装均较简便，故应用的最为广泛。曲齿圆锥齿轮由于传动平稳、承载能力较高，故常用于高速重载的传动场合，如汽车、拖拉机中的差速器齿轮等。

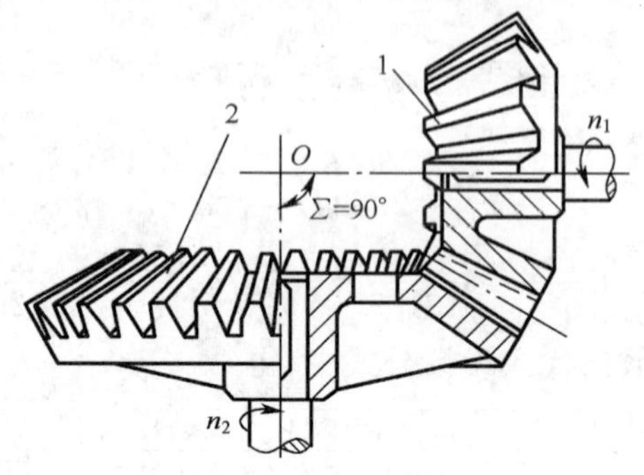

图 6-41　锥齿轮机构

6.13.1　直齿圆锥齿轮齿廓曲面的形成

圆柱齿轮的齿廓曲面是发生面在基圆柱上作纯滚动而形成的，圆锥齿轮的齿廓曲面则是发生在基圆锥上作纯滚动形成的。

如图 6-42 所示，圆平面 S 与一基圆锥切于 OP，而且圆的半径 R' 等于基圆锥的锥距 R，同时圆心 O 与锥顶重合。当 S 面沿基圆锥表面作纯滚动时，其任一半径 OB 在空间形成一曲面，该曲面即为直齿圆锥齿轮的齿廓曲面。因为在齿廓曲面的发生过程中 OB 线上任一点到点 O 的距离不变，故所生成的渐开线必在以 O 为球心的球面上，所以将 OB 线上任一点所生成的渐开线称为球面渐开线，而将 OB 线生成的曲面称为球面渐开线曲面。

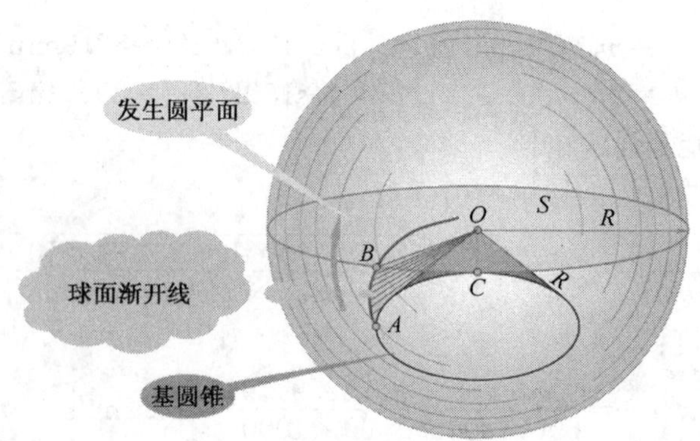

图 6-42　直齿圆锥齿轮齿廓曲面的形成

6.13.2　背锥与当量齿数

由于球面渐开线不能展开成平面曲线，因而给锥齿轮的设计、制造带来很多不便，为此，常采用近似方法来求得。图 6-43(a)所示为一锥齿轮的轴剖面，OAB 为分度圆锥，aA 和 Af 分别为大端球面上轮齿的齿顶高和齿根高。过锥齿轮大端上的 A 点作切线 $AO' \perp AO$ 且与其轴线相交于 O'，再以 OO' 为轴，以 $O'A$ 为母线作一圆锥 $AO'B$ 与大端球面相切。该圆锥称为锥齿轮的背锥。将球面渐开线的齿廓向背锥上投影，在轴剖面上得 a'、f' 点。由图可见，背锥上的齿高 $a'f'$ 与球面上的齿高 af 相差极小，特别是当轮齿高度比球面半径小得多时，大端齿形在背锥上的投影可近似地代替锥齿轮大端球面上的齿形。由于背锥面可展成平面，故可将球面渐开线简化为平面曲线来研究，这给直齿锥齿轮的设计和制造带来很多方便。

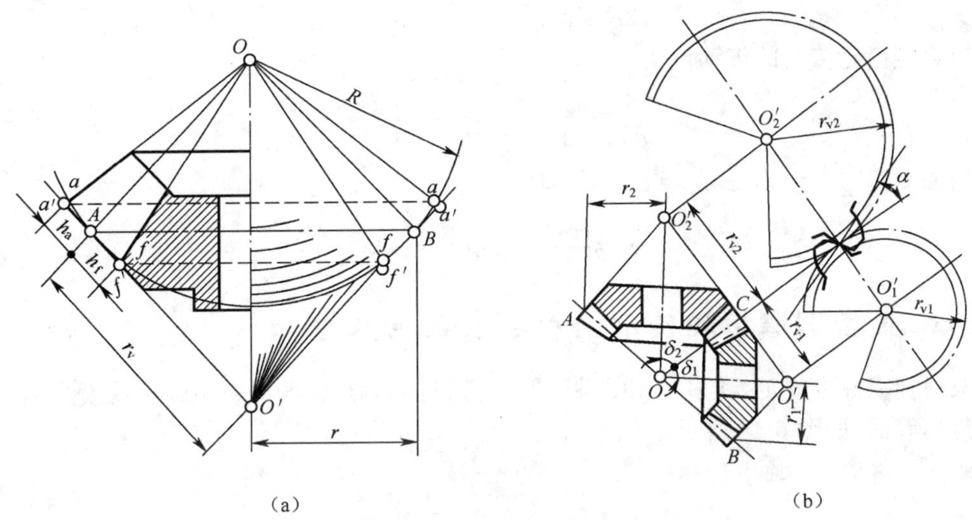

图 6-43　背锥和当量齿数

如图 6-43(b)所示，将两啮合锥齿轮的背锥展成平面，则可得两扇形齿轮。这两个扇形齿轮的齿廓分别为这对锥齿轮大端背锥的齿廓，它们的分度圆半径分别为这对锥齿轮背锥的锥距 r_{v1}、r_{v2}，并以这对锥齿轮大端的模数、压力角为扇形齿轮的模数和压力角。两扇形齿轮的齿数就是两锥齿轮的实际齿数 z_1 和 z_2。将扇形齿轮补成完整的直齿圆柱齿轮，则它们的齿数将增加为 z_{v1} 和 z_{v2}，这两个假想的直齿圆柱齿轮称为该对锥齿轮的当量齿轮，其齿数称为锥齿轮的当量齿数。

由图可以看出：

$$r_{v1}=\frac{r_1}{\cos\delta_1}=\frac{mz_1}{2\cos\delta_1}$$

又 $r_{v1}=\frac{mz_{v1}}{2}$，所以

$$z_{v1}=\frac{z_1}{\cos\delta_1};z_{v2}=\frac{z_2}{\cos\delta_2} \tag{6-57}$$

式中：δ_1 和 δ_2 分别为两圆锥齿轮的锥顶角。

用成型铣刀加工直齿锥齿轮时，铣刀的参数应与大端参数相同，铣刀的号码应根据当量齿数选取。标准直齿锥齿轮不发生根切的最少齿数 z_{min} 可通过当量齿数来计算，即

$$z_{min}=z_{vmin}\cos\delta \tag{6-58}$$

6.13.3 直齿圆锥齿轮传动

1. 正确啮合的条件

一对圆锥齿轮的啮合传动相当于一对当量圆柱齿轮的啮合传动，故其正确啮合的条件为：两圆锥齿轮大端的模数和压力角分别相等，即

$$m_1=m_2=m, \alpha_1=\alpha_2=\alpha$$

2. 传动比

如图 6-43 所示，δ_1、δ_2 分别为两轮的分度圆锥角，由几何关系可知

$$d_1=2R\sin\delta_1 \qquad d_2=2R\sin\delta_2$$

故圆锥齿轮传动的传动比为

$$i_{12}=\frac{\omega_1}{\omega_2}=\frac{z_2}{z_1}=\frac{d_2}{d_1}=\frac{\sin\delta_2}{\sin\delta_1} \tag{6-59}$$

当轴交角 $\sum=\delta_1+\delta_2=90^\circ$ 时，有

$$i_{12}=\frac{\cos\delta_1}{\sin\delta_2}=\cot\delta_1=\tan\delta_2$$

6.13.4 直齿圆锥齿轮传动的参数及几何尺寸

根据国家标准规定，现多采用等顶隙圆锥齿轮传动形式，即两轮顶隙从轮齿大端到小端都是相等的，如图 6-44 所示。

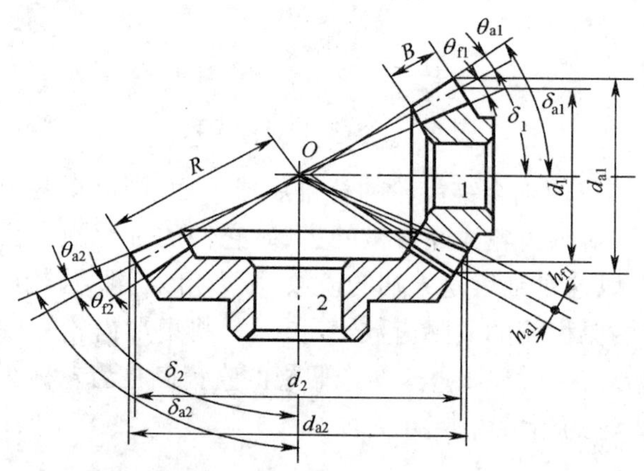

图 6-44 等顶隙圆锥齿轮传动

圆锥齿轮的几何尺寸计算规定以大端为基准，计算公式见表 6-9。

表 6-9 标准直齿圆锥齿轮的几何尺寸计算公式

名称	代号	计算公式	
		小齿轮	大齿轮
分度圆锥角	δ	$\delta_1=90^\circ-\delta_2$	$\delta_2=\arctan\frac{z_2}{z_1}$
齿顶高	h_a	$h_{a1}=h_{a2}=m$	
齿根高	h_f	$h_{f1}=h_{f2}=1.2m$	

（续）

名 称	代 号	计 算 公 式	
		小齿轮	大齿轮
分度圆直径	d	$d_1=mz_1$	$d_2=mz_2$
齿顶圆直径	d_a	$d_{a1}=d_1+2m\cos\delta_1$	$d_{a2}=d_2+2m\cos\delta_2$
齿根圆直径	d_f	$d_{f1}=d_1-d_{f1}=d_1-2.4m\cos\delta_1$	$d_{f2}=d_2-d_{f2}=d_2-2.4m\cos\delta_2$
锥 距	R	$R=\sqrt{r_1^2+r_2^2}=\frac{m}{2}\sqrt{z_1^2+z_2^2}$	
齿顶角	θ_a	$\theta_a=\arctan\frac{h_a}{R_e}$	
齿根角	θ_f	$\theta_f=\arctan\frac{h_f}{R_e}$	
分度圆齿厚	s	$s=\frac{\pi m}{2}$	
顶隙	c	$c=0.2m$	
当量齿数	z_v	$z_{v1}=\frac{z_1}{\cos\delta_1}$	$z_{v2}=\frac{z_2}{\cos\delta_2}$
顶锥角	δ_a	$\delta_{a1}=\delta_1+\theta_a$	$\delta_{a2}=\delta_2+\theta_a$
根锥角	δ_f	$\delta_{f1}=\delta_1-\theta_f$	$\delta_{f2}=\delta_2-\theta_f$
齿宽	b	$b\leqslant\frac{R}{3}$，$b\leqslant 10m$	

6.13.5 直齿圆锥齿轮受力分析

图 6-45 所示为直齿锥齿轮的受力情况，作用于齿面上的法向载荷，设其作用在齿宽中点处，可以分解成三个互相垂直的分力：圆周力 F_t、径向力 F_r、轴向力 F_a。

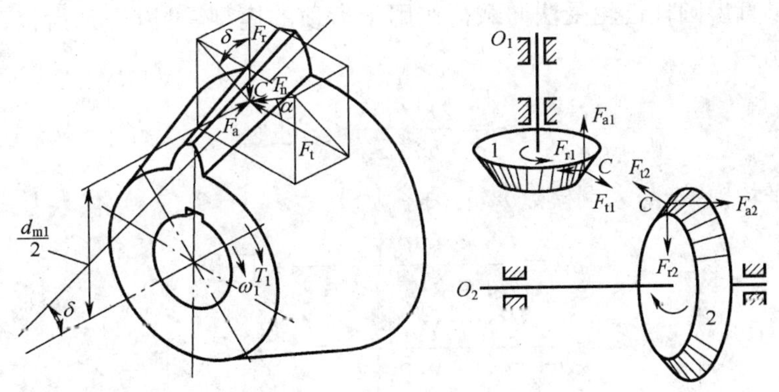

图 6-45 直齿锥齿轮传动的受力分析

根据几何和平衡关系，有：

圆周力 $$F_{t1}=\frac{2T_1}{d_{m1}}=\frac{2T_1}{d_1(1-0.5\varphi_R)} \tag{6-60}$$

径向力 $$F_{r1}=F_{a2}=F_{t1}\tan\alpha\cos\delta_1 \tag{6-61}$$

轴向力 $$F_{a1}=F_{r2}=F_{t1}\tan\alpha\sin\delta_1 \tag{6-62}$$

式中：d_{m1}为小齿轮齿宽中点的分度圆直径，$d_{m1}=(1-0.5\varphi_R)d_1$；$\varphi_R$ 为齿宽系数，$\varphi_R=\dfrac{b}{R}$；d_1 为小轮大端分度圆直径；δ_1 为小齿轮节锥角。

各分力方向判断如下：

(1)圆周力 F_t。在主动轮上是阻力，与回转方向相反；在从动轮上是驱动力，与回转方向相同。

(2)径向力 F_r。分别指向各自的轮心。

(3)轴向力 F_a。分别由各轮的小端指向大端。

6.13.6 直齿圆锥齿轮强度计算

经过转换为当量齿轮后，变为圆柱齿轮传动，其计算就是将有关参数更换为当量齿轮参数。有关直齿锥齿轮的强度计算均可引用直齿圆柱齿轮的类似公式。

1. 齿面接触疲劳强度计算

一对轴交角为 90°的钢制直齿锥齿轮齿面接触疲劳强度的校核公式为

$$\sigma_H=\frac{335}{R-0.5b}\sqrt{\frac{\sqrt{(u^2+1)^3KT_1}}{ub}}\leqslant[\sigma]_H \tag{6-63}$$

若取齿宽系数 $\varphi_R=\dfrac{b}{R}$，则可导出齿面接触强度的设计公式为

$$R\geqslant\sqrt{u^2+1}\sqrt[3]{\frac{335}{(1-0.5\varphi_R)[\sigma]_H}\frac{KT_1}{\varphi_R u}} \tag{6-64}$$

式中：R 为外锥距(mm)，其他符号的意义同直齿圆柱齿轮。

2. 齿根弯曲疲劳强度计算

利用当量直齿圆柱齿轮受法向载荷作用于齿顶的模型，可以得到齿根弯曲疲劳强度公式校核为

$$\sigma_F=\frac{2KT_1Y_F}{bm_m^2z_1}\leqslant[\sigma]_F \tag{6-65}$$

式中：m_m 为平均模数，与大端模数 m 的关系为 $m_m=m(1-0.5\varphi_R)$，代入上式后得

$$\sigma_{F1}=\frac{2KT_1Y_{F1}}{bm^2z_1(1-0.5\varphi_R)^2}\leqslant[\sigma]_{F1}$$

$$\sigma_{F2}=\frac{2KT_2Y_{F2}}{bm^2z_2(1-0.5\varphi_R)^2}=\sigma_{F1}\frac{Y_{F2}}{Y_{F1}}\leqslant[\sigma]_{F2} \tag{6-66}$$

齿根弯曲疲劳强度设计公式为

$$m\geqslant\sqrt[3]{\frac{4KT_1Y_F}{\sqrt{u^2+1}\varphi_R(1-0.5\varphi_R)^2z_1^2[\sigma]_F}} \tag{6-67}$$

式中：Y_F 为齿形系数，按当量齿数 $z_v=\dfrac{z}{\cos\delta}$由图 6-32 查取。

3. 参数的选择

1)模数 m

大端模数 m 为标准值,模数过小时加工、检验都不方便,一般取 $m \geqslant 2\text{mm}$。

2)齿数 z

锥齿轮不产生根切的齿数比圆柱齿轮少,可用下式进行计算:

$$z_{\min} \geqslant 17\cos\delta$$

常取小齿轮齿数 $z_1 \geqslant 20$。

3)齿宽系数 φ_R

直锥齿轮因轮齿由大端向小端渐缩,载荷沿齿宽分布不均匀,齿越宽,偏载越严重,故齿宽系数 φ_R 宜取大。一般取 $\varphi_R = b/R = 0.15 \sim 0.35$。传动比大时,$\varphi_R$ 取小值,常用 $\varphi_R = 0.25 \sim 0.3$。

6.14 蜗杆传动

6.14.1 蜗杆传动概述

蜗杆传动如图 6-46 所示,是由蜗杆 1 和蜗轮 2 组成。常用于交错轴 $\Sigma = 90°$ 的两轴之间传递运动和动力。一般蜗杆为主动件,作减速运动。蜗杆运动具有传动比大而结构紧凑等优点,所以在各类机械,如机床、冶金、矿山、起重运输机械中得到广泛使用。

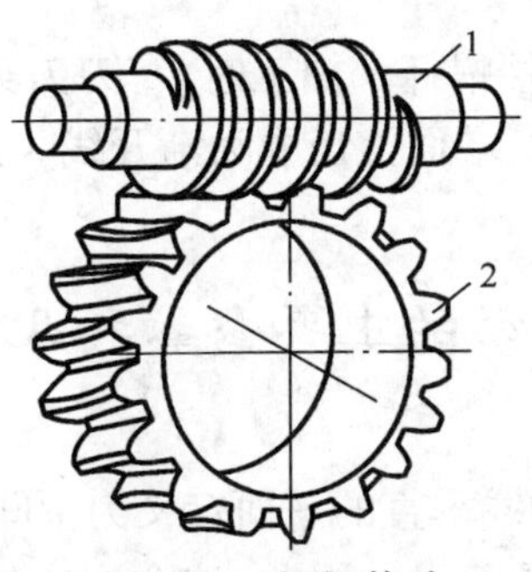

图 6-46 蜗杆传动

1—蜗杆;2—蜗轮。

1. 蜗杆传动的特点

与齿轮传动相比较,蜗杆传动具有传动比大,在动力传递中传动比在 8~100 之间,在分度机构中传动比可以达到 1000;传动平稳、噪声低;结构紧凑;在一定条件下可以实现自锁等优点而得到广泛使用。但蜗杆传动效率低、发热量大和磨损严重,蜗轮齿圈部分需用减磨性能好的有色金属(如青铜)制造,成本高。

2. 蜗杆传动的类型

按蜗杆分度曲面的形状不同,如图 6-47 所示,蜗杆传动可以分为圆柱蜗杆传动(图 6-47(a))、环面蜗杆传动(图 6-47(b))、锥蜗杆传动(图 6-47(c))三种类型。

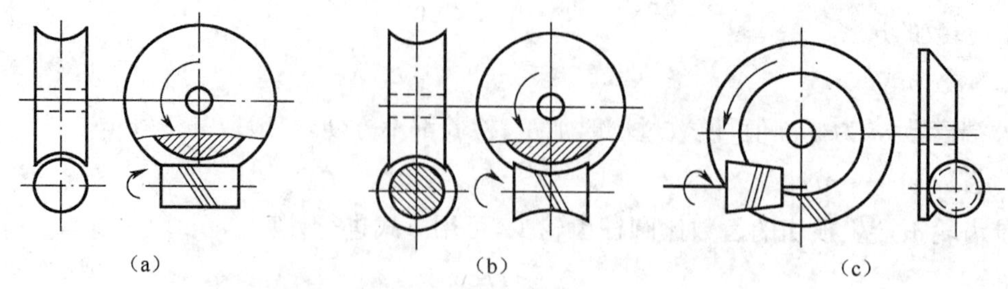

图 6-47　蜗杆传动的类型

按加工方法的不同，圆柱蜗杆传动可以分为阿基米德圆柱蜗杆（ZA 蜗杆）和渐开线圆柱蜗杆（ZI 蜗杆）等。

如图 6-48(a)所示，其齿面为阿基米德螺旋面。加工时，梯形车刀切削刃的顶平面通过蜗杆轴线，在轴向剖面上具有直线齿廓，法向剖面上齿廓为外凸线，端面上齿廓为阿基米德螺线。这种蜗杆切制简单，但难以用砂轮磨削出精确齿形，精度较低。

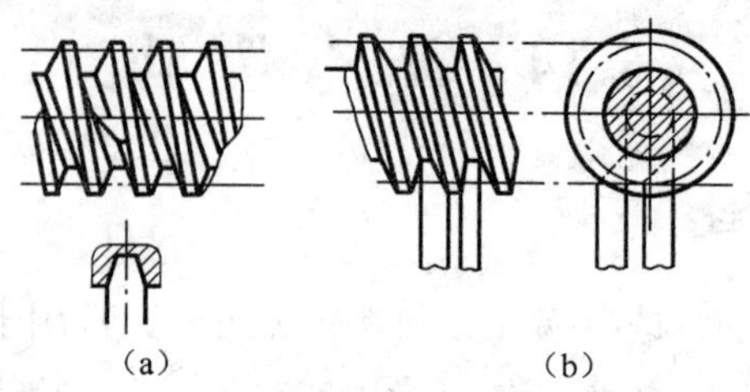

图 6-48　圆柱蜗杆传动的类型

(a)阿基米德圆柱蜗杆(ZA 蜗杆)；(b)渐开线圆柱蜗杆(ZI 蜗杆)。

图 6-48(b)所示为渐开线圆柱蜗杆。加工时，车刀刀刃平面与基圆或上或下相切，被切出的蜗杆齿面是渐开线螺旋面，端面上齿廓为渐开线。这种蜗杆可以磨削，易保证加工精度。

6.14.2　普通圆柱蜗杆传动的主要参数和几何尺寸

1. 中间平面

将通过蜗杆轴线并与蜗轮轴线垂直的平面定义为中间平面，如图 6-49 所示。在此平面内，它们的传动相当于齿轮齿条传动。因此，这个面内的参数均是标准值，计算公式与直齿圆柱齿轮相同。

2. 主要参数

普通圆柱蜗杆传动的主要参数有模数 m、压力角 α、蜗杆头数 z_1、蜗轮齿数 z_2 及蜗杆的直径 d_1 等。

1)模数 m 和压力角 α

蜗杆传动的尺寸计算与齿轮传动一样，也是以模数 m 作为计算的主要参数。规定蜗杆、蜗轮在中间平面内的模数和压力角为标准值。模数见表 6-5，标准压力角为 $\alpha=20°$。

2)蜗杆的分度圆直径 d_1

在蜗杆传动中，为了保证蜗杆与配对蜗轮的正确啮合，常用与蜗杆相同尺寸的蜗轮滚刀来加工与其配对的涡轮。这样，只要有一种尺寸的蜗杆，就需要一种对应的蜗轮滚刀。

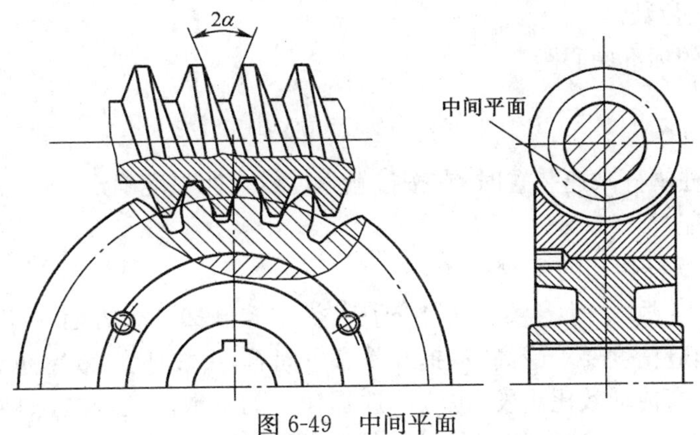

图 6-49　中间平面

对于同一模数,可以有很多不同直径的蜗杆,因而对每一模数就要配备很多蜗轮滚刀。显然,这样很不经济。

为了限制蜗轮滚刀的数目及便于滚刀的标准化,就对每一标准模数规定了一定数量的蜗杆分度圆直径 d_1,而把比值 $q=\dfrac{d_1}{m}$称为蜗杆直径系数。

由于 d_1 与 m 均已取为标准值,故 q 就不是整数,蜗杆基本参数配置参见相关资料。

3)蜗杆头数 z_1

蜗杆头数 z_1 可根据要求的传动比和效率来选定。单头蜗杆传动的传动比可以较大,但效率较低。如果要提高效率,应增加蜗杆的头数。但蜗杆头数过多,又会给加工带来困难。所以,通常蜗杆头数取为 1、2、4、6。

4)导程角 γ

蜗杆的直径系数 q 和蜗杆头数 z_1 选定之后,蜗杆分度圆柱上的导程角 γ 也就确定了,如图 6-50 所示。

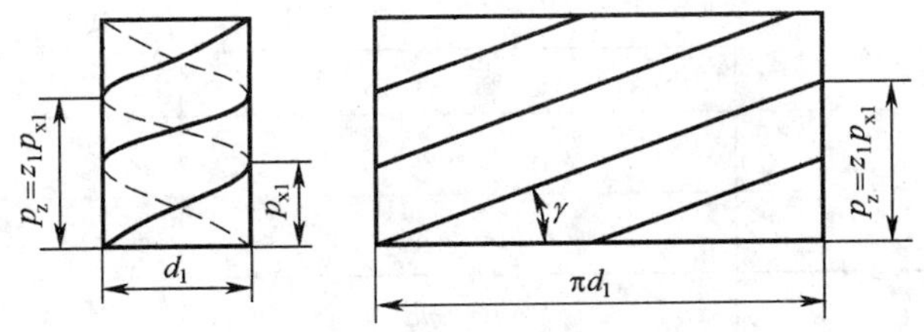

图 6-50　蜗杆导程角与导程的关系

显然有

$$\tan\gamma=\frac{p_z}{\pi d_1}=\frac{z_1p_a}{\pi d_1}=\frac{z_1\pi m}{\pi d_1}=\frac{z_1m}{d_1}=\frac{z_1}{q} \tag{6-68}$$

式中:p_z 为蜗杆的导程;p_a 为蜗杆的轴向齿距。

5)传动比 i(齿数比 u)

通常蜗杆为主动件,蜗杆与蜗轮之间的传动比为

$$i=\frac{n_1}{n_2}=\frac{z_2}{z_1} \tag{6-69}$$

式中：z_2 为蜗轮的齿数。

6)蜗杆传动的标准中心距

$$a=\frac{1}{2}(d_1+d_2)=\frac{1}{2}(q+z_2)m \tag{6-70}$$

设计普通圆柱蜗杆减速装置时，在按接触强度或弯曲强度确定了中心距之后，再进行蜗杆蜗轮参数的配置。

3. 普通圆柱蜗杆传动的主要选择

(1)选择蜗杆头数 z_1 时，主要考虑传动比、效率和制造三个方面。从制造方面看，头数越多，蜗杆的制造精度要求越高；从提高效率方面看，头数越多，效率越高；若要求自锁，应选择单头；从提高传动效比出发，也应该选择较少的头数。换言之，如果要求传动比一定，z_1 较少，则 z_2 也较少，这样蜗杆传动结构就紧凑。因此，在选择 z_1 和 z_2 时要全面分析上述因素。一般来说，在动力传动中，在考虑结构紧凑的前提下，应很好地考虑提高效率。所以，当传动比较小时，宜采用多头蜗杆，而在传递运动要求自锁时，常选用单头蜗杆。通常推荐采用值：当 $i=8\sim14$ 时，选 $z_1=4$；$i=16\sim28$ 时，选 $z_1=2$；$i=30\sim80$ 时，选 $z_1=1$；

(2)为了避免加工蜗轮时产生根切，当 $z_1=1$ 时，选 $z_2\geqslant17$；当 $z_1=2$ 时，选 $z_2\geqslant27$。对于动力传动，为保证传动的平稳性，选 $z_2\geqslant28$，一般取 $z_2=32\sim63$ 为宜。蜗轮直径越大，蜗杆越长时，则蜗杆刚度小而易于变形，故 $z_2\leqslant80$ 为宜。对于分度机构，传动比和齿数不受此限制。

(3)一般圆柱蜗杆传动减速装置传动比的公称值按下列选择：5、7.5、10、12.5、15、20、25、30、40、50、60、70、80。其中 10、20、40 和 80 为基本传动比，应优先选用。

4. 普通圆柱蜗杆传动的几何尺寸计算

普通圆柱蜗杆传动的几何尺寸计算公式见表 6-10。

表 6-10　标准普通蜗杆传动几何尺寸计算公式

名　称	计　算　公　式	
	蜗　杆	蜗　轮
齿顶高	$h_a=m$	$h_a=m$
齿根高	$h_f=1.2m$	$h_f=1.2m$
分度圆直径	$d_1=mq$	$d_2=mz_2$
齿顶圆直径	$d_{a1}=m(q+2)$	$d_{a2}=m(z_2+2)$
顶隙	$c=0.2m$	
蜗杆轴向齿距 蜗轮端面齿距	$p=\pi m$	
蜗杆分度圆柱的导程角	$\tan\gamma=\frac{z_1}{q}$	
蜗轮分度圆上轮齿的螺旋角		$\beta=\gamma$
中心距	$a=m(q+z_2)/2$	

5. 蜗杆传动的正确啮合条件

从上述可知，蜗杆传动的正确啮合条件为：蜗杆的轴向模数与蜗轮的端面模数必须相等；蜗杆的轴向压力角与蜗轮的端面压力角必须相等；两轴线交错 90°时，蜗杆分度圆柱的导程角与蜗轮分度圆柱螺旋角等值且方向相同。

6.14.3 蜗杆传动的强度计算与设计

1. 蜗杆传动的失效形式、设计准则

1)失效形式

和齿轮传动一样，蜗杆传动的失效形式主要有胶合、磨损、疲劳点蚀和轮齿折断等。由于蜗杆传动啮合面间的相对滑动速度较大，效率低，发热量大，在润滑和散热不良时，胶合和磨损为主要失效形式。

2)设计准则

由于蜗轮无论在材料的强度和结构方面均较蜗杆弱，所以失效多发生在蜗轮轮齿上，设计时只需要对蜗轮进行承载能力计算。由于目前对胶合与磨损的计算还缺乏适当的方法和数据，因而还是按照齿轮传动中弯曲和接触疲劳强度进行。蜗杆传动的设计准则为：闭式蜗杆传动按蜗轮轮齿的齿面接触疲劳强度进行设计计算，按齿根弯曲疲劳强度校核，并进行热平衡验算；开式蜗杆传动，按保证齿根弯曲疲劳强度进行设计。

2. 蜗杆和蜗轮材料的选择

由失效形式知道，蜗杆、蜗轮的材料不仅要求有足够的强度，更重要的是具有良好的磨合(跑合)、减磨性、耐磨性和抗胶合能力等。

蜗杆一般是用碳钢或合金钢制成。高速重载蜗杆常用的金属材料有 15Cr 或 20Cr、20CrMnTi 等，并经渗碳淬火；也可以 40 钢、45 钢或 40Cr 合金钢并经淬火。这样可以提高表面硬度，增加耐磨性。通常要求蜗杆淬火后的硬度为 40HRC～55HRC，经氮化处理后的硬度为 55HRC～62HRC。一般不太重要的低速中载的蜗杆，可采用 40 钢、45 钢，并经调质处理，其硬度为 220HBS～300HBS。

常用的蜗轮材料为铸造锡青铜(ZCuSn10P1，ZCuSn5Pb5Zn5)、铸造铝铁青铜(ZCuAl1010Fe3)及灰铸铁(HT150、HT200)等。锡青铜耐磨性最好，但价格较高，用于滑动速度大于 3m/s 的重要传动；铝铁青铜的耐磨性较锡青铜差一些，但价格便宜，一般用于滑动速度小于 4m/s 的传动；如果滑动速度不高(小于 2m/s)，对效率要求也不高时，可以采用灰铸铁。为了防止变形，常对蜗轮进行时效处理。

相对滑动速度为

$$v_s=\sqrt{v_1^2+v_2^2}=\frac{v_1}{\cos\gamma} \tag{6-71}$$

蜗杆和蜗轮材料的选择见表 6-11。

6.14.4 蜗杆传动的受力分析和强度计算

1. 受力分析

如图 6-51 所示，蜗杆传动的受力与斜齿圆柱齿轮相似，若不计齿面间的摩擦力，蜗杆作用于蜗轮齿面上的法向力 F_{n2} 在节点 C 处可以分解成三个互相垂直的分力：圆周力 F_{t2}、径向力 F_{r2}、轴向力 F_{x2}（或 F_{a2}）。由图可知，蜗轮上的圆周力 F_{t2} 等于蜗杆上的轴向力 F_{x1}（或 F_{a1}）；蜗轮上的径向力 F_{r2} 等于蜗杆上的径向力 F_{r1}；蜗轮上的轴向力 F_{x2}（或 F_{a2}）等于蜗杆上的圆周力 F_{t1}。这些对应的力大小相等、方向相反。

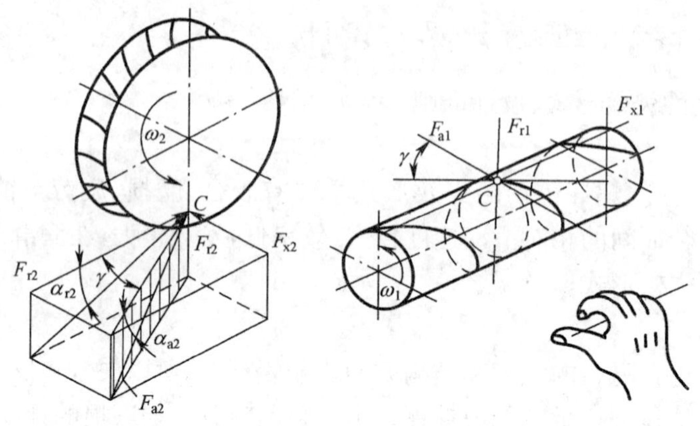

图 6-51　蜗杆传动的受力分析

各力之间的关系如下：

圆周力：

$$F_{t1}=\frac{2T_1}{d_1}=F_{a2} \tag{6-72}$$

径向力：

$$F_{r1}=F_{r2}=F_{t2}\tan\alpha \tag{6-73}$$

轴向力：

$$F_{a1}=F_{t2}=\frac{2T_1}{d_2} \tag{6-74}$$

式中：T_1 为蜗杆转距（N·mm），$T_1=9.55\times10^6\ \dfrac{P_1}{n_1}$（$P_1$ 为蜗杆输入功率（kW）；n_1 为蜗杆的转速（r/min））；T_2 为蜗轮转矩（N·mm），$T_2=T_1\cdot\eta_1\cdot i=9550\ \dfrac{P_1\eta_1 i}{n_1}$；$\eta_1$ 为啮合传动效率；α 为压力角，$\alpha=20°$。

当蜗杆主动时各力的方向为：蜗杆上圆周力 F_{t1} 的方向与蜗杆的转向相反；蜗轮上的圆周力 F_{t2} 的方向与蜗轮的转向相同；蜗杆和蜗轮上的径向力 F_{r1} 和 F_{r2} 的方向分别指向各自的轴心；蜗杆轴向力 F_{a1} 的方向与蜗杆的螺旋线方向和转向有关，可以用“主动轮左（右）手法则”判断，即蜗杆为右（左）旋时用右（左）手，并以四指弯曲方向表示蜗杆转向，则拇指所指的方向为轴向力 F_{a1} 的方向，如图 6-46 所示。

2. 蜗轮齿面接触和弯曲疲劳强度计算

蜗轮齿面接触疲劳强度计算公式和斜齿圆柱齿轮相似，也是以节点啮合处的相应参数，利用赫兹公式导出蜗轮齿面接触疲劳强度校核公式为

$$\sigma_H = 500\sqrt{\frac{KT_2}{d_1 d_2^2}} = 500\sqrt{\frac{KT_2}{m^2 d_1 z_2^2}} \leqslant [\sigma]_H \tag{6-75}$$

设计公式为

$$m^2 d_1 \geqslant \left(\frac{500}{z_2[\sigma]_H}\right)^2 KT_2 \tag{6-76}$$

K 为载荷系数，一般取 $K=1\sim1.4$。当载荷平稳、蜗杆圆周速度小于 3m/s、7 级以上精度时取小值，否则取大值。$[\sigma]_H$ 为许用接触应力(MPa)，见表 6-11。

表 6-11　蜗轮常用材料及许用应力

材料牌号	铸造方法	适用的滑动速度 v_s/(m/s)	许用接触应力 滑动速度 v_s/(m/s)						
			0.5	1	2	3	4	6	8
ZCuSn10Pb1	砂模 金属模	≤25	134 200						
ZCuSnPb5Zn5	砂模 金属模 离心浇铸	≤12	128 134 174						
ZCuAl9Fe3	砂模 金属模 离心浇铸	≤10	250	230	210	180	160	120	90
HT150(120HBS～150HBS) HT200(120HBS～150HBS)	砂模	≤2	130	115	90	—	—	—	—

6.14.5　蜗杆传动的润滑、效率及热平衡计算

1. 润滑

由于蜗杆传动时的相对滑动速度大、效率低、发热量大，故润滑特别重要。若润滑不良，会进一步导致效率降低，并会产生急剧磨损，甚至出现胶合，故需选择合适的润滑油及润滑方式。

对于开始蜗杆传动，采用黏度较高的润滑油或润滑脂。对于闭式蜗杆传动，根据工作条件和滑动速度参考表格中推荐值选定润滑油和润滑方式。

当采用油池润滑时，在搅油损失不大的情况下，应有适当的油量，以利于形成动压油膜，且有助于散热。对于下置式或侧置式蜗杆传动，浸油深度应为蜗杆的一个齿高；当蜗杆圆周转速大于 4m/s 时，为减少搅油损失，常将蜗杆上置，其浸油深度约为蜗轮外径的 1/3。

2. 传动效率

闭式蜗杆传动的总效率 η 包括轮齿啮合摩擦损失效率 η_1、轴承摩擦损失效率 η_2 和搅油损耗效率 η_3，即

$$\eta = \eta_1 \eta_2 \eta_3 \tag{6-77}$$

其中，最主要的是轮齿啮合摩擦损失效率 η_1。后两项损失不大，其效率一般为 0.95～0.97。因此，蜗杆为主动时，蜗杆传动的总效率为

$$\eta=(0.95\sim0.97)\frac{\tan\gamma}{\tan(\gamma+\rho_v)} \tag{6-78}$$

式中：γ 为蜗杆导程角；ρ_v 为当量摩擦角，可根据滑动速度 v_s 查取。

当对蜗杆传动的效率进行初步计算时，可近似取以下数值：对闭式传动，当 $z_1=1$ 时，$\eta=0.7\sim0.75$；当 $z_1=2$ 时，$\eta=0.75\sim0.82$；当 $z_1=4$ 时，$\eta=0.87\sim0.92$；自锁时 $\eta<0.5$；对开式传动，当 $z_1=1$、2 时，$\eta=0.6\sim0.7$。

3. 蜗杆传动的热平衡计算

由于蜗杆传动效率较低，发热量大，润滑油温升增加，黏度下降，润滑状态恶劣，导致齿面胶合失效。所以对连续运转的蜗杆传动必须作热平衡计算。

蜗杆传动中，摩擦损耗功率为

$$P_s=1000P_1(1-\eta) \tag{6-79}$$

自然冷却时，从箱体外壁散发的热量折合的相当功率为

$$P_c=K_sA(t_1-t_0) \tag{6-80}$$

热平衡的条件是：在允许的润滑油工作温升范围内，箱体外表面散发出热量的相当功率应不小于传动损耗的功率，即

$$P_c>P_e$$

$$1000P_1(1-\eta)\geqslant K_sA(t_1-t_0)$$

即

$$t_1\geqslant\frac{1000P_1(1-\eta)}{K_sA}+t_0 \tag{6-81}$$

其中：K_s 为箱体表面散热系数，一般取 $K_s=8.5\text{W}/(\text{m}^2\cdot℃)\sim17.5\text{W}/(\text{m}^2\cdot℃)$，通风条件良好（如箱体周围空气循环好、外壳上无灰尘杂物等）时，可以取大值，否则取小值；A 为箱体散热面积（m^2），散热面积是指箱体内表面被润滑油浸到（或飞溅到），而外表面又能被自然循环的空气所冷却的面积，一般可按下式估算：$A=0.33\left(\frac{a}{100}\right)^{1.75}$；$t_0$ 为周围空气的温度，一般取 20℃；t_1 为热平衡时的工作温度（℃），一般应小于 60℃～75℃，最高不超过 80℃。

若润滑油的工作温度 t_1 超过允许值或散热面积不足时，应该采用下列办法提高散热能力，如图 6-52 所示。

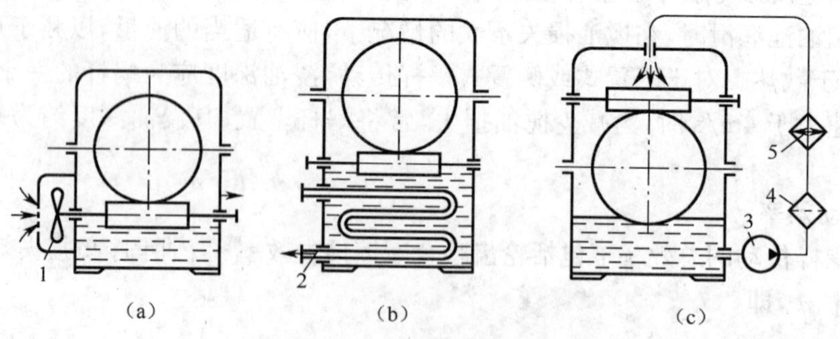

图 6-52　蜗杆传动的冷却方法

1—风扇；2—冷却水管；3—油泵；4—过滤器；5—冷却器。

(1)在箱体外表面加散热片以增加散热面积。

(2)在蜗杆的端面安装风扇,加速空气流通,提高散热系数,可取 $K_s=18W/(m^2\cdot℃)\sim 35W/(m^2\cdot℃)$。

(3)在油池中安放蛇形水管,用循环水冷却。

(4)采用压力喷油循环冷却。

6.15 蜗杆传动设计

例 6-3 试设计一搅拌机用的闭式蜗杆减速器中的普通圆柱蜗杆传动。已知:输入功率 $P=9kW$,蜗杆转速 $n_1=1450r/min$,传动比 $i_{12}=20$,工作载荷平稳,单向运转。

解:1. 选择蜗杆、蜗轮材料,确定许用应力

(1)选择蜗杆、蜗轮材料。考虑到蜗杆传动功率不大,初估滑动速度 $v_s=6m/s$,参考表 6-12 选取材料。蜗杆用 45 钢;因希望效率高些,耐磨性好些,故蜗杆螺旋齿面要求淬火,硬度为 45HRC~50HRC,蜗轮用铸锡青铜 ZCuSn10Pb1,金属模铸造。

(2)确定许用应力。查表 6-12 得

$$[\sigma_H]_1=200MPa$$

2. 按齿面接触疲劳强度设计

$$m^2d_1\geqslant\left(\frac{500}{z_2[\sigma_H]}\right)^2KT_2$$

(1)确定公式中的各参数值。

①选择蜗杆头数及蜗轮齿数。选蜗杆头数 $z_1=2$,蜗轮齿数为

$$z_2=iz_1=20\times2=40$$

②确定蜗轮转速 n_2:

$$n_2=\frac{n_1}{i}=\frac{1450}{20}=72.5r/min$$

③计算蜗轮转矩 T_2。初估传动效率,选取 $\eta=0.82$,则

$$T_2=9.55\times10^6\frac{P_2\eta}{n_2}=9.55\times10^6\times\frac{9\times0.82}{72.5}N\cdot mm=972124.1N\cdot mm$$

④载荷系数 K。取载荷系数 $K=1.2$。

(2)按齿面接触疲劳强度设计。

$$m^2d\geqslant\left(\frac{500}{z_2[\sigma_H]}\right)^2KT_2=\left(\frac{500}{40\times200}\right)^2\times1.2\times972124.1mm^3=4556.8mm^3$$

3. 确定传动的基本参数,计算蜗杆传动尺寸

(1)由表 6-10 取标准值得 $m^2d_1=5120mm^3$,则 $m=8mm$,$d_1=80mm$,$q=10$。

(2)计算中心距:

$$a=\frac{1}{2}(d_1+mz_2)=\frac{1}{2}(80+8\times40)=200mm$$

4. 热平衡计算

(1)滑动速度 v_s。因为 $\tan\gamma=\frac{mz_1}{d_1}$,所以

$$\gamma=\arctan\frac{mz_1}{d_1}=\arctan\frac{8\times2}{80}=11°21'36''$$

又 $v_1=\frac{\pi d_1 n_1}{60\times1000}=\frac{\pi\times80\times970}{60\times1000}=4.06\mathrm{m/s}$，则 $v_s=\frac{v_1}{\cos\gamma}=\frac{4.06}{\cos11°21'36''}=4.14\mathrm{m/s}$

(2)计算传动效率 η。按 $v_s=4.14\mathrm{m/s}$，查表 6-13 得 $\rho_v=1°19'48''$，则

$$\eta=(0.95\sim0.97)\frac{\tan\gamma}{\tan(\gamma+\rho_v)}=(0.95\sim0.97)\frac{\tan11°21'36''}{\tan(11°21'36''+1°19'48'')}=0.86\sim0.88$$

取 $\eta=0.87$，大于原估计值，因此不用重算。

(3)热平衡计算：

$$A=0.33\left(\frac{a}{100}\right)^{1.75}=0.33\times\left(\frac{200}{100}\right)^{1.75}\approx1.1\mathrm{m}^2$$

由于在蜗杆的端面安装风扇，加速空气流通，提高散热系数，可取 $K_s=18\mathrm{W/(m^2\cdot℃)}\sim35\mathrm{W/(m^2\cdot℃)}$。取 $K_s=24\mathrm{W/(m^2\cdot℃)}$，则

$$t_1\geqslant\frac{1000P_1(1-\eta)}{K_sA}+t_0=\frac{1000\times9\times(1-0.87)}{24\times1.1}+20=64℃$$

符合要求。

6.16 齿轮结构设计及齿轮传动的润滑

6.16.1 齿轮结构设计

前面各节介绍的齿轮设计只是轮齿部分，但是作为一个完整的齿轮零件，除了轮齿以外，还必须有轮缘、轮辐及轮毂等部分，才能完成传递功率或运动的任务。

轮缘、轮辐和轮毂部分设计不当，轮齿也会在这些部位出现破坏，例如轮缘开裂、轮辐折断、轮毂破坏等。同时，轮缘的刚性还会影响轮齿在工作时的刚性以及加工齿时的整体刚性，从而影响轮齿上载荷的分布以及动载荷的大小。

1. 锻造齿轮

对于齿轮齿顶圆直径小于 500mm 的齿轮，一般采用锻造毛坯，并根据齿轮直径的大小常采用以下几种结构形式。

1)齿轮轴

当齿轮的齿根直径与轴径很接近时，如图 6-53 所示，可以将齿轮与轴作成一体的，称为齿轮轴。齿轮与轴的材料相同，可能挥造成材料的浪费和增加加工工艺的难度。

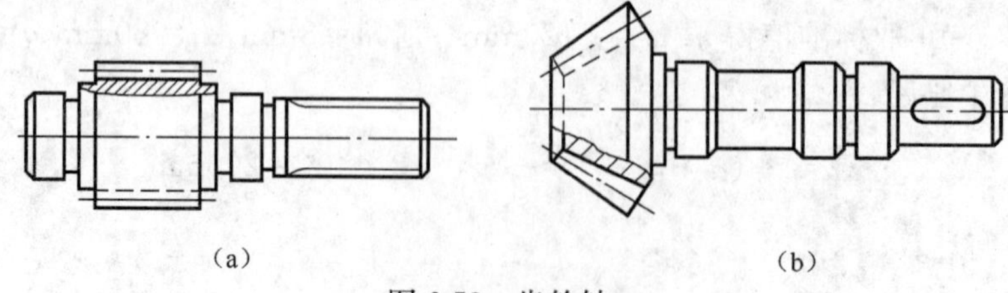

(a)　　(b)

图 6-53　齿轮轴

(a)圆周齿轮；(b)圆锥齿轮。

2)实体式齿轮

齿顶圆直径小于 160mm(当轮缘内径 D 与轮毂外径 D_3 相差不大时,而轮毂长度要大于等于 1.6 倍的轴径尺寸)时可以采用这种实体式结构,如图 6-54 所示。在图 6-54(a)中,齿根与键槽顶部距离 e 不能过小。如果 e 尺寸无法保证,就要采用齿轮轴结构,即把齿轮与轴作为一体。

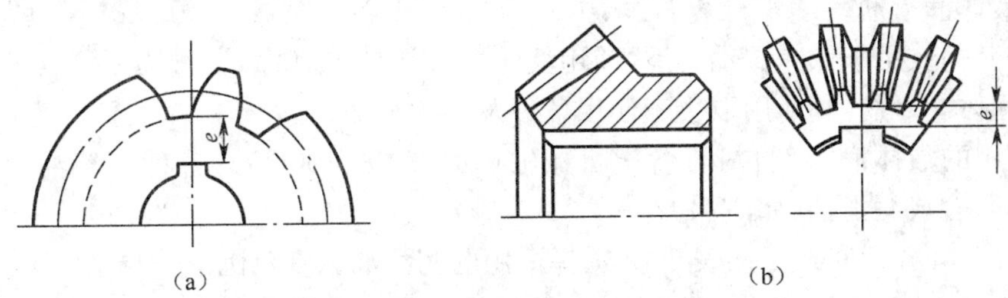

图 6-54　整体齿轮

(a)圆周齿轮 $e \geqslant 2m$;(b)圆锥齿轮 $e \geqslant 1.6m$。

3)腹板式结构

当直径大于 160mm 时,为了减轻质量,节约材料,同时由于不易锻出辐条,常采用腹板式结构。

对于腹板式结构,当直径接近 500mm 时,可以在腹板上开出减轻孔,一般也不设加强筋,而是将腹板作得厚一些。此时,轮毂长度一般不应小于齿轮宽度,可以略大,也可以对称,也可以偏向一侧。

锻造齿轮的腹板式结构又分为模锻和自由锻两种,其中模锻用于大批量生产。

2. 铸造齿轮

而当直径大于 500mm 或随直径小于 500mm 但形状复杂,不便于锻造的齿轮,常采用铸造毛坯。其中齿顶圆直径大于 300mm 时,可以做成带加强肋的腹板结构;当齿顶圆大于 300mm 时,常做成轮辐结构。

圆锥齿轮:轮辐常用腹板代替轮辐,同时在腹板上铸出加强筋,以增强轮体的轴向刚度。

对于铸造和锻造齿轮设计可以参照例图中给出的经验公式,结构尺寸计算后要圆整成最近的标准整数。

6.16.2　齿轮传动润滑

1. 润滑的作用

在齿轮传动中,轮齿表面上除节点外,其他各啮合点处均有相对的切向滑动。所以,润滑的主要作用如下:

(1)减小或消除齿面的磨损:齿面的磨损主要为磨粒磨损、黏着磨损。事实上,黏着磨损就是胶合。为了增强润滑剂的抗胶合能力,常在润滑油中加入极压添加剂。润滑的抗磨粒磨损的能力主要取决于啮合表面形成油膜,只要油膜厚度大于磨粒尺寸,就可以起到防止或减轻磨粒磨损的作用。

(2)润滑油可减小摩擦系数，降低齿面间的摩擦，提高传动效率。

(3)冷却齿轮传动，带走摩擦产生的热量，避免形成齿面烧伤或胶合。

(4)油膜可以起到缓冲的作用，降低齿轮传动振动、冲击和噪声。

2. 润滑剂的选择

润滑剂有三大类：

(1)液体润滑剂。

(2)润滑脂：用于低速传动，无法使用液体润滑剂时使用。

(3)固体润滑剂：其使用取决于使用条件及工艺水平。

最常用的液体润滑剂包括：各类机械油（如 40、68、100 等）；各种齿轮油（如 H-32、HL-46 等）；合成润滑油（如 SY4024-83、4403 等）。

选择液体润滑剂时，可按表 6-12 选择适用的润滑油黏度范围。

表 6-12　齿轮传动润滑油的黏度推荐值

齿轮材料	强度极限 σ_b/MPa	圆周速度 v/(m·s^{-1})						
		<0.5	0.5～1	1～2.5	2.5～5	5～12.5	12.5～25	>25
		运动黏度 v/(mm^2·s^{-1})(40°)						
塑料、铸铁、青铜	—	350	220	150	100	80	55	—
钢	450～1000	500	350	220	150	100	80	55
	1000～1250	500	500	350	220	150	100	80
渗碳或表面淬火的钢	1250～1580	900	500	500	350	220	150	100

根据黏度值，参考齿轮传动所处的条件，进行润滑油的选择。在具体选择时，黏度应根据具体条件作适当的调整。例如：速度高时，可适当降低黏度，反之可稍稍加大黏度。

在温度高时，应在油中加入抗脱氧剂及防锈添加剂。

如果齿轮和轴承要用同一油池中的油润滑，要进行折中选择。

在开式齿轮传动中，使用润滑脂时，它没有冷却效果，所以要求工作温度低于润滑脂滴点（40℃～60℃），同时要考虑耐水性等条件。

3. 润滑方法及油量选择

开式齿轮传动速度较低，一般采用润滑脂或定时滴油润滑。

闭式齿轮传动常利用浸油法或喷油法润滑。

1)浸油法

大齿轮浸入一个齿高，对于多级齿轮传动的高速级，可以采用带油轮。由于大齿轮或带油轮可以将油带起，溅落到被润滑处，也称为飞溅润滑。此时要求齿轮线速度不高于 12m/s～15m/s。对于单级，每传递 1kW 功率约需要 0.35L 或更多的油量，多级传动可以按比例(级数)增加。

2)喷油法

在线速度超过上述数值使用时，要求齿轮宽度大时增加喷嘴的数目。在节圆线速度不大于 80m/s～90m/s 时，直接由进入啮合的一侧向啮合处喷油。油量按 10mm 齿宽用 0.45L/min 或者每千瓦用 8.5L/s 来计算，喷油压力一般为 0.01MPa～0.2MPa。

对于非金属齿轮，载荷较小时可以不进行润滑。有时也可加入适量油以改善摩擦性能，提高承载能力，或改善材料使其具有自润滑能力。

习 题

6-1 渐开线是怎样形成的？它有哪些重要性质？

6-2 试说明齿廓啮合基本定律。

6-3 已知一对正确安装的标准渐开线正常齿轮的中心距 $a=144$mm，模数 $m=4$mm，传动比 $i=3$，压力角 $\alpha=20°$。试求两齿轮的齿数、分度圆半径、齿顶圆半径、齿根圆半径、基圆半径。

6-4 何谓重合度？为什么必须使 $\varepsilon \geqslant 1$？

6-5 一对渐开线齿轮的基圆半径 $r_{b1}=30$mm，$r_{b2}=40$mm，$\alpha=20°$，求(1)如果中心距 $a'=80$mm，则啮合角 a' 等于多少？两个齿轮的节圆半径 r'_1 和 r'_2 各为多少？(2)又如果中心距 $a'=85$mm，则此时啮合角 α' 和节圆半径 r'_1、r'_2 又等于多少？(3)这两种情况下的两对节圆半径的比值是否相等？为什么？

6-6 在技术改造中拟使用两个现成的标准直齿圆柱齿轮，已知 $z_1=22$，$z_2=98$，$d_{a1}=240$mm，大齿轮 $h=22.5$mm。试判断能否正确啮合。

6-7 有三个标准齿轮，$m_1=5$mm，$z_1=38$；$m_2=2$mm，$z_2=50$；$m_3=5$mm，$z_3=24$。三个齿轮的齿形有何不同？可以用一把铣刀加工吗？可以用一把滚刀加工吗？

6-8 已知一对外啮合标准直齿圆柱齿轮，实测两轮轴孔中心距 $a=112.5$mm，小齿轮齿数 $z_1=38$，齿顶圆直径 $d_{a1}=100$mm，试配一大齿轮，确定大齿轮的齿数 z_2、模数 m 及尺寸。

6-9 试与标准齿轮相比较，说明正变位直齿圆柱齿轮的下列参数：m、α、α'、d、s、e、r_a、r_f，哪些不变？哪些起了变化？变大还是变小？

6-10 试说明齿轮的几种主要失效形式及产生的原因。闭式软齿面及闭式硬齿面齿轮传动各以何种失效形式为主？设计准则是什么？

6-11 已知闭式直齿圆柱齿轮传动的传动比 $i=4.6$，$n_1=730$r/min，$P=30$kW，使用寿命为 10 年(每年按 300 天计算)，单班制，对称布置，电动机驱动，长期双向转动，载荷有中等冲击，要求结构紧凑。$z_1=27$，大、小齿轮都用 40Cr 表面淬火。试设计此齿轮传动。

6-12 斜齿轮的几何参数为什么有法面和端面之分？为何规定法面参数为标准参数？

6-13 已知单级闭式斜齿轮传动 $P=10$kW，$n_1=1440$r/min，$i=3.6$，电动机驱动，双向传动，中等冲击载荷，小齿轮用 40MnB，大齿轮用 45 钢调质，$z_1=19$，试设计此单级斜齿轮传动。

6-14 试设计一闭式单级直齿锥齿轮传动。已知输入转矩 $T_1=90.5\text{N}\cdot\text{m}$,输出转速 $n_1=970\text{r/min}$,齿数比 $\mu=2.5$,载荷平稳,长期运转,可靠性一般。

6-15 蜗杆传动中为何要引入蜗杆直径系数 q? 蜗杆传动的传动比 $i=\frac{n_1}{n_2}=\frac{z_2}{z_1}=\frac{d_2}{d_1}$ 对不? 如何改正?

6-16 设蜗轮的齿数 $z_2=40$,分度圆直径 $d_2=280\text{mm}$,与一单头蜗杆相啮合,求:(1)蜗轮端面模数和蜗杆轴面模数;(2)蜗杆导程 s 和分度圆直径 d_1;(3)中心距 a。

6-17 已知由电动机驱动的单级蜗杆传动中,电动机功率 $P_1=7\text{kW}$,转速 $n_1=1500\text{r/min}$,蜗杆转速 $n_2=80\text{r/min}$,载荷平稳,单向转动。试设计此蜗杆传动。

6-18 如图 6-55 所示的斜齿圆柱齿轮传动中,1 轮主动,螺旋线方向为右旋,转向如图所示,为使 II 轴所受轴向力最小,试在图上标出:(1)各轮的转向;(2)各轮的旋向;(3)画出 1 轮所受的圆周力、径向力和轴向力的方向。

6-19 一对直齿圆锥齿轮的传动如图 6-56 所示,已知:$m=2.5\text{mm}$,$\alpha=20°$,$z_1=24$,$z_2=60$,$b=24\text{mm}$,输入轴转速 $n_1=320\text{r/min}$,传动功率 $P=3.0\text{kW}$。求直齿圆锥齿轮的受力的大小和方向。

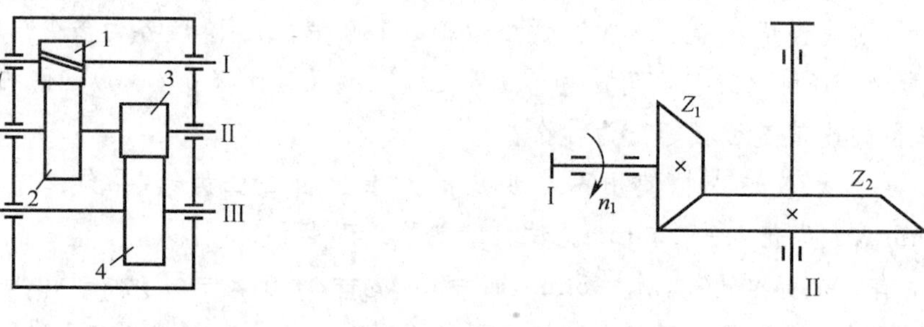

图 6-55　题 6-18　　图 6-56　题 6-19

6-20 图 6-57 中蜗杆为主动件,判断图中各蜗杆蜗轮的转向和旋向,画出各蜗轮所受三个分力的方向。

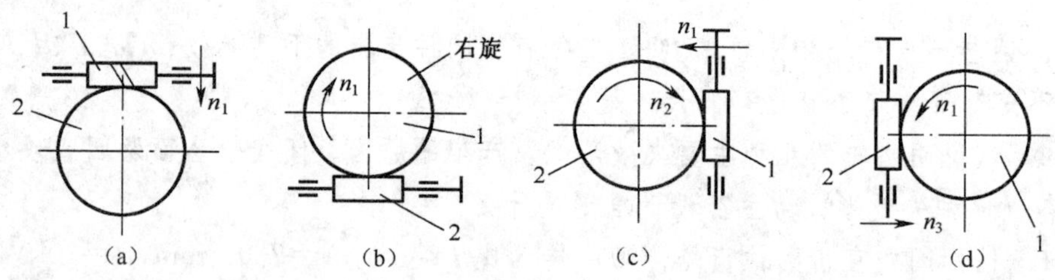

图 6-57

6-21 已知由电动机驱动的单级蜗杆传动中,电动机功率 $P_1=7.5\text{kW}$,转速 $n_1=1500\text{r/min}$,蜗轮转速 $n_2=80\text{r/min}$,载荷平稳,单向转动,试设计此蜗杆传动。

第7章　轮　系

在齿轮传动中，只讨论了一对齿轮的啮合问题。但在实际机械传动中，为了满足不同的工作要求，经常采用一系列齿轮共同传动。这种由一系列齿轮组成的传动系统称为齿轮系，简称轮系。如果轮系中各齿轮的轴线互相平行，则称为平面轮系，否则称为空间轮系。根据轮系运转时齿轮的轴线相对于机架的位置是否固定，轮系又可分为定轴轮系和行星轮系两大类。

7.1　轮系及其分类

7.1.1　定轴轮系

当轮系运转时，若其中各齿轮的轴线保持固定，则称为定轴轮系，如图7-1所示。由轴线相互平行的圆柱齿轮组成的定轴轮系称为平面定轴轮系(图7-1(a))。包含有锥齿轮或蜗杆蜗轮等相交轴齿轮、交错轴齿轮在内的定轴轮系，则称为空间定轴轮系(图7-1(b))。

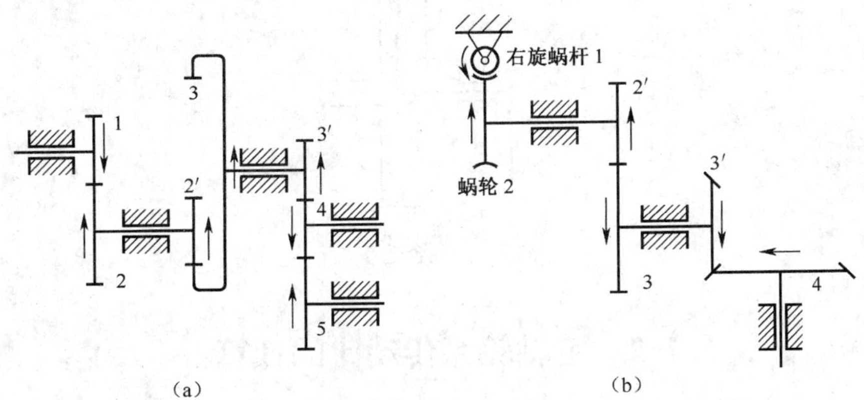

图7-1　定轴轮系

7.1.2　行星轮系

当轮系在运动时，若至少有一个齿轮的轴线相对于机架的位置是变化的，这样的轮系就称为行星轮系。如图7-2所示，齿轮1、3和构件H均绕固定的互相重合的几何轴线转动，齿轮2空套在构件H上，同时与齿轮1、3相啮合。齿轮2既可绕自身轴线O_2旋转(自转)，又能随构件H绕齿轮1和齿轮3的重合几何轴线旋转(公转)，这种既有自转又有公转的齿轮称为行星轮。H是支持行星轮的构件，称为行星架或系杆。齿轮1、3称为太阳轮。

根据行星轮系自由度的不同，可把行星轮系分为两类：

(1)简单行星轮系：若有一个太阳轮固定不动，则轮系的自由度为 1，这种行星轮系称为简单行星轮系，如图 7-2(a)所示。

(2)差动行星轮系：若两个太阳轮都能转动，则轮系的自由度为 2，这种行星轮系称为差动轮系，如图 7-2(b)所示。

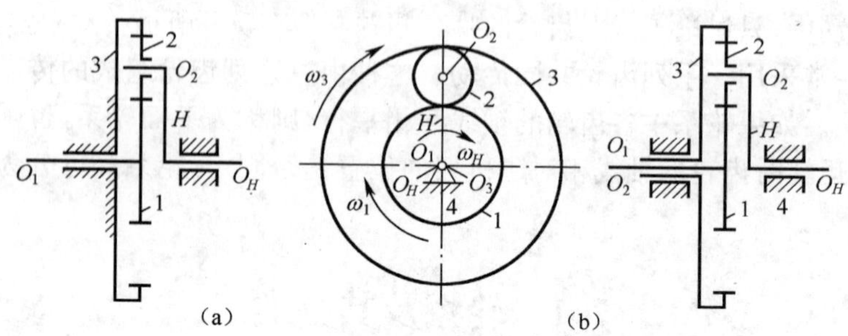

图 7-2 行星轮系

7.1.3 混合轮系

轮系中既包含定轴轮系，又包含行星轮系，或者同时包含几个行星轮系的，称为混合轮系，如图 7-3 所示。

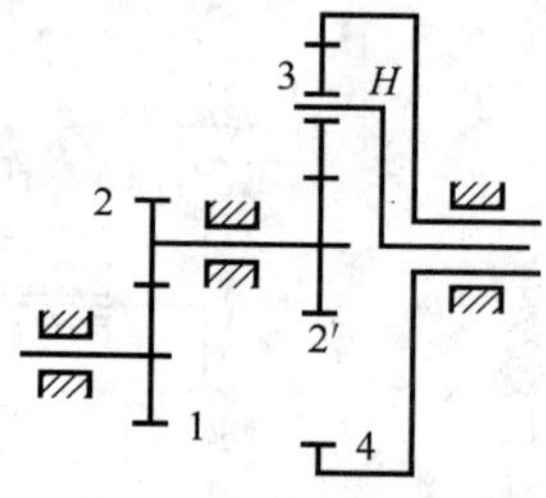

图 7-3 混合轮系

7.2 定轴轮系传动比的计算

轮系的传动比是指第一个主动轮与最末一个从动轮的速度或角速度之比，常用字母“i”表示，如图 7-1 所示，该轮系的传动比可表示为

$$i_{15}=\frac{n_1}{n_5} \tag{7-1}$$

在传动比的计算中，既要确定传动比的大小，又要确定输入轮与输出轮之间的转向关系。

7.2.1 一对齿轮啮合的传动比

如图 7-4 所示，设主动轮 1 的转速为 n_1，齿数为 z_1；从动轮 2 的转速为 n_2，齿数为 z_2，

则传动比为

$$i_{12}=\frac{n_1}{n_2}=\pm\frac{z_2}{z_1} \tag{7-2}$$

式中:"+"号表示从动轮与主动轮转向相同,如内啮合圆柱齿轮传动;"—"号表示从动轮与主动轮转向相反,如外啮合圆柱齿轮传动。两轮的转向也可用箭头在图中表示出来。

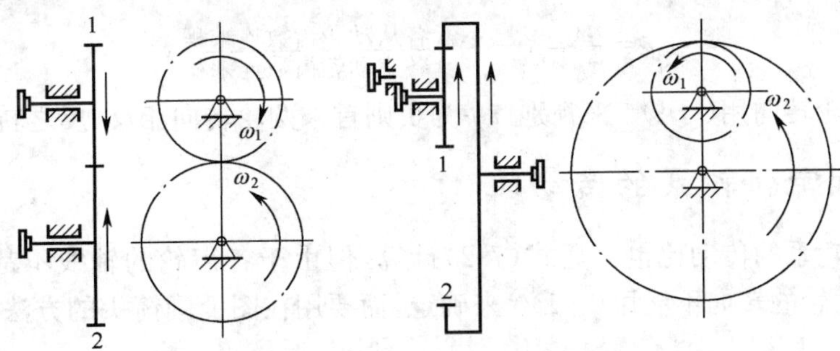

图 7-4　一对平行轴线齿轮传动的转向关系

对于轴线互不平行的空间齿轮传动,如锥齿轮传动和蜗杆蜗轮传动,式(7-2)同样适用,但各轮的转向只能用箭头在图中表示,如图 7-5 所示。

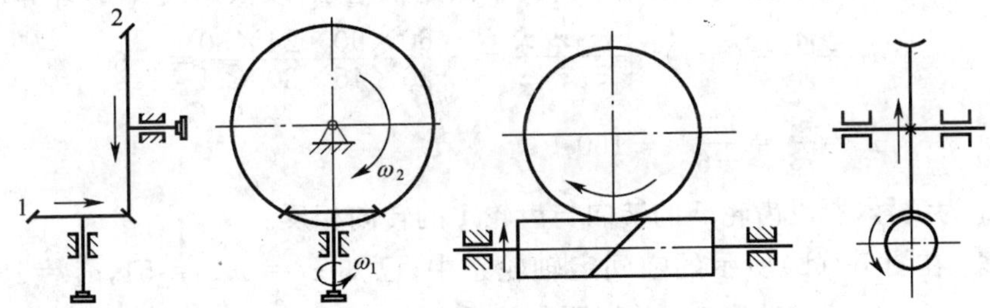

图 7-5　空间齿轮传动

7.2.2　平面定轴轮系的传动比

如图 7-1(a)所示,设齿轮 1 为首齿轮,齿轮 5 为末齿轮,z_1、z_2、$z_{2'}$、z_3、$z_{3'}$、z_4 及 z_5 分别为各齿轮的齿数,n_1、n_2、$n_{2'}$、z_3、$n_{3'}$、n_4 及 n_5 分别为各齿轮的转速。根据式(7-1)可求得各对齿轮啮合的传动比:

$$i_{12}=\frac{n_1}{n_2}=-\frac{z_2}{z_1}\quad i_{2'3}=\frac{n_{2'}}{n_3}=\frac{z_3}{z_{2'}}\quad i_{3'4}=\frac{n_{3'}}{n_4}=-\frac{z_4}{z_{3'}}\quad i_{45}=\frac{n_4}{n_5}=-\frac{z_5}{z_4}$$

其中:$n_2=n_{2'}$,$n_3=n_{3'}$,将以上各式两边连乘可得

$$i_{12}\times i_{2'3}\times i_{3'4}\times i_{45}=\frac{n_1 n_{2'} n_{3'} n_4}{n_2 n_3 n_4 n_5}=(-1)^3\ \frac{z_2 z_3 z_4 z_5}{z_1 z_{2'} z_{3'} z_4}$$

因此有

$$i_{15}=\frac{n_1}{n_5}=i_{12}\times i_{2'3}\times i_{3'4} i_{45}=(-1)^3\ \frac{z_2 z_3 z_5}{z_1 z_{2'} z_{3'}}$$

从以上分析可知,定轴轮系的传动比等于轮系中各对啮合齿轮传动比的连乘积,也等于轮系中所有从动轮齿数的乘积与所有主动轮齿数的乘积之比,传动比的正负号取决于

外啮合齿轮的对数。

在该轮系中，齿轮 4 虽然参与啮合，但却不影响传动比的大小，只起到改变转向的作用，这样的齿轮称为惰轮。

将上述计算推广到一般情况，用 A、K 分别表示轮系的首末两轮，m 表示外啮合次数，则定轴轮系的传动比计算公式为

$$i_{AK}=\frac{n_A}{n_K}=(-1)^m\frac{\text{各从动轮齿数连乘积}}{\text{各主动轮齿数连乘积}} \tag{7-3}$$

首末两齿轮转向用 $(-1)^m$ 来判别，i_{AK} 为负则首末两轮转向相反，反之转向相同。

7.2.3 空间定轴轮系的传动比

空间定轴轮系的传动比也可用式(7-2)计算，但由于各齿轮的轴线不都是互相平行的，所以首末两轮的转向不能用 $(-1)^m$ 来确定，而要用在图上画箭头的方法来确定，如图 7-1 所示。

例 7-1 图 7-1(a)中，已知 $n_1=960\text{r/min}$，转向如图 7-1(a)所示，各齿轮的齿数分别为 $z_1=20$，$z_2=60$，$z_{2'}=45$，$z_3=90$，$z_{3'}=30$，$z_4=24$，$z_5=30$。试求齿轮 5 的转速 n_5，并注明其转向。

解：由图可知该轮系为轴线互相平行的平面定轴轮系，故根据式(7-3)计算得

$$i_{15}=\frac{n_1}{n_5}=(-1)^3\frac{z_2z_3z_4z_5}{z_1z_{2'}z_{3'}z_4}=-\frac{60\times90\times24\times30}{20\times45\times30\times24}=-6$$

$$n_5=\frac{n_1}{i_{15}}=\frac{960}{-6}=-160$$

传动比为负号，所以齿轮 5 的转向与齿轮 1 的转向相反。

例 7-2 在图 7-1(b)所示的空间定轴轮系中，已知 $z_1=2$，$z_2=51$，$z_{2'}=18$，$z_3=30$，$z_{3'}=24$，$z_4=48$。试求传动比 i_{14}，并标明各轮转向。

解：空间定轴轮系的传动比仍使用式(7-3)计算，但不应带入符号，因此有

$$i_{14}=\frac{n_1}{n_4}=\frac{z_2z_3z_4}{z_1z_{2'}z_{3'}}=\frac{51\times30\times48}{2\times18\times24}=85$$

各齿轮的转向如图 7-1(b)中箭头所示。

7.3 行星轮系传动比的计算

7.3.1 行星轮系传动比的计算

对于行星轮系可用反转法，也叫转化机构法，将行星轮系转化为定轴轮系，再根据定轴轮系传动比的计算方法来计算其传动比。即假想对整个行星轮系加上一个绕主轴 O—O 转动的公共转速 $-n_H$，这时各构件的相对运动关系并不变，但系杆 H 的转速变为 $n_H-n_H=0$，即相对静止不动。齿轮 1、2、3 则成为绕定轴转动的齿轮，原来的行星轮系就转化为一个假想的定轴轮系。该假想的定轴轮系称为原行星轮系的转化机构，如图 7-6 所示。转化机构中各构件的相对转速见表 7-1。

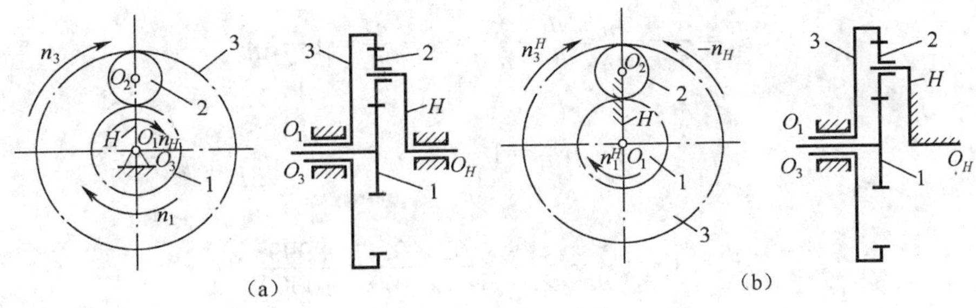

图 7-6 行星系列

表 7-1 各构件的相对转速

构件代号	原有转速(绝对转速)	转化后的转速(相对转速)
1	n_1	$n_1^H=n_1-n_H$
2	n_2	$n_2^H=n_2-n_H$
3	n_3	$n_3^H=n_3-n_H$
H	n_H	$n_H^H=n_H-n_H=0$

n_1^H、n_2^H、n_3^H、n_H^H 分别表示各构件在转化机构中的转速。因转化机构是假想的定轴轮系,故可按定轴轮系传动比计算公式(式(7-2))计算该机构的相对传动比,即

$$i_{13}^H=\frac{n_1^H}{n_3^H}=\frac{n_1-n_H}{n_3-n_H}=(-1)^m\frac{z_2z_3}{z_1z_2}=-\frac{z_3}{z_1}$$

等式右边的负号表示转化机构中齿轮 1 和齿轮 3 的转向相反。

以上分析可以推广到一般的行星轮系中,设首轮 A、末轮 K 和行星架 H 的绝对转速分别为 n_A、n_K、n_H,m 表示齿轮 A 到 K 的外啮合次数,则其转化机构的相对传动比表达式为

$$i_{AK}^H=\frac{n_A-n_H}{n_K-n_H}=(-1)^m\frac{\text{从}A\text{到}K\text{之间所有从动轮齿数的连乘积}}{\text{从}A\text{到}K\text{之间所有主动轮齿数的连乘积}} \tag{7-4}$$

公式说明:

(1)$i_{AK}^H\neq i_{AK}^H$。i_{AK}^H 是行星轮系转化机构的传动比,亦即齿轮 A、K 相对于行星架 H 的相对传动比,而 $i_{AK}=n_A/n_K$ 是行星轮系中 A、K 两齿轮的传动比。

(2)A、K 和 H 三个构件的轴线应互相平行,而且将 n_A、n_K 和 n_H 的值带入上式计算时,必须带正负号。对差动轮系,如两构件转速相反,则一构件用正值带入,另一构件用负值带入,第三个构件的转速用所求得的正负号来判断。

例 7-3 图 7-7 所示为一传动比很大的简单行星减速器。已知各轮齿数分别为 $z_1=100$,$z_2=101$,$z_{2'}=100$,$z_3=99$。试求传动比 i_{H1}。

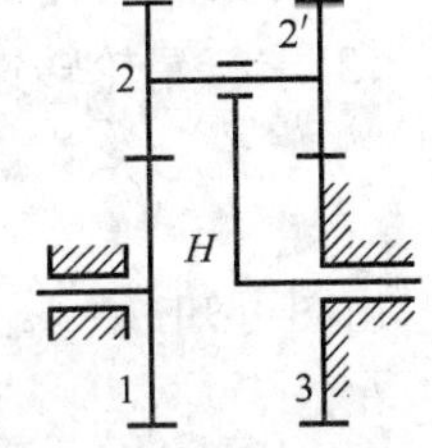

图 7-7 行星轮系

解:图示行星轮系仅有一个自由度,其中齿轮 1 为活动太阳轮,齿轮 3 为固定太阳轮,双联齿轮 2-2′为行星轮,H 是系杆。根据式(7-3)可得

$$i_{13}^{H}=\frac{n_1-n_H}{n_3-n_H}=\frac{n_1-n_H}{0-n_H}=1-\frac{n_1}{n_H}=1-i_{1H}$$

因此

$$i_{1H}=1-i_{13}^{H}$$

又因为

$$i_{13}^{H}=(-1)^2\ \frac{z_2 z_3}{z_1 z_{2'}}=\frac{101\times 99}{100\times 100}=\frac{9999}{10000}$$

$$i_{1H}=1-i_{13}^{H}=1-\frac{9999}{10000}=\frac{1}{10000}$$

所以

$$i_{H1}=\frac{1}{i_{1H}}=10000$$

以上结果说明，当行星架 H 转 10000r 时，齿轮 1 才转 1r，其转向与行星架的转向相同。由此可见只通过两对齿轮传动组成的行星轮系就可以获得极大的传动比。这种行星轮系可在仪表中用来测量高速转动或作为精密的微调机构。

若将例 7-3 中的 z_3 由 99 改为 100，则

$$i_{H1}=\frac{n_H}{n_1}=-100$$

z_2 由 101 改为 100，则

$$i_{H1}=\frac{n_H}{n_1}=-100$$

由此可见，同一种结构的行星轮系，有时某一齿轮的齿数略有变化，往往会使其传动比发生巨大变化，同时从动轮的转向也会改变。

例 7-4 一差动轮系如图 7-8 所示，已知 $z_1=15$，$z_2=25$，$z_3=20$，$z_4=60$，$n_1=180\text{r/min}$，$n_4=60\text{r/min}$，且两太阳轮 1、4 转向相反，试求行星架转速 n_H 及行星轮转速 n_3。

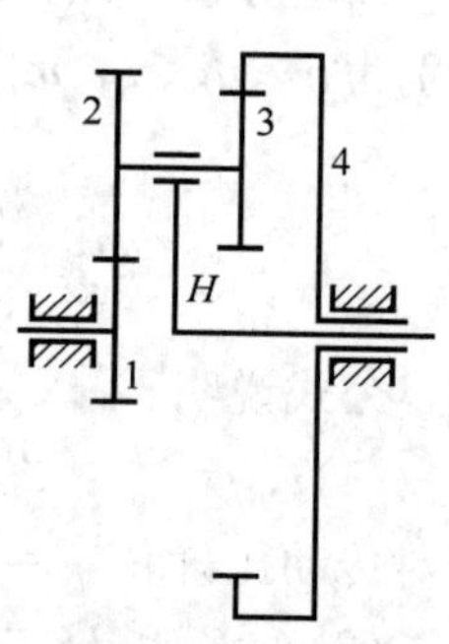

图 7-8 差动轮系

解：(1)求行星架转速 n_H。根据式(7-4)有

$$i_{14}^{H}=\frac{n_1-n_H}{n_4-n_H}=(-1)^1\ \frac{z_2 z_4}{z_1 z_3}$$

带入已知量：$\frac{180-n_H}{(-60)-n_H}=-\frac{25\times 60}{15\times 20}$，求得

$$n_H=-20\text{r/min}$$

n_H 为负说明行星架转向与齿轮 1 转向相反。

(2)求行星轮转速 n_3：

$$i_{12}^{H}=\frac{n_1-n_H}{n_2-n_H}=-\frac{z_2}{z_1}$$

由图可知 $n_2=n_3$ 代入已知量，有

$$\frac{180-(-20)}{n_2-(-20)}=-\frac{25}{15}$$

由图可知 $n_2=n_3$，因此

$$n_3 = n_2 = -140\text{r/min}$$

7.3.2 混合轮系传动比的计算

计算混合轮系的传动比时，不能将整个轮系单纯地按求定轴轮系或行星轮系传动比的方法来计算，而应遵循以下步骤。

(1)将其中的定轴轮系和行星轮系区分开。

(2)分别列出各个基本轮系的传动比计算方程式。

(3)找出基本轮系中各联系构件之间的关系。

(4)根据基本轮系中各构件之间的关系，将各方程式联立求解出传动比。

分析混合轮系的关键是正确划分出其中的行星轮系。方法是先找出轴线不固定的行星轮和行星架，然后找出与行星轮啮合的太阳轮，这组行星轮、太阳轮和行星架就构成一个单一的行星轮系。找出所有的行星轮系后，剩下的就是定轴轮系。

例 7-5 如图 7-9 所示电动卷扬机减速器中，齿轮 1 为主动轮，动力由卷筒 H 输出。各轮齿数为 $z_1=24, z_2=33, z_2{}'=21, z_3=78, z_3{}'=18, z_4=30, z_5=78$。求 i_{1H}。

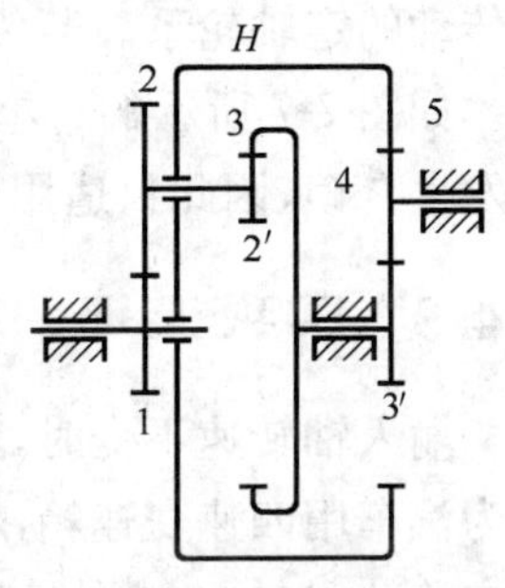

图 7-9 电动转扬机减速器

解:(1)分解轮系。在该轮系中，双联齿轮 2-2′的几何轴线是绕着齿轮 1 和 3 的轴线转动的，所以是行星轮；支持它运动的构件(卷筒 H)就是系杆；和行星轮相啮合且绕固定轴线转动的齿轮 1 和 3 是两个中心轮。这两个中心轮都能转动，所以齿轮 1、2-2′、3 和系杆 H 组成一个 2K-H 型双排内外啮合的差动轮系。剩下的齿轮 3′、4、5 是一个定轴轮系。二者合在一起便构成一个混合轮系。

(2)分析混合轮系的内部联系。定轴轮系中内齿轮 5 与差动轮系中系杆 H 是同一构件，因而 $n_5=n_H$；定轴轮系中齿轮 3′与差动轮系中心轮 3 是同一构件，因而 $n_{3'}=n_3$。

(3)求传动比。

对定轴轮系，齿轮 4 是惰轮，根据式(7-1)得

$$i_{3'5} = \frac{n_{3'}}{n_5} = -\frac{z_5}{z_{3'}} = -\frac{78}{18} = -\frac{13}{3} \tag{a}$$

对差动轮系的转化机构，根据式(7-4)得

$$i_{13}^{H} = i_{13}^{5} = \frac{n_1 - n_H}{n_3 - n_H} = -\frac{z_2 z_3}{z_1 z_{2'}} = -\frac{33\times78}{24\times21} = -\frac{143}{28} \tag{b}$$

由式(a)得

$$n_{3'} = n_3 = -\frac{13}{3}n_5 = -\frac{13}{3}n_H$$

代入式(b)得

$$\frac{n_1 - n_H}{-\frac{13}{3}n_H - n_H} = -\frac{143}{28}$$

求得

$$i_{1H} = 28.24$$

7.4 轮系的应用

7.4.1 实现较远距离的传动

当需要在距离较远的两轴之间传递运动时，可采用多个齿轮组成的定轴轮系来代替一对齿轮的传动，这样可以减小齿轮尺寸，既节省空间，又节约了材料，还能方便齿轮的制造和安装。

7.4.2 获得大的传动比

在齿轮传动中，通常一对齿轮的传动比不宜大于 8。否则会造成大齿轮尺寸过大而多占空间，并增加制造成本；小齿轮尺寸过小而寿命低。要获得较大的传动比，可采用多级传动的定轴轮系。若传动比太大，也会使定轴轮系趋于复杂，这时可采用行星轮系传动。如图 7-7 所示的行星轮系，传动比可达 10000，但它效率低，且当齿轮 1 为主动件时，会发生自锁，因此只适用于传递运动。

7.4.3 实现变速、换向传动

输入轴转速不变时，利用轮系可使输出轴获得多种工作转速，并可换向。图 7-10 所示为汽车用四速变速箱，轴Ⅰ为输入轴，轴Ⅲ为输出轴。齿轮 4、6 为双联齿轮，可沿轴Ⅲ轴向移动，与轮 3 或轮 5 啮合，还可通过离合器，将轴Ⅰ与轴Ⅲ接通或脱开，使轴Ⅲ获得三个不同的转速。另外，移动双联齿轮，使轮 6 与轮 8 啮合，这样就多了一对外啮合齿轮传动，所以可使轴Ⅲ得到转向相反的第四个转速，实现变速和换向。

7.4.4 实现分路传动

利用轮系可以将输入的一种转速同时分配到几个不同的输出轴上，从而实现分路传动。

图 7-11 所示为滚齿机上滚刀与齿轮毛坯之间作展成运动的传动简图。滚齿加工要求滚刀 7 的转速与蜗轮 6 的转速必须满足以下传动比关系：

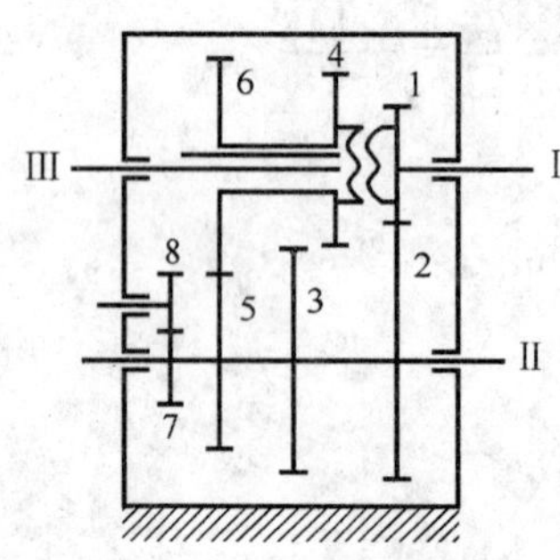

图 7-10　汽车变速箱

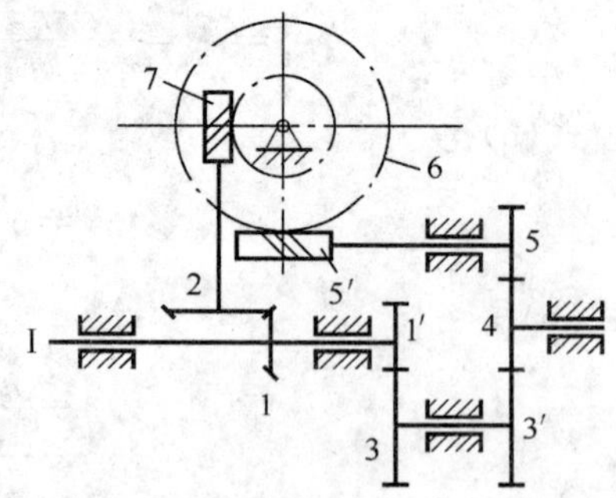

图 7-11　滚齿机齿轮传动

$$i_{76}=\frac{n_7}{n_6}=\frac{z_6}{z_7}$$

主动轴Ⅰ通过锥齿轮1经齿轮2将运动传递给滚刀7；同时主动轴又通过直齿轮1′经齿轮3-3′、4、5-5′传至蜗轮6，带动被加工的齿轮毛坯转动，以满足滚刀与齿轮毛坯的传动比要求。

7.4.5 实现运动的合成和分解

如图7-12所示的锥齿轮差动轮系中，太阳轮1、3都可以转动，且有 $z_1=z_3$。因该差动轮系有两个自由度，需要两个原动件输出才能确定，所以可以利用差动轮系将两个输入运动合成为一个输出运动。

利用差动轮系也能实现运动的分解。如图7-13所示的汽车后桥差速器，在汽车转弯时它可以将传动轴的运动以不同的速度分别传递给左右两个车轮，以维持车轮与地面间的纯滚动。

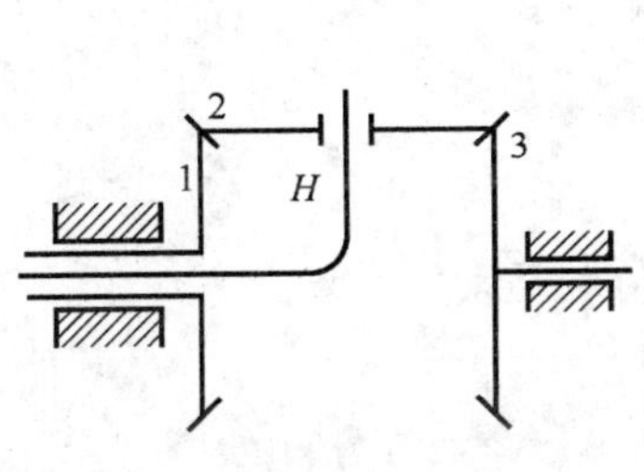

图7-12 锥齿轮差动轮系

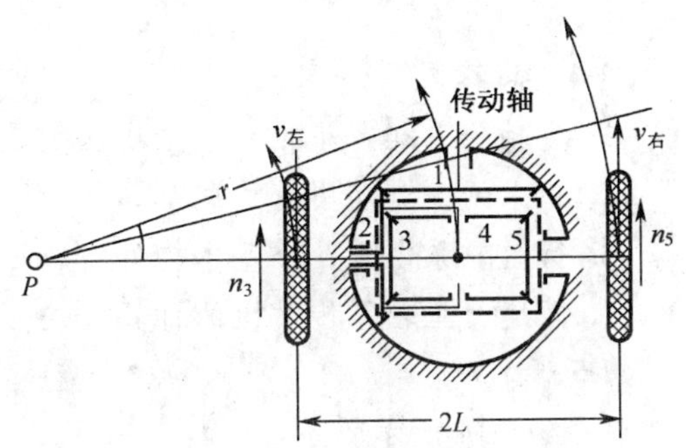

图7-13 汽车后桥差速器

习 题

7-1 填空

1. 在复合轮系传动比计算中，应正确区分各个轮系，其关键在于______________。

2. 行星轮系是指____。

3. 定轴轮系是指____。

4. 在轮系的传动中，有一种不影响传动比大小，只起改变转向作用的齿轮，把它称为____________。

5. 在行星轮系传动比计算中，运用相对运动的原理，将行星轮系转化成假想的定轴轮系方法称为__________________________。

7-2 选择

1. 在定轴轮系中，设轮1为起始主动轮，轮 N 为最末从动轮，则定轴轮系始末两轮传动比数值计算的一般公式是 $i_{1N}=$______________。

A. 轮 1 至轮 N 间所有从动轮齿数的乘积/轮 1 至轮 N 间所有主动轮齿数的乘积
B. 轮 1 至轮 N 间所有主动轮齿数的乘积/轮 1 至轮 N 间所有从动轮齿数的乘积
C. 轮 N 至轮 1 间所有从动轮齿数的乘积/轮 1 至轮 N 间所有主动轮齿数的乘积
D. 轮 N 至轮 1 间所有主动轮齿数的乘积/轮 1 至轮 N 间所有从动轮齿数的乘积

2. 基本行星轮系是由____________构成。

A. 行星轮和中心轮　　B. 行星轮、惰轮和中心轮
C. 行星轮、行星架和中心轮　　D. 行星轮、惰轮和行星架

7-3　判断

1. 定轴轮系的传动比数值上等于组成该轮系各对啮合齿轮传动比的连乘积。(　)
2. 在行星轮系中,可以有两个以上的中心轮能转动。(　)
3. 在轮系中,惰轮既能改变传动比大小,也能改变转动方向。(　)
4. 在周转轮系中,行星架与中心轮的几何轴线必须重合,否则便不能转动。(　)
5. 当两轴之间需要很大的传动比时,只能通过利用多级齿轮组成的定轴轮系来实现。(　)

7-4　简答

1. 定轴轮系和行星轮系的主要区别是什么?
2. 轮系的主要功用有哪些?
3. 行星轮系由哪几个基本构件组成? 它们各作何种运动?
4. 简述行星轮系传动比的计算方法。

7-5　计算

1. 图 7-14 所示轮系,已知 $z_1=18$、$z_2=20$、$z_{2'}=25$、$z_3=25$、$z_{3'}=2$(右),当 a 轴旋转 100 圈时,b 轴转 4.5 圈,求 $z_4=$?

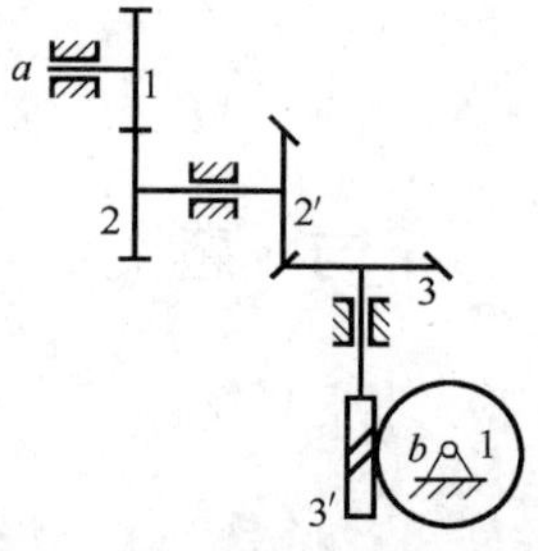

图 7-14

2. 图 7-15 所示的轮系中,各齿轮均为标准齿轮,且其模数均相等,若已知各齿轮的齿数分别为:$z_1=20$、$z_2=48$、$z_{2'}=20$。试求齿数 z_3 及传动比 i_{1H}。

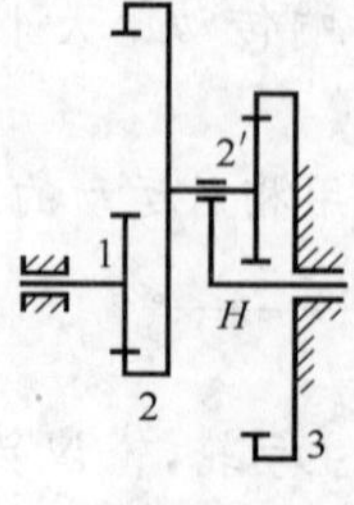

图 7-15

3. 在图 7-16 所示轮系中，根据齿轮 1 的转动方向，在图上标出蜗轮 4 的转动方向。

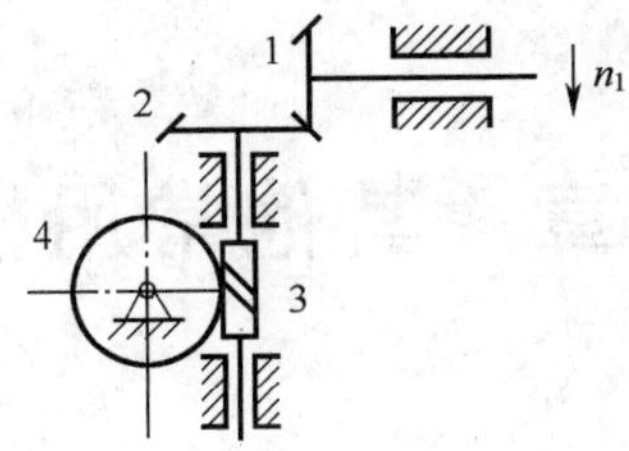

图 7-16

4. 在图 7-17 所示轮系中，所有齿轮均为标准齿轮，又知齿数 $z_1=60$，$z_4=136$。试问：(1)$z_2=$？(2)该轮系属于何种轮系？

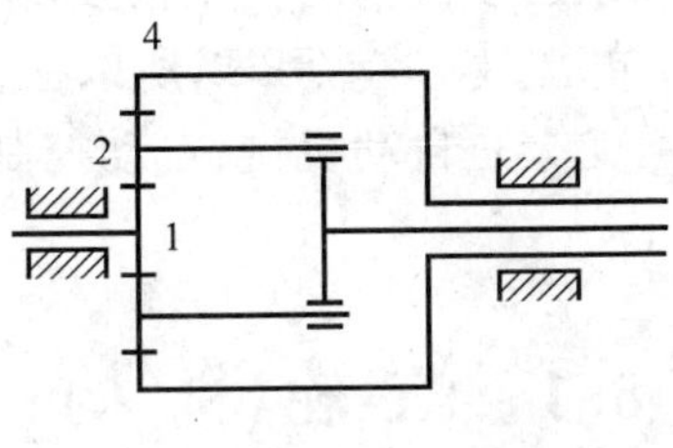

图 7-17

5. 如图 7-18 所示，$z_1=15$，$z_2=25$，$z_3=20$，$z_4=60$。$n_1=180$r/min(顺时针)，$n_4=60$r/min(顺时针)，试求 H 的转速。

6. 图 7-19 所示轮系，已知：$z_1=40$，$z_2=20$，$z_3=80$，$z_4=z_5=30$，$z_6=90$。求 $i_{16}=$？

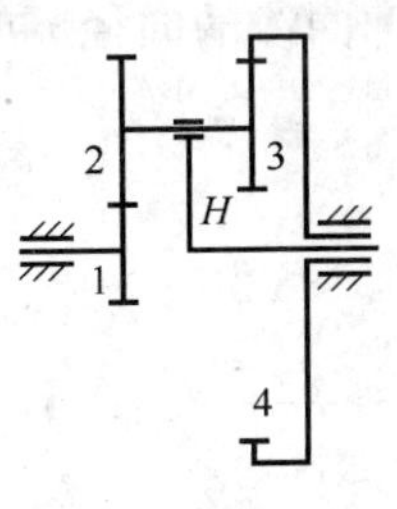

图 7-18

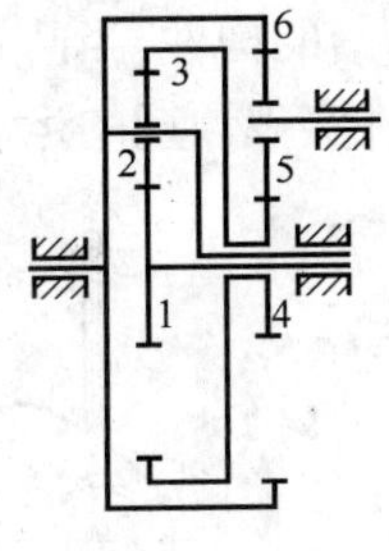

图 7-19

第8章 其他常用机构

在机械设计中，当要求其中某些从动件的位移、速度或加速度按照预定的规律变化，特别是要求从动件按复杂的运动规律运动时，常采用凸轮机构；在一些机械中，当某些机构的原动件作连续运动时，常要求从动件产生周期性的时动时停的间歇运动，这类机构称为间歇运动机构。凸轮机构和间歇运动机构的类型很多，由于它们能够精确地实现一定预期的运动规律，而且其结构简单、紧凑，运动可靠，所以在金属切削机床、内燃机及食品、纺织、印刷等行业的各类机械中，尤其是自动机械、自动控制装置和装配生产线上都得到了广泛的应用。

8.1 凸轮机构

8.1.1 凸轮机构的组成、类型、特点及应用

1. 凸轮机构的组成

凸轮机构是一种常用的高副机构，主要由凸轮、从动件和机架组成。凸轮是一个具有曲线轮廓或凹槽的构件，当凸轮转动或移动时，借助凸轮轮廓曲线的向径 r 或高度 h 的变化，可使从动件实现预期的运动规律，如图 8-1 所示。

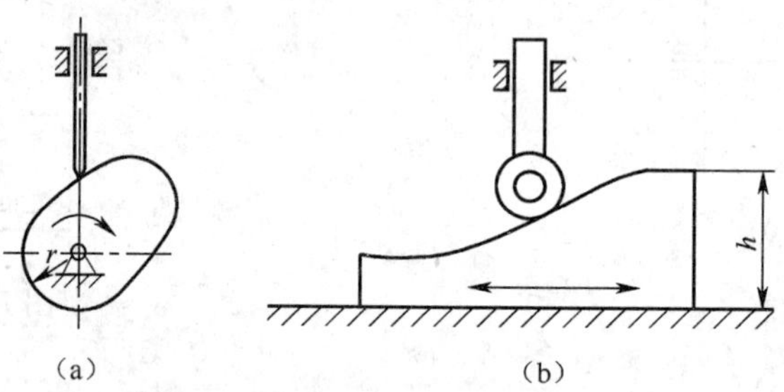

图 8-1 凸轮机构

(a)盘形凸轮；(b)移动凸轮。

2. 凸轮机构的类型

凸轮机构的种类很多，在实际应用中，根据工作要求，按凸轮形状、从动件的结构形式及运动形式、从动件与凸轮保持接触的锁合方式，经过不同的组合可得到各种类型的凸轮机构。

1)按凸轮的形状分类

(1)盘形凸轮。如图 8-1(a)所示，凸轮呈盘状，绕固定轴线转动，并且具有变化的向径，称为盘形凸轮。盘形凸轮的结构简单，应用最广。

(2)移动凸轮。如图 8-1(b)所示，凸轮呈板状，作往复直线运动，称为移动凸轮。它

可以看成是转轴在无穷远处的盘形凸轮的一部分。

(3)圆柱凸轮。如图 8-2 所示，凸轮呈圆柱状，绕固定轴线转动，并且具有曲线凹槽，称为圆柱凸轮。圆柱凸轮可以看成是将移动凸轮卷在圆柱体上形成的。圆柱凸轮机构是一种空间凸轮机构。

图 8-2 所示为自动车床上的走刀机构，当圆柱凸轮 1 等速回转时，借助曲线凹槽带动摆杆 2 绕固定轴 O 往复摆动，通过扇形齿轮和齿条的啮合传动，从而带动与齿条固连的刀架 3 按预期的运动规律往复移动。

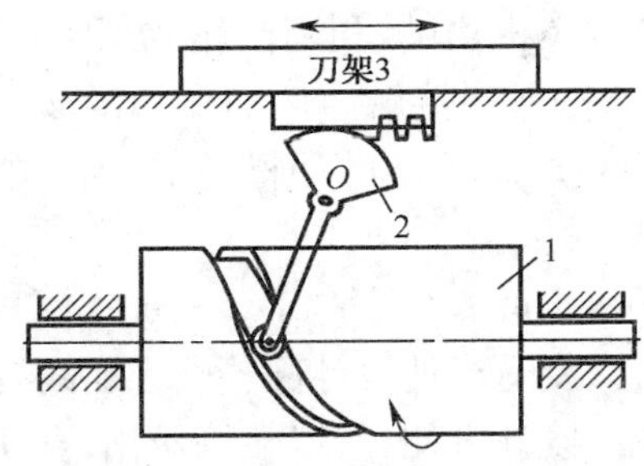

图 8-2　自动车床上的走刀机构

2)按从动件的结构形式分类

(1)尖顶从动件，如图 8-3(a)所示，这种从动件的结构最简单，但因尖顶与凸轮是点接触，易磨损，故只适用于低速和轻载场合，如仪表等机构中。

(2)滚子从动件，如图 8-3(b)所示，这种从动件的滚子与凸轮之间为滚动摩檫，磨损较小，故可承受较大的载荷，因而应用较广。

(3)平底从动件，如图 8-3(c)所示，这种从动件与凸轮的接触区易形成油膜，润滑好，且机构的传动角恒等于 90°，传动平稳，效率高，故适用于高速场合。

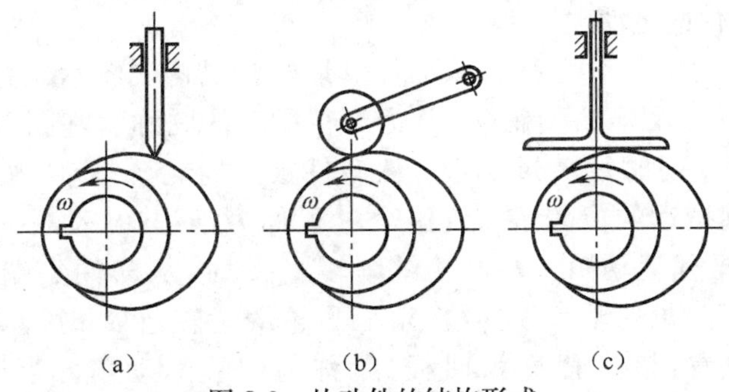

图 8-3　从动件的结构形式

3)按从动件的运动形式分类

(1)移动从动件，如图 8-3(a)、(c)所示，从动件作往复移动。若其轴线通过凸轮的回转中心，则称为对心移动从动件，如图 8-3(c)所示；否则称为偏置移动从动件，如图 8-3(a)所示。

(2)摆动从动件，如图 8-3(b)所示，从动件绕其转动中心作一定角度范围内的往复摆动。

4)按凸轮与从动件保持接触的方式分类

为了保证凸轮机构正常地工作，在运动中必须使凸轮与从动件始终保持接触。根据其保持接触的方式不同，凸轮机构可分为以下两类。

(1)力封闭凸轮机构。在这类机构中，利用重力、弹簧力(图 8-4)或其他外力使凸轮与从动件保持接触。图 8-4 所示为靠模车削机构，当工件 1 转动时，靠模板 3 和工件 1 一起向右作等速纵向移动。借助靠模板上曲线轮廓高度 h 的变化，使刀架 2 带着车刀按一定规律横向移动，从而车削出具有靠模表面相同轮廓的手柄。

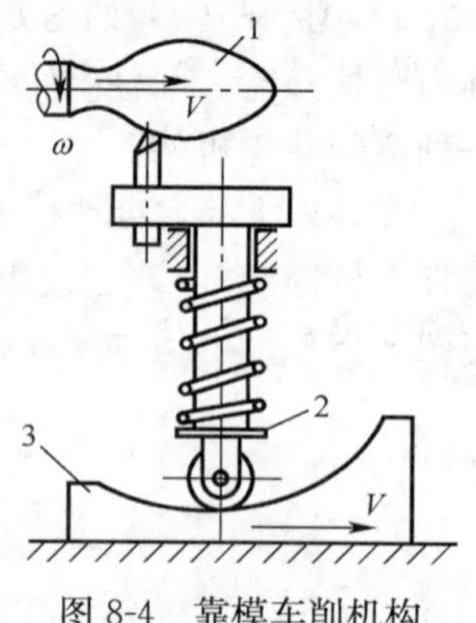

图 8-4 靠模车削机构

(2)形封闭凸轮机构。在这类机构中，利用凸轮或从动件的特殊几何结构使凸轮与从动件保持接触。例如在如图 8-2 所示自动车床的走刀机构中，利用凸轮上的凹槽与置于槽中的滚子使凸轮与从动件保持接触。

3. 凸轮机构的特点及应用

凸轮机构的主要优点是：只要适当地设计凸轮轮廓曲线，就可以使从动件得到预期的运动规律，而且结构简单、紧凑，设计方便，所以在机械化、自动化装置中得到广泛应用。

虽然凸轮机构得到了广泛应用，但由于是高副，所以容易磨损；同时，凸轮的曲线轮廓加工也较复杂，因而凸轮机构多用于需实现特殊要求的运动规律且传力不大的场合。此外，由于受凸轮尺寸的限制，它不适于要求从动件行程较大的地方。

8.1.2 从动件的常用运动规律

由于凸轮轮廓曲线是根据从动件预期的运动规律设计的，因此在设计凸轮轮廓之前，首先需确定从动件的运动规律。从动件的运动规律有很多种，本节仅介绍几种常用的运动规律。下面先讨论凸轮与从动件的运动关系。

1. 凸轮与从动件的运动关系

图 8-5(a)所示为尖顶对心移动从动件盘形凸轮机构。图示位置为从动件处于上升的起始位置 A 点，以凸轮最小向径 r_b 为半径所作的圆称为基圆，r_b 称为基圆半径。当凸轮以等角速度 ω 逆时针转过 δ_0 时，从动件被凸轮轮廓推动，按预期的运动规律由 A 上升到离基圆最远的位置 B' 点，这个过程称为推程，从动件尖端移动的距离 h 称为升程，δ_0 称为推程运动角。当凸轮继续转过 δ_s 时，从动件尖端处在以 O 为圆心的圆弧 AB 上静止不动，δ_s 称为远休止角。凸轮继续转过 δ_h 时，从动件按预期的运动规律回到起始位置，该过程称为回程，δ_h 称为回程运动角。当凸轮继续转过 δ'_s 时，从动件在基圆弧上静止不动，δ'_s 称为近休止角。随着凸轮的不停转动，从动件将重复上述运动过程。

显然，从动件的位移 s 随着凸轮转角 δ 而变化，因此从动件的位移 s、速度 v、加速度 α 的变化规律均取决于凸轮轮廓曲线。所以在设计凸轮时，必须先确定从动件的运动规律，作出位移线图，进而设计出相应的凸轮轮廓曲线。

描述从动件位移 s 与凸轮转角 δ 之间关系的图形，称为从动件的位移线图(即 s-δ 线图)，如图 8-5(b)所示。由于凸轮一般作等速转动，其转角与时间成正比，即 $\delta=\omega t$，因此该线图的横坐标也代表时间 t。同理可画出从动件的速度和加速度线图。从动件的位移线图、速度线图和加速度线图，统称为从动件的运动线图。

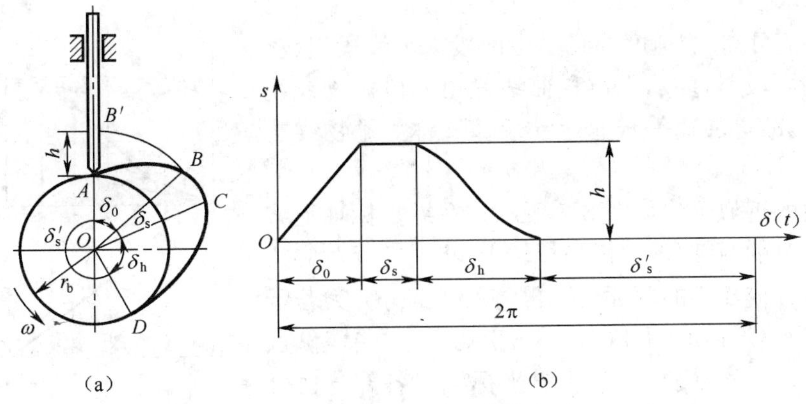

图 8-5　凸轮机构及其位移线图

2. 从动件的常用运动规律

1)等速运动规律

当凸轮等速回转时，从动件在推程(或回程)的速度为一常数，称为等速运动规律。

设从动件在推程时作等速运动，凸轮的推程运动角为 δ_0，经过时间为 t_0，从动件升程为 h，则从动件在推程的运动方程为

$$v=\frac{h}{t_0}$$

$$s=vt=\frac{h}{t_0}t$$

$$a=0$$

$\delta=\omega t$、$\delta_0=\omega t_0$ 代入上述运动方程得

$$\begin{cases} s=\dfrac{h}{\delta_0}\delta \\ v=\dfrac{h}{\delta_0}\omega \\ a=0 \end{cases} \tag{8-1}$$

其运动线图如图 8-6 所示。

由图 8-6 可知，运动刚开始时，速度由零突变为 v_0，其加速度为 $a=\lim\limits_{\Delta t\to 0}\dfrac{v_0}{\Delta t}=\infty$。在运动终止时，速度又由 v_0 突变至 0，其加速度为 $-\infty$。在这两个位置，由加速度产生的惯性力在理论上趋于无穷大，使机构产生强烈的刚性冲击。因此等速运动规律只适于低速轻载的机械中。

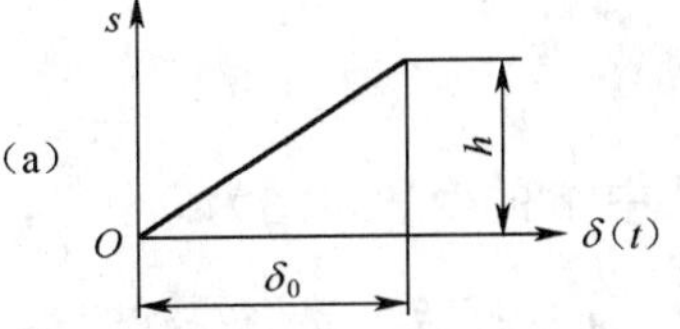

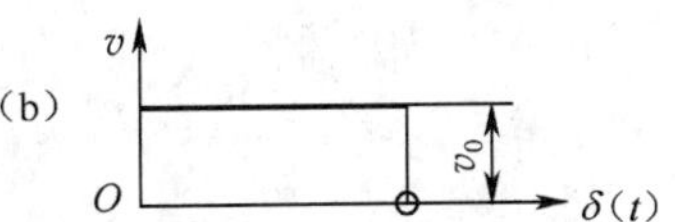

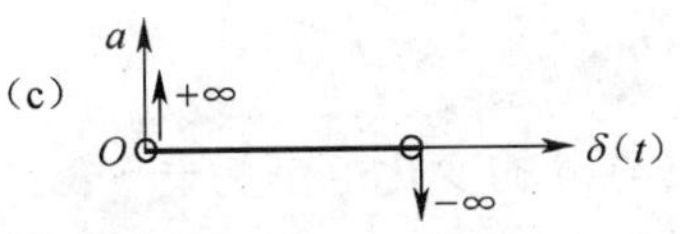

图 8-6　等速运动线图

2)等加速等减速运动规律

为避免刚性冲击，从动件可采用等加速等减速运动规律，即从动件在推程(或回程)的前半程(时间 $t_0/2$，行程 $h/2$)作等加速运动，后半程(时间 $t_0/2$，行程 $h/2$)作等减速运动，且等加速、等减速运动的加速度绝对值相等，

如图 8-7 所示。

由图 8-7 可知,加速度曲线是由两段水平线段组成,速度曲线为两段斜直线,而位移曲线是由两段抛物线光滑连接而成,故等加速等减速运动规律又称为抛物线运动规律。

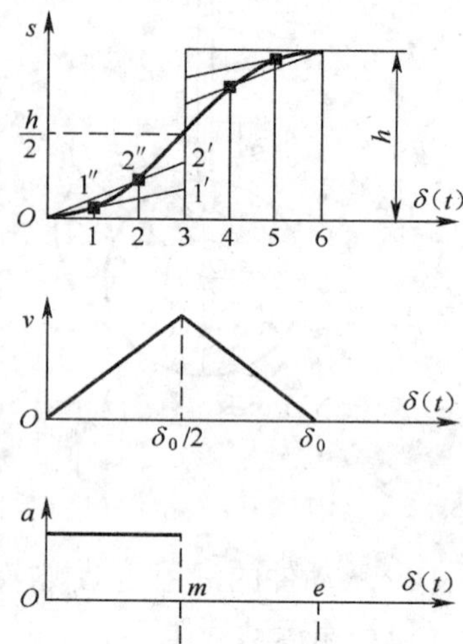

图 8-7 等加速等减速运动线图

抛物线的近似画法如图 8-7 所示。在纵坐标轴上将行程分成相等的两部分,在横坐标轴上,将与行程对应的凸轮转角也分成相等的两部分。再将每一部分分为若干等份(图中为三等份),得 1,2,3,…各点,过这些等份点分别作横坐标轴的垂线;同时将纵坐标轴上各部分也分为与横坐标轴相同的等份(三等份),得各点。连接与相应的垂线分别交于各点。将这些交点连接成光滑曲线,即可得到推程前半段等加速运动的抛物线位移线图。后半程等减速运动的的抛物线也可用同样的方法画出。

设从动件在推程的前半程作等加速运动,其加速度为 $a=a_0=$常数,则有

$$s=\frac{1}{2}at^2=\frac{1}{2}a_0(\frac{\delta}{\omega})$$

$$v=a_0t=a_0\ \frac{\delta}{\omega}$$

$$a=a_0$$

而等加速运动结束时,$\delta=\frac{\delta_0}{2}$,$s=\frac{h}{2}$,代入上列诸方程得

$$\begin{cases} s=\frac{2h}{\delta_0^2}\delta^2 \\ v=\frac{4h\omega}{\delta_0^2}\delta \\ a=\frac{4h\omega^2}{\delta_0^2} \end{cases} \tag{8-2}$$

式中:δ 的变化范围为 $0\sim\frac{\delta_0}{2}$。

同理,后半程作等减速运动的运动方程为

$$\begin{cases} s=h-\frac{2h}{\delta_0^2}(\delta_0-\delta)^2 \\ v=\frac{4h\omega}{\delta_0^2}(\delta_0-\delta) \\ a=-\frac{4h\omega^2}{\delta_0^2} \end{cases} \tag{8-3}$$

式中:δ 的变化范围为$\frac{\delta_0}{2}\sim\delta_0$。

运动线图如图 8-7 所示,位移线图的作法如图 8-7(a)所示。

由图 8-7 可知，速度曲线是连续的，但加速度曲线在 o、m、e 三处仍存在有限值的突变，因而从动件的惯性力将产生有限值的突变。由此引起的冲击称为柔性冲击。故此种运动规律只适于中速、轻载的场合。

3)余弦加速度运动规律

为减少柔性冲击点，可采用余弦加速度运动规律，即从动件的加速度按余弦曲线变化。其运动方程为

$$\begin{cases} s=\dfrac{h}{2}\left[1-\cos\left(\dfrac{\pi}{\delta_0}\delta\right)\right] \\ v=\dfrac{\pi h\omega}{2\delta_0}\sin\left(\dfrac{\pi}{\delta_0}\delta\right) \\ a=\dfrac{\pi^2 h\omega^2}{2\delta_0^2}\cos\left(\dfrac{\pi}{\delta_0}\delta\right) \end{cases} \tag{8-4}$$

设 $R=\dfrac{h}{2}$，$\theta=\dfrac{\pi}{\delta_0}\delta$，则位移方程可改写为 $S=R(1-\cos\theta)$，这与物理学中的简谐运动方程相同，故该运动规律又称为简谐运动规律。其运动线图如图 8-8 所示。

由加速度线图可知，这种运动规律只在始末两点 o、A 处的加速度才存在有限值的突变，故仍存在柔性冲击。如果从动件作无停歇的往复运动，将得到连续的加速度曲线，从而完全消除了冲击，所以这时可用于高速传动。

此外，对于高速运动凸轮，还可采用正弦加速度运动规律，因为这种运动规律的速度曲线和加速度曲线都是连续的，因而完全无冲击，运动平稳。

4)摆线运动规律

当一个圆在一条直线上作纯滚动时，圆上任意一点的运动轨迹就是一条摆线，如图 8-9 所示。该点在纵坐标轴上的投影随时间的变化规律即为摆线运动规律。当从动件按摆线运动规律运动时，其加速度则按正弦曲线变化，故又称为正弦加速度运动规律。

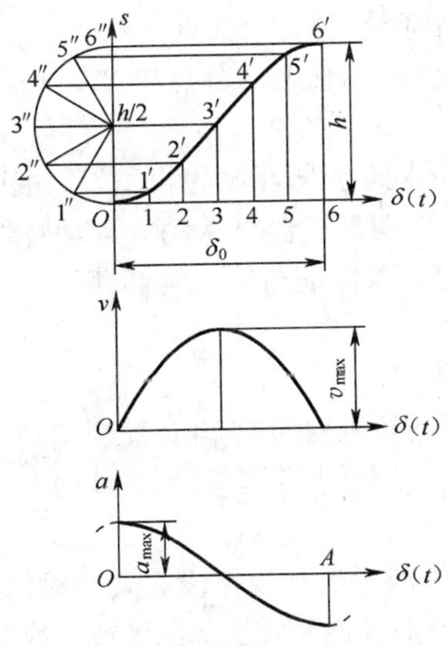

图 8-8　余弦加速度运动线图

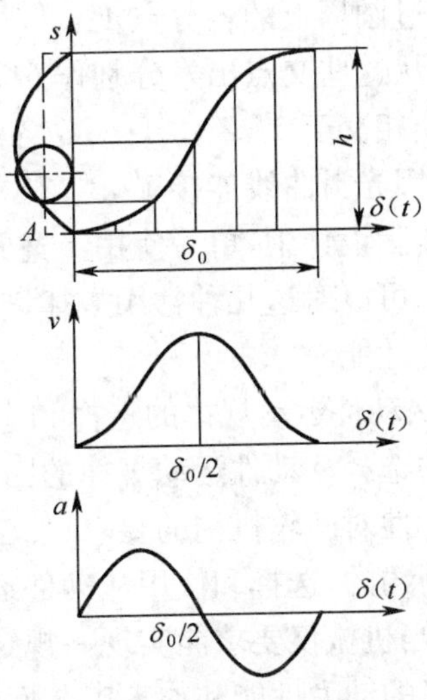

图 8-9　摆线运动规律线图

正弦加速度运动规律的运动方程为

$$\begin{cases} s=h\left(\dfrac{\delta}{\delta_0}-\dfrac{1}{2\pi}\sin\dfrac{2\pi}{\delta_0}\delta\right) \\ v=\dfrac{h\omega}{\delta_0}\left(1-\cos\dfrac{2\pi}{\delta_0}\delta\right) \\ a=\dfrac{2\pi h\omega^2}{\delta_0^2}\sin\dfrac{2\pi}{\delta_0}\delta \end{cases} \tag{8-5}$$

由运动线图可知，速度曲线和加速度曲线始终是连续变化的。尤其是对于行程两端均有停歇区间的运动，按正弦曲线变化的加速度在从动件运动的起始位置和终止位置皆为零，加速度不会产生突变。这种运动规律既没有刚性冲击，也没有柔性冲击，而且在中间部分的加速度变化也较和缓，故机构传动平稳，振动、噪声和磨损都小，常用于较高速凸轮机构。

摆线运动规律的位移曲线也可用作图画出，如图 8-10 所示。共作图步骤如下。

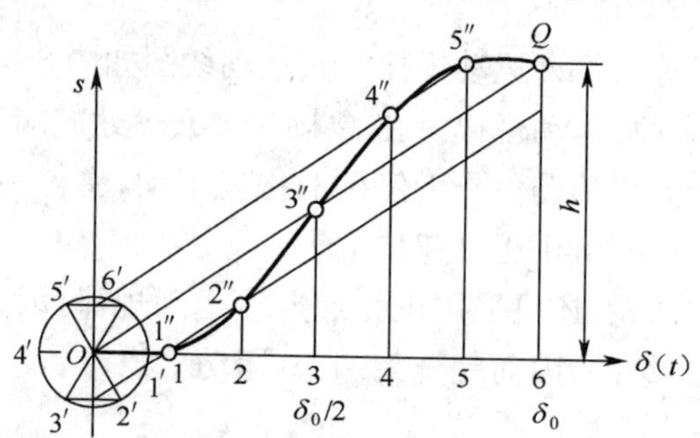

图 8-10　摆线运动规律位移曲线的作图方法

(1)将横坐标代表的线段分为若干等份(图中为六等份)，得等分点 1，2，3，…，以这些分点为垂足，作横坐标轴的垂线，并取 $6Q$ 长等于 h；连接 OQ。

(2)以坐标圆点为圆心，以 $R=h/2\pi$ 作一小圆，并将其圆周也等分 6 等份。

(3)过圆周上的各分点 $1'$，$2'$，$3'$，…向纵坐标轴作垂线，得各个交点。

(4)从这些交点出发分别作 OQ 的平行线，与过横坐标轴上的分点 1，2，3，…的垂线一一对应相交于 $1''$，$2''$，$3''$，…，Q 各点。

(5)用光滑曲线连接 $1''$，$2''$，$3''$，…，Q 各点，即为所求的摆线运动规律的位移曲线。

在实际设计中，单一使用上述运动规律，往往难以满足机器对从动件运动特性的要求，此时，可以对这几种常用规律进行修正和组合使用，以保证凸轮机构能获得良好的运动和动力性能。

3. 从动件运动规律的选择和应用

制约选择从动件运动规律的因素有：具体机械对凸轮机构的工作(运动规律)要求；机械动力特性对凸轮机构的要求；加工工艺性对凸轮廓线的要求等因素，而这些因素往往又是互相制约的，选择和使用从动件运动规律时应考虑以下几条原则。

(1)当机械仅要求能实现一规定行程的某一动作、而对运动规律没有要求时，应以使机械有好的动力性能和加工工艺性为选择的依据。低速轻载时宜选择圆弧或直线等易于加工的曲线作为凸轮廓线；转速高时就应首先考虑机构的动力特性。例如，抛物线运动规律和摆线运动规律相比，前者的加工性能不比后者更好，但动力性能却比后者差，在高速场合宜选择后者。

(2)当机械对运动规律有要求、而凸轮的转速不太高时，应首先考虑满足机械对运动规律的要求，其次考虑动力性能和便于加工的问题。例如，图 8-2 自动机床进刀机构，考虑机床载荷平稳，车削时要求匀速运动，零件的表面应有较高的表面质量，故宜选择等速运动规律。为解决该规律的刚性冲击问题，可将其位移曲线的始末进行修正，如图 8-11 所示。

(3)当机械对运动规律有要求，而凸轮的转速较高时，需兼顾这两方面的要求。通常采用把几种运动规律进行适当的组合。如图 8-12 所示， AB 段为摆线运动规律，BC 段为等速运动规律，CD 段又为摆线运动规律，DE 段仍然采用的是摆线运动规律。

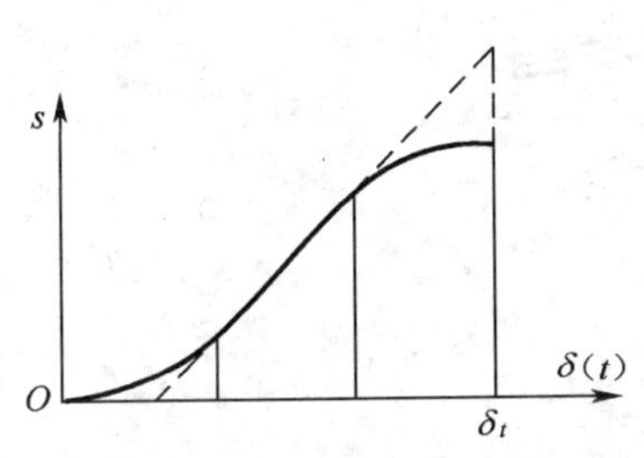

图 8-11　对等速运动规律位移曲线的修正

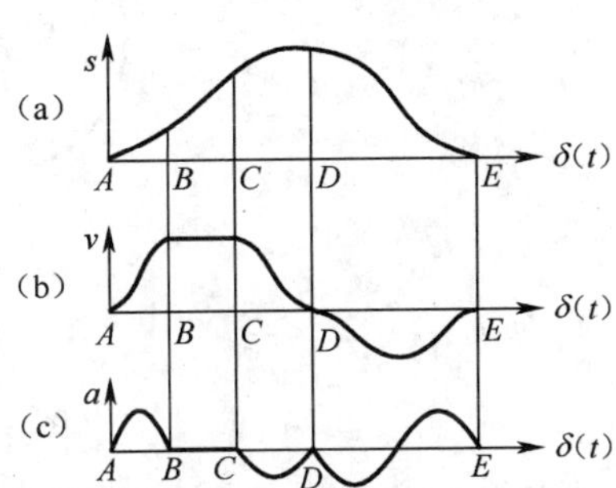

图 8-12　组合的运动规律线图

(4)选择运动规律时，除需考虑冲击特性外，还需考虑 v_{max}、a_{max} 及最大跃度 j_{max}（加速度的变化率）的影响。v_{max} 影响机械的最大动量 mv_{max}，影响机械的灵活运行和运行安全，特别是当从动件系统的质量 m 较大时，宜选择 mv_{max} 较小的运动规律。a_{max} 是影响机构的动力性能的主要因素，从动系统的惯性力大，则增大了凸轮与从动件间的接触应力，对构件的强度和耐磨性要求也越高。因此对转速较高的凸轮机构应选择较小 a_{max} 的运动规律。j_{max} 涉及从动系统中惯性力变化的频率，影响从动系统的振动和工作的平稳性，尤其对于高转速的凸轮机构，以 j_{max} 越小越好。从动件常用运动规律的特性及其适用情况见表 8-1。

表 8-1　从动件常用运动规律的特性及其适用情况

运动规律	冲击特性	$v_{max}(h\omega/\delta)$	$a_{max}(h\omega^2/\delta^2)$	$j_{max}(h\omega^3/\delta^3)$	适用场合
等速(直线)	刚性	1.00	∞	—	低速轻载
等加等减速(抛物线)	柔性 2.00	4.00	∞	—	中速轻载
简谐(余弦加速度)	柔性	1.57	4.93	∞	中速中载
摆线(正弦加速度)	无	2.00	6.28	39.5	高速轻载

8.1.3　图解法设计凸轮轮廓曲线

用图解法设计凸轮轮廓时，一般采用反转法。其原理如下：

图 8-13 所示的尖顶对心移动从动件盘形凸轮机构中，设凸轮以等角速度 ω 逆时针绕轴 O 转动，则从动件在导路中按预期的运动规律移动。这时，若给整个凸轮机构附加一

个与凸轮角速度大小相等、转向相反、绕轴 O 转动的公共角速度($-\omega$),根据相对运动原理,这并不改变凸轮与从动件之间的相对运动关系,但此时凸轮将处于相对静止状态;而从动件一方面随导路以角速度($-\omega$)绕轴 O 转动,另一方面又在导路中按预期的运动规律作往复移动。显然,从动件在这两种运动的复合运动中,其尖端的运动轨迹即为凸轮轮廓曲线。

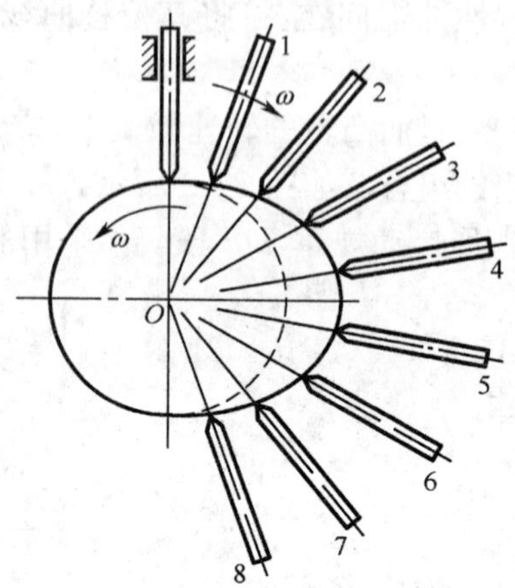

图 8-13　凸轮反转原理

凸轮机构的类型虽然很多,但绘制凸轮轮廓曲线的基本原理是相同的,只是具体画法不尽相同而已。下面介绍两种常用的凸轮轮廓曲线的绘制方法。

1. 尖顶对心移动从动件盘形凸轮

图 8-14(a)所示为一尖顶对心移动从动件盘形凸轮机构。设凸轮以等角速度 ω 顺时针转动,基圆半径为 r_b。其凸轮轮廓曲线的作图步骤如下:

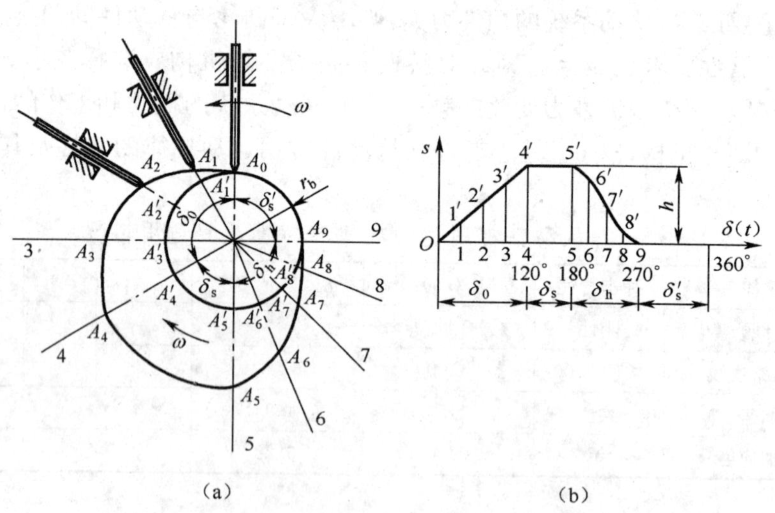

图 8-14　尖顶对心移动从动件盘形凸轮设计

(1)选取恰当的位移比例尺 μ_s(mm/mm)和转角比例尺 μ_δ((°)/mm),作出位移线图。如图 8-14(b)所示。

(2)将位移线图的推程运动角 δ_0 和回程运动角 δ_h 分别分成若干等份(图中各分为四

等份)，得各分点 1、2、3、4、…；过这些等分点作垂线交位移曲线于点 1′、2′、3′、…。

(3)根据所选比例尺 μ_s 和 r_b，作出基圆。从点 A_0 开始沿($-\omega$)方向在基圆上取 δ_o、δ_s、δ_h、δ'_s；并将 δ_0、δ_h 分成与位移线图上相应的等份，得 A'_1、A'_2、A'_3、…等点。

(4)过 A'_1、A'_2、A'_3、…各点分别沿其径向向外量取线段$\overline{A'_1A_1}$、$\overline{A'_2A_2}$、$\overline{A'_3A_3}$、…，与位移线图上$\overline{11'}$、$\overline{22'}$、$\overline{33'}$、…对应相等，得 A_1、A_2、A_3、…等点。

(5)将 A_0、A_1、A_2、…各点连成光滑的曲线，即为凸轮轮廓曲线，如图 8-14(a)所示。

2. 滚子对心移动从动件盘形凸轮

滚子对心移动从动件盘形凸轮轮廓曲线的设计方法与尖顶对心移动从动件盘形凸轮轮廓曲线的设计方法基本相同，其差别仅在于将滚子中心视为尖顶作出理论轮廓曲线，如图 8-15 中的 β_0 曲线，再以理论轮廓曲线上各点为圆心，以滚子半径 r_T 与 μ_s 乘积为半径画一系列滚子圆，并作出这些滚子圆的内包络线 β，即为凸轮的实际轮廓曲线。若为凹槽凸轮，还须作出这些滚子圆的外包络线，滚子即沿内、外包络线中间的凹槽运动。

滚子对心移动从动件盘形凸轮的基圆，仍然指的是理论轮廓曲线的基圆，基圆半径即为理论轮廓曲线的最小向径 r_b。

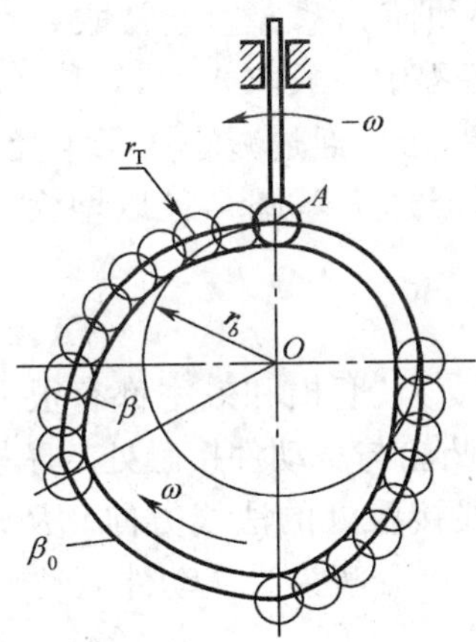

图 8-15 滚子对心移动从动件盘形凸轮设计

8.1.4 凸轮机构设计中的几个问题

前面讨论凸轮轮廓曲线的设计时，凸轮的基圆半径、滚子半径等参数，都是预先给定的。在实际设计中，这些参数是由设计者自己选定的。上述参数选取是否恰当，不仅关系到机构的尺寸、传力性能和工作质量，还关系到能否正确实现从动件的运动规律。因此，设计时需注意下列问题。

1. 滚子半径的确定

由于滚子与凸轮轮廓之间为滚动摩擦，可减轻磨损，因此滚子从动件在凸轮机构中得到广泛应用。从减小接触应力和提高滚子心轴的强度考虑，滚子半径越大越好，但滚子半径过大，对凸轮实际轮廓曲线有不良影响。设凸轮理论轮廓曲线外凸部分的最小曲率半径为 ρ_{min}，滚子半径为 r_T，则相应位置的实际轮廓曲线的曲率半径为

$$\rho' = \rho_{min} - r_T$$

当 $\rho_{min} > r_T$ 时，$\rho' > 0$，凸轮实际轮廓曲线为一光滑曲线，如图 8-16(a)所示。

当 $\rho_{min}=r_T$ 时，$\rho'=0$，凸轮实际轮廓曲线上出现尖点，如图 8-16(b)所示。尖点极易磨损，从而影响到从动件的运动规律。

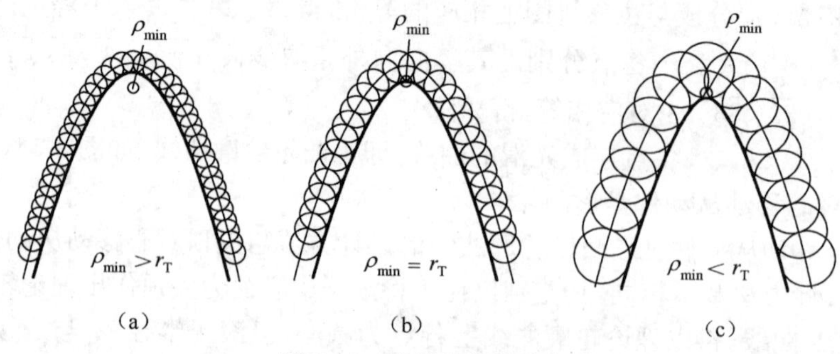

图 8-16　滚子半径的确定

当 $\rho_{min}<r_T$ 时，$\rho'<0$，凸轮实际轮廓曲线上出现交叉现象，如图 8-16(c)所示。图中的交叉部分加工时将会被切去，致使从动件不能实现预期的运动规律，这种现象成为运动失真。

可见，在确定滚子半径时必须使 $r_T<\rho_{min}$，通常取 $r_T\leqslant0.8\rho_{min}$。从凸轮机构的强度、结构考虑，滚子半径不能过小，工程中一般取 $r_T=(0.1\sim0.5)r_b$。

如果产生了运动失真的现象，可以通过减小滚子半径来解决。若由于滚子的结构等原因而不能减小其半径时，应适当加大基圆半径以增大凸轮理论轮廓曲线的最小曲率半径。

2. 压力角及其许用值

压力角对凸轮机构的尺寸、受力、磨损和效率都有很大影响。图 8-17 所示为凸轮机构处在推程的某个位置，且不计凸轮与从动件接触处的摩擦及构件质量时，凸轮作用在从动件上的力 $\boldsymbol{F}$ 将沿凸轮轮廓曲线接触处的法线方向。从动件的运动方向与其受力方向之间的夹角 α 称为压力角。力 $\boldsymbol{F}$ 可分解为沿从动件运动方向的有效分力 $\boldsymbol{F}_1$ 和使从动件压紧在导路上的有害分力 $\boldsymbol{F}_2$，且

$$F_1=F\cos\alpha$$
$$F_2=F\sin\alpha$$

显然，α 越大，则 F_1 越小，F_2 越大，机构的效率越低。当 α 增大到某一数值时，有效分力 $\boldsymbol{F}_1$ 已不能克服由 $\boldsymbol{F}_2$ 所引起的摩擦阻力，致使凸轮不能推动从动件，这种现象称为自锁。发生自锁时的压力角称为极限压力角，它与摩擦系数、导路长度、支承点间的距离以及从动件的悬臂长度等因素有关。为保证凸轮机构能正常工作并具有一定的传动效率，设计时应使凸轮机构最大压力角不超过许用压力角[α]。根据实践经验，一般设计中推荐的许用压力角[α]值如下：

移动从动件推程时，$[\alpha]\leqslant30^\circ\sim40^\circ$。

摆动从动件推程时，$[\alpha]\leqslant40^\circ\sim50^\circ$。

移动和摆动从动件回程时，$[\alpha]\leqslant70^\circ\sim80^\circ$。

在以上推荐的[α]数据中，如果使用滚子从动件且润滑良好，支承刚性好，载荷不大，转速也不高时，可取较大值，否则应取较小值。

凸轮轮廓曲线设计之后，需校核最大压力角是否在其许用值范围内，即是否满足

$\alpha_{max} \leqslant [\alpha]$的条件。校核方法如图 8-18 所示，在凸轮轮廓较陡的部位取几个点，过这些点作凸轮轮廓曲线的法线和从动件运动速度的方向线，用量角器量出它们之间的夹角，检查它是否超过许用压力角。如果超过了许用压力角，可适当加大基圆半径，重新设计凸轮轮廓曲线，或采用偏置凸轮机构来减小压力角。

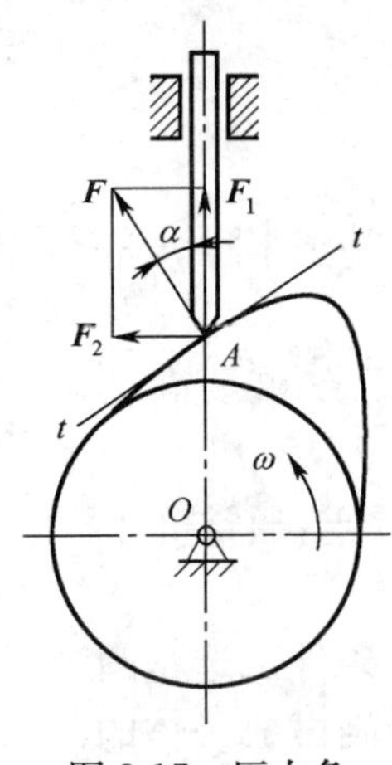

图 8-17　压力角

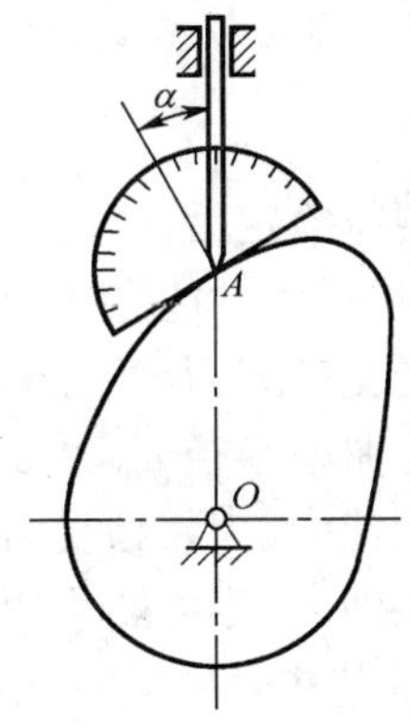

图 8-18　压力角的校核

3. 盘形凸轮基圆半径的确定

由上述可知，压力角不仅与机构的传力性能有关，而且与基圆大小有关。基圆半径也是凸轮设计中的一个重要参数，它对凸轮机构的结构尺寸、体积质量、受力状况、工作性能都有重要的影响。基圆半径的大小也直接影响压力角的大小。在图 8-19 中，假设凸轮转过相同的角度 δ，从动件上升相同的位移 s，在大小不等的两个基圆上，显然基圆较小的其轮廓曲线较陡（曲率大），压力角较大；基圆较大的其轮廓曲线较缓，压力角较小。

压力角与基圆半径的关系还可通过理论推导得出。图 8-20 所示为尖顶对心移动从动件盘形凸轮机构处在推程的某一位置。显然，P_{12} 为此位置时凸轮和从动件的速度瞬心，由图可得

$$\overline{OP_{12}} = \frac{v_2}{\omega}$$

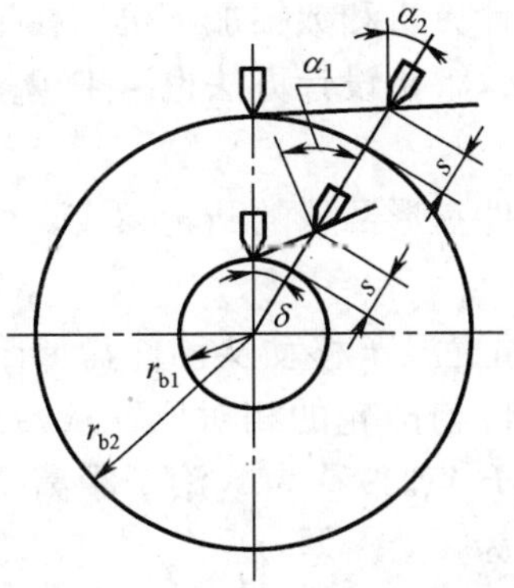

图 8-19　基圆与压力角的关系

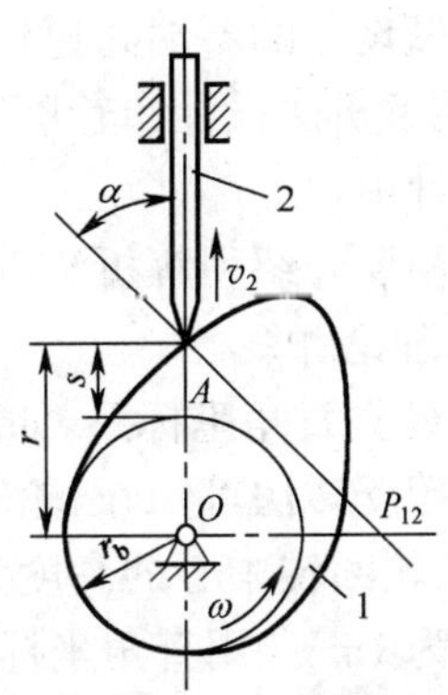

图 8-20　基圆与压力角关系的推导

$$\tan\alpha=\frac{\overline{OP_{12}}}{r_b+s}$$

两式联立得

$$\tan\alpha=\frac{v_2/\omega}{r_b+s}$$

即

$$r_b=\frac{v_2}{\omega\tan\alpha}-s \tag{8-6}$$

当运动规律给定后，ω、v_2 和 s 均为已知，由式(8-6)知，基圆半径 r_b 选取得愈小，则压力角愈大，机构传力性能愈差，甚至会发生自锁。

基圆半径受三方面因素的制约：①凸轮的结构型式的要求；②要满足 $\alpha_{max}\leqslant[\alpha]$；③实际廓线的最小曲率半径 $\rho'_{min}=\rho_{min}-r_T\geqslant(3\sim5)\mathrm{mm}$。

一般在设计中，为兼顾受力状况和结构紧凑两方面的要求，通常可在压力角不超过许用压力角的条件下，尽可能采用较小的基圆半径。

工程实际中常采用试算法，即先根据凸轮的具体结构条件试选基圆半径 r_b，绘制凸轮廓线后，检验压力角，直至满足 $\alpha_{max}\leqslant[\alpha]$。试选时，对于制做成一体的凸轮轴，可取凸轮基圆半径 r_b 略大于凸轮轴的半径；对于单独制造的凸轮，按经验公式，可取 $r_b\geqslant1.8r+r_T+(7\sim10)\mathrm{mm}$，其中 r 为安装轴的半径，r_T 为滚子半径。对心移动从动件盘形凸轮机构还可按诺模图选择 r_b(可参考相关资料)。

在平底移动从动件凸轮机构中，凸轮对从动件的法向作用力始终垂直于平底，压力角恒等于零(从动件为倾斜平底时，压力角为定值，恒等于平底的倾斜角)。因此，基圆半径 r_b 与压力角无关。但当基圆半径过小时，也会发生"运动失真"现象。

根据选定的基圆半径设计出凸轮的廓线后，如有必要，可校验其实际的压力角。若发现压力角的最大值超过了许用压力角$[\alpha]$，则应适当增大基圆半径或者修改从动件运动规律，重新进行设计。

8.1.5 解析法设计凸轮的廓线

所谓用解析法设计凸轮廓线，就是根据所要求的从动件的运动规律和已知的机构参数，求出凸轮廓线的解析方程式，并精确地计算出凸轮廓线上各点的坐标值。

随着机械设备的不端高速化、精密化、自动化以及计算机和数控加工机床在生产中的广泛应用，用解析法设计凸轮廓线具有更大的现实意义，解析设计方法也越来越多地应用于各机械设计中。

这里仅简要介绍用解析法设计偏置滚子移动从动件盘形凸轮的凸轮廓线。

1. 凸轮理论廓线

过 O 点建立直角坐标系，如图 8-21 所示，图中为偏置滚子移动从动件盘形凸轮的理论廓线。运用反转法可知，凸轮转过 δ 角后，滚子从动件与凸轮的相对位置从始点 B_0 点(滚子距离凸轮回转中心的高度为 s_0)"转"之任意位置 B 点，位移为 s，滚子距离凸轮回转中心的高度为 $s+s_0$，用直角坐标表示此时的 B 点位置为

$$\begin{cases}x=(s_0+s)\sin\delta+\cos\delta\\ y=(s_0+s)\cos\delta-\sin\delta\end{cases} \tag{8-7}$$

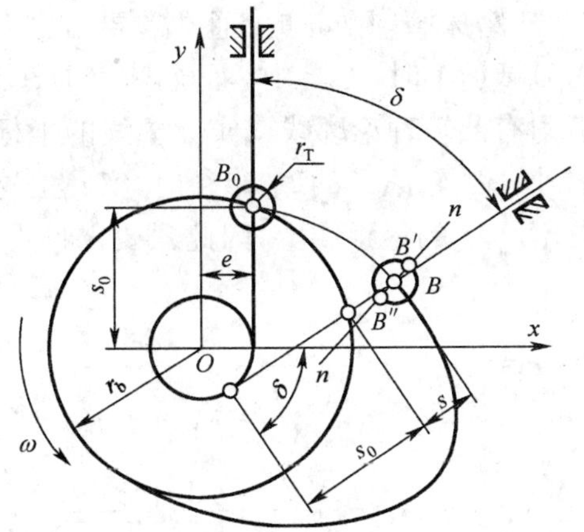

图 8-21　解析法设计凸轮廓线

对于对心移动从动件 $e=0, s_0=r_b$，故 B 点的坐标为

$$\begin{cases} x=(r_b+s)\sin\delta \\ y=(r_b+s)\cos\delta \end{cases} \tag{8-8}$$

2. 凸轮实际廓线

由前面可知，沿凸轮理论廓线以滚子半径 r_b 为半径作为一系列小圆，这些小圆的包络线（内包络线或外包络线）就是凸轮的实际廓线，他们是理论廓线的等距曲线。故过 B 点作理论廓线的法线 $n-n$，与小圆相交于 B'、B''点，它们即分别为其内凹、外凸凸轮廓线与滚子圆的切点位置，用函数关系表达式表示 B'、B''点此刻的位置，就分别是内凹、外凸凸轮廓线的方程式。$n-n$ 与 x 坐标轴夹角为 θ，B'、B''点的坐标位置分别为

$$\begin{cases} x'=x\pm r_T\cos\theta \\ y'=y\pm r_T\sin\theta \end{cases} \tag{8-9}$$

上述公式中的 x、y 均是变量 δ 的函数，用微分方程式表示。

法线的斜率是切线斜率的负倒数，得

$$\tan\theta=\frac{dx}{dy}=-\frac{dx/d\delta}{dy/d\delta}$$

因为

$$\cos\theta=\frac{-dy/d\delta}{\sqrt{\left(\frac{dx}{d\delta}\right)^2+\left(\frac{dy}{d\delta}\right)^2}}, \sin\theta=\frac{dx/d\delta}{\sqrt{\left(\frac{dx}{d\delta}\right)^2+\left(\frac{dy}{d\delta}\right)^2}}$$

所以得

$$\begin{cases} x'=x\mu r_T\dfrac{dy/d\delta}{\sqrt{\left(\frac{dx}{d\delta}\right)^2+\left(\frac{dy}{d\delta}\right)^2}} \\ y'=y\pm r_T\dfrac{dx/d\delta}{\sqrt{\left(\frac{dx}{d\delta}\right)^2+\left(\frac{dy}{d\delta}\right)^2}} \end{cases} \tag{8-10}$$

式(8-10)中，上面的一组“μ”用于内凹凸轮的实际廓线（外包络线）；下面的一组“$\pm$”用于外凸凸轮的实际廓线（内包络线）。

在数控铣床铣削或用凸轮磨床磨削凸轮时，通常需要给出刀具中心的坐标。当采用与凸轮滚子半径 r_T 相同的刀具加工时，刀具中心的轨迹就是理论廓线。因此，只需要在凸轮工作图上，标注出或者附有凸轮理论廓线或实际廓线的坐标值，供加工和检验使用。当刀具的半径 r_C 大于或者小于凸轮滚子的 r_T 半径时，实际上这时的刀具中心还处于距离凸轮理论廓线 r_C-r_T 或 r_T-r_C 的等距线上，因此只要以 $|r_C-r_T|$ 代替 r_T 就得到刀具中心的轨迹方程：

$$\begin{cases} x'=x\mu|r_C-r_T|\dfrac{dy/d\delta}{\sqrt{\left(\dfrac{dx}{d\delta}\right)^2+\left(\dfrac{dy}{d\delta}\right)^2}} \\ y'=y\pm|r_C-r_T|\dfrac{dx/d\delta}{\sqrt{\left(\dfrac{dx}{d\delta}\right)^2+\left(\dfrac{dy}{d\delta}\right)^2}} \end{cases} \tag{8-11}$$

其中：当 $r_C>r_T$ 时取上面一组“μ”号；当 $r_C<r_T$ 时取下面一组“$\pm$”号。

8.1.6 凸轮机构的常用材料和结构

1. 凸轮和从动件的常用材料

凸轮机构工作时，凸轮和从动件接触表面常会有严重的磨损，且多数承受冲击载荷。因此，必须合理选择材料及热处理方法，以保证其表面有较高的硬度，而心部具有较好的韧性。表 8-2 中列出凸轮和从动件的常用材料，供选用时参考。

表 8-2 凸轮和从动件的常用材料

名称	材 料	热 处 理	应 用
凸轮	HT250、HT300 QT450-10、QT500-7	退火	低速、轻载、大型低精度凸轮
	QT600-3、QT700-2 QT800-2、QT900-2	等温淬火 45HRC～50HRC	中速、中载、中等精度的凸轮轴
	45、40Cr、45Mn2	正火	低速、轻载、精度要求不高的一般凸轮
	45、40Cr、45Mn2	调质后，表面淬火 45HRC～55HRC	中、高速、中载、中等精度的一般凸轮
	15、20、20Mn2 20Cr、20CrMnTiA	渗碳淬火 58HRC～63HRC， 渗碳层厚度 0.8mm～1.2mm	中、高速、轻、中载、高精度凸轮
	GCr15	淬火 60HRC～64HRC	
	T10、T10A	表面淬火 60HRC～67HRC	一般精度仿形靠模凸轮
	38CrMoAlA、35CrAl	氮化 60HRC～64HRC	高精度仿形靠模凸轮
从动件	20Cr、18CrMnTi	渗碳淬火 58HRC～63HRC， 渗碳层厚度	与钢制凸轮相配
	T8、T10、GCr15	淬火 56HRC～64HRC	与铸铁或钢制凸轮相配
	45、40Cr	表面淬火 45HRC～55HRC	与铸铁凸轮相配

2. 凸轮与滚子的结构

1)凸轮结构

工程实际中,对于基圆小的凸轮通常和轴做成一个整体,称为凸轮轴。基圆较大的凸轮,为了制造方便,则与轴分开制造。凸轮与轴的固定方式有键连接(图 8-22)、销连接(图 8-23)和弹性开口锥套螺母连接(图 8-24)等。在图 8-25 中,装配时拧紧螺母,则开口锥套向右移动,锥套收紧抱紧轴,同时楔紧凸轮轴孔,靠结合面的摩擦力实现固定;松开螺母,移动凸轮,可以任意调整凸轮的起始位置。

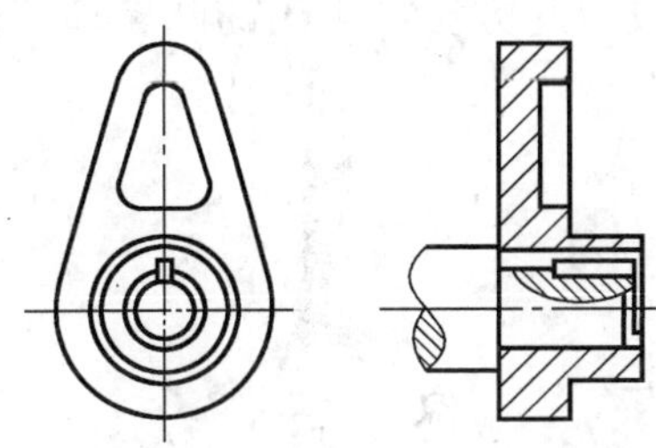

图 8-22 凸轮结构(键连接)

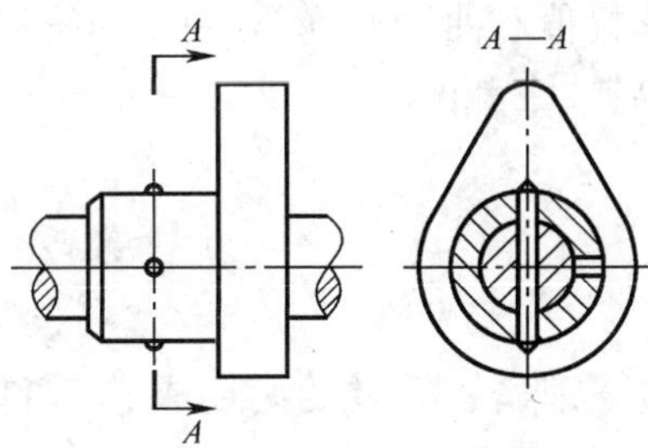

图 8-23 凸轮结构(销连接)

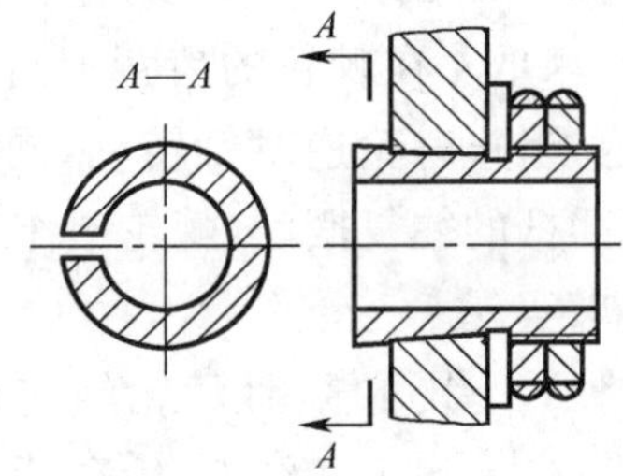

图 8-24 凸轮结构(弹性锥套螺母连接)

2)滚子结构

滚子从动件的滚子可以是专用零件,如图 8-25(a)、(b)所示,也可以采用滚动轴承,如图 8-25(c)所示。滚子在从动上的支承,常采用悬臂式螺栓结构如图 8-25(a)所示和简支式叉臂结构(图 8-25(b)、(c))。

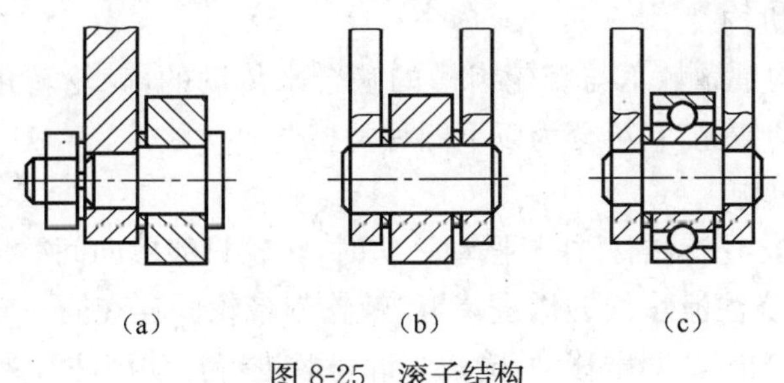

图 8-25 滚子结构

8.1.7 凸轮轮廓的加工方法

凸轮轮廓的加工方法通常有两种。

1. 铣、锉削加工

对用于低速、轻载场合的凸轮，可以应用反转法原理在未淬火凸轮上通过作图法绘制出轮廓曲线，采用铣床或手工锉削的方法加工而成。必要时可进行淬火处理，用这种方法加工出来的凸轮其变形难以得到修正。

2. 数控加工

即采用数控机床对淬火后的凸轮进行加工，是目前常用的一种凸轮加工方法。使用的设备主要有数控线切割机床、数控铣床、凸轮磨床等。加工时应用解析法，求出凸轮轮廓的坐标值和曲线方程，应用专用编程软件，切割而成。此方法加工出的凸轮精度高，适用于高速、重载的场合。

8.2 棘轮机构

8.2.1 棘轮机构的组成、工作原理及特点

如图 8-26 所示，棘轮机构主要由棘轮、棘爪和机架组成。当空套在 O 轴上的主动摇杆 1 向右摆动时，装在摇杆上的棘爪 2 借助于弹簧或自重嵌入棘轮 3 的齿槽内，推动棘轮顺时针转过一定角度，此时，止回棘爪 4 在棘轮的齿背上滑过。当摇杆向左摆动时，止回棘爪借助弹簧嵌入棘轮的齿槽内，阻止棘轮逆时针转动，同时棘爪在棘轮的齿背上滑过，此时棘轮静止不动。这样，随着摇杆的往复摆动，棘轮便作单向的间歇运动。摇杆的摆动可由曲柄摇杆机构、凸轮机构等来实现。

棘轮机构结构简单，制造方便，工作可靠，且棘轮的转角可根据需要进行适当调节。但棘爪在棘轮齿背滑行时将引零冲击、噪声和磨损，传动精度不高，传力不大。因此，棘轮机构只适于转速不高、载荷不大的场合。

8.2.2 棘轮机构的类型与应用

根据棘轮机构的结构和工作原理，棘轮机构可分为啮合式棘轮机构和摩擦式棘轮机构。

1. 啮合式棘轮机构

啮合式棘轮机构是靠棘爪与棘轮齿槽的啮合来传动的，棘轮转角只能作有级调节。根据棘轮机构的运动情况，它可分为以下四种类型。

1)单动式棘轮机构

如图 8-26 所示，当主动摇杆往复摆动一次时，棘轮只能单向间歇地转过某一角度。

图 8-27 所示为浇注流水线的送进装置，棘轮与带轮固连在同一轴上，当活塞 1 在汽缸内往复移动时，输送带 2 间歇移动，输送带静止时进行自动浇注。

2)双动式棘轮机构

如图 8-28 所示，当主动摇杆往复摆动一次时，两个棘爪都能先后推动棘轮沿同一方向转动。其棘爪可制成平头撑杆，如图 8-28(a)所示；或钩头拉杆，如图 8-28(b)所示。

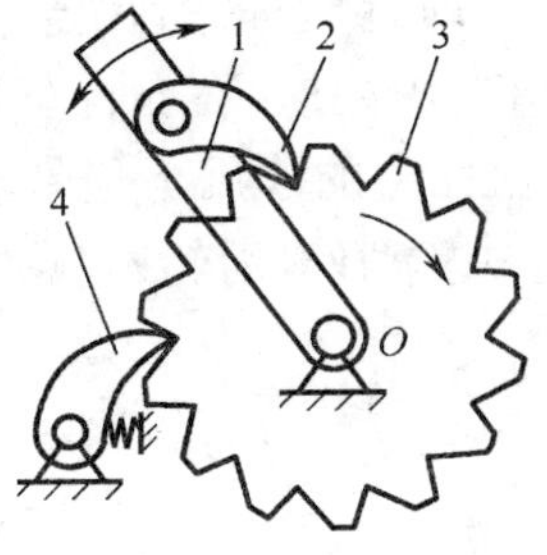

图 8-26 棘轮机构

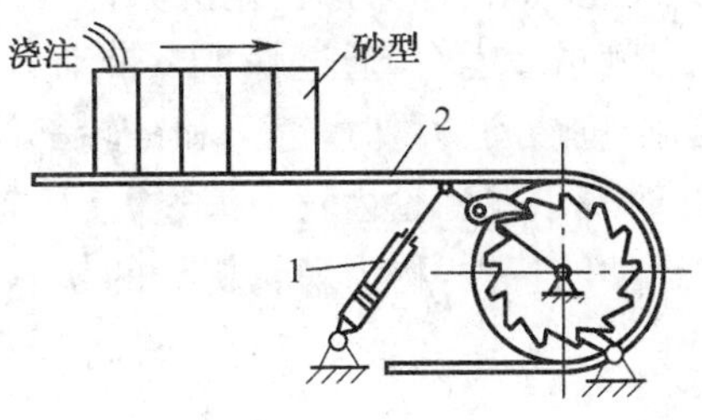

图 8-27 浇注流水线的送进装置

(a)

(b)

图 8-28 双动式棘轮机构

3)可变向棘轮机构

如图 8-29(a)所示,棘爪 1 可绕自身轴线翻转,其端部制成两边对称的外形,棘轮的齿制成矩形。当棘爪处在图中实线所示位置时,棘轮沿逆时针方向作间歇运动;当棘爪翻到虚线所示位置时,棘轮沿顺时针方向作间歇运动。

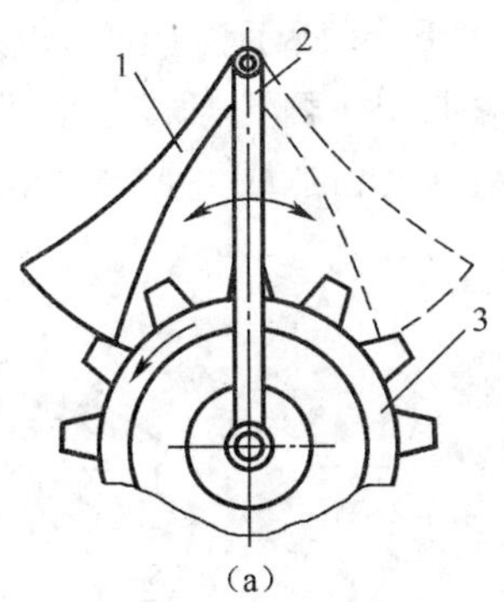

(a)

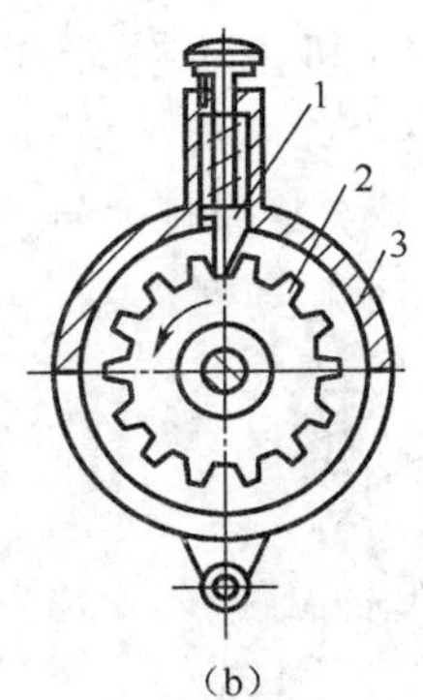

(b)

图 8-29 可变向棘轮机构

图 8-29(b)所示为另一种可变向棘轮机构。当棘爪 1 处在图示位置时,棘轮 2 沿逆时针方向作间歇运动。若将棘爪提起,绕自身轴线转过 180°后放下,则棘轮将沿顺时针方向作间歇运动。若将棘爪提起,绕自身轴线转过 90°后,则棘爪将被搁置在壳体 3 的平台上而使棘爪与棘轮脱离,此时当主动摇杆作往复动摆动时,棘轮将静止不动。牛头刨床工作台的横向进给机构即采用了这种棘轮机构。

4)内啮合棘轮机构

图 8-30(a)所示为单向间歇转动的内啮合棘轮机构。图 8-30(b)所示的自行车后轮

轴上的“飞轮”机构即为该机构的具体应用。当自行车正常行驶时，链条带动后链轮转动，棘轮 3 与棘爪 2 啮合，通过棘爪 2 带动后轮转动，于是自行车向前行驶。在自行车行驶过程中，当停止踏动脚蹬时，链条和链轮都停止运动，但后轮在惯性力的作用下仍带动棘爪转动，此时棘爪在棘轮齿背上滑过，使后轮轴与链条脱开。这种从动件(后轮)超越主动件(链轮)运动的特性，称为棘轮机构的超越作用。

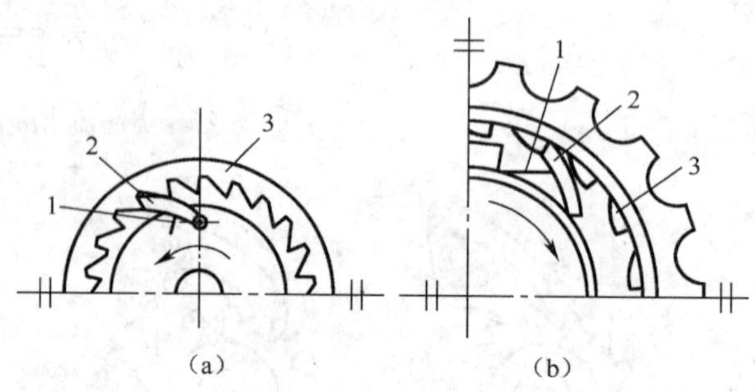

图 8-30　内啮合棘轮机构

1—弹簧；2—棘爪；3—棘轮。

2. 摩擦式棘轮机构

摩擦式棘轮机构是一种靠无棘齿的棘轮和棘爪之间产生的摩檫力来传动的。棘轮转角可作无级调节。

图 8-31 所示为外摩擦式棘轮机构，当摇杆 1 往复摆动推动棘爪 2 时，通过摩擦力带动棘轮 3 单向间歇转动。止回棘爪 4 是用来阻止棘轮倒转的。这种棘轮机构传动平稳，无噪声，但其接触表面易出现打滑现象。因此摩擦式棘轮机构多用于轻载间歇机构中，也常作超越式离合器。

棘轮机构还常用于机械的制动装置中。图 8-32 所示为卷扬机的制动安全装置。提升重物时，卷桶(即棘轮)1 逆时针方向转动，棘爪 2 在棘轮齿背上滑过。一旦机械发生故障，重物在重力作用下使卷桶顺时针方向转动，但此时因棘爪嵌入棘轮齿槽内而即时制动，防止卷筒倒转，从而起到保证安全的作用。

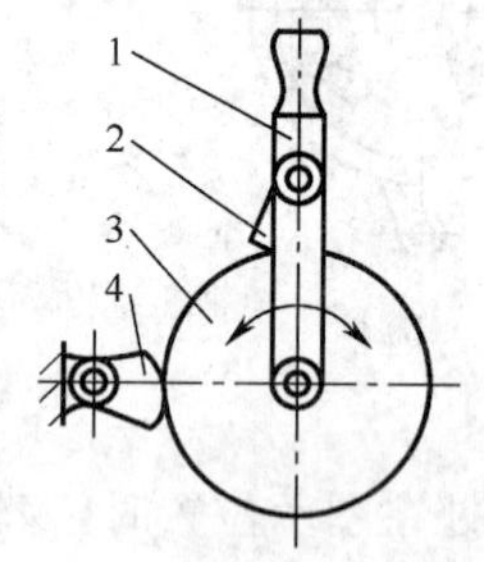

图 8-31　摩擦式棘轮机构

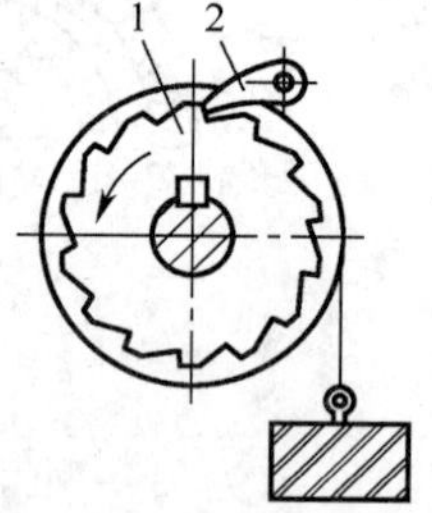

图 8-32　卷扬机制动安全装置

8.2.3　棘轮转角的调节

根据棘轮机构的工作要求，常常需要调节棘轮的转角。调节的方法一般有以下两种。

1. 改变摇杆的摆角

如图 8-33(a)所示的棘轮机构，通过转动螺母，调节其在丝杠上的位置，改变曲柄长度

r，从而改变摇杆的摆角，进而控制棘轮转角的大小。

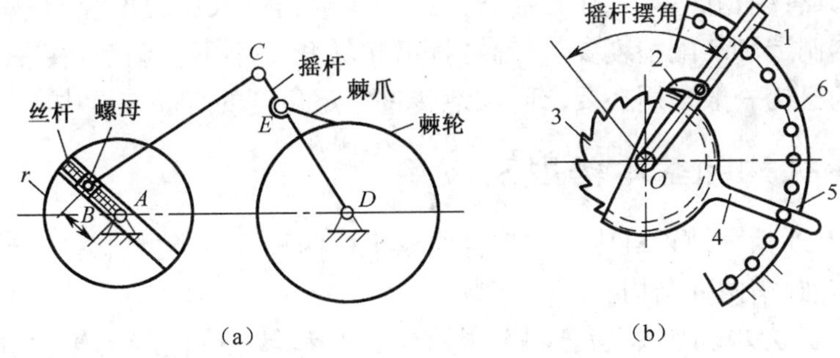

图 8-33　棘轮转角的调节

2. 在棘轮上安装遮板

如图 8-33(b)所示的棘轮机构，摇杆 1 的摆角不变，但在棘轮 3 上安装了遮板 4，用以遮盖摇杆摆角范围内棘轮上的一部分棘齿。当摇杆 1 向左摆动时，棘爪 2 先在遮板背上滑动，然后才落入棘轮 3 的齿槽内，于是推动棘轮转动。改变插销 5 在定位孔板 6 上的位置，即可调节摇杆摆程范围内露出的棘齿数，从而改变棘轮转角的大小。

8.2.4　棘轮与棘爪的材料

棘轮的材料一般用 Q235 或 45 钢。要求较高时，可采用 40Cr、65Mn，齿面一般硬度为 45HRC～50HRC；对受力较小的大尺寸棘轮也可用 HT150 制造。

棘爪的材料一般也选用 Q235、45 钢，要求较高时，可采用 40Cr、65Mn。棘爪端部一般硬度为 52HRC～56HRC。

8.3　槽轮机构

8.3.1　槽轮机构的组成、工作原理及特点

如图 8-34 所示，槽轮机构由带有圆销 A 的拨盘 1、具有径向槽的槽轮 2 和机架组成。拨盘 1 以等角速度 ω_1 连续转动，当拨盘上的圆销 A 未进入槽轮的径向槽时，槽轮的内凹锁止弧 ab 被拨盘的外凸圆弧 mn 锁住，槽轮静止不动。当拨盘上的圆销 A 开始进入槽轮的径向槽时，槽轮的锁止弧被松开，从而圆销 A 驱动槽轮转动。当拨盘上的圆销 A 开始脱出槽轮的径向槽时，槽轮上的另一内凹锁止弧 Cd 又被拨盘上的外凸圆弧 mn 锁住，槽轮又静止不动。直至圆销 A 再进入槽轮的另一径向槽时，槽轮又重复上述动作。随着拨

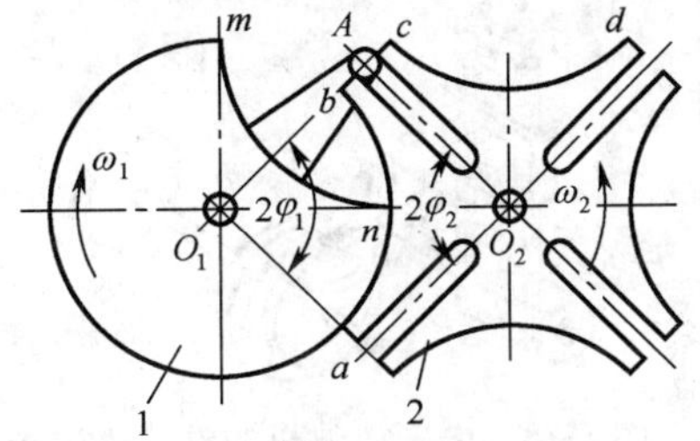

图 8-34　单圆销外啮合槽轮机构

盘的连续转动，槽轮如此周而复始地作时动时停的周期性间歇运动。

槽轮机构具有结构简单、工作可靠、转位迅速、圆销进入和脱出径向槽时较平稳等优点，但槽轮机构制造和装配精度要求较高，且槽轮转角大小不能调节，存在一定的柔性冲击。因此，槽轮机构一般多用在要求间歇地转过一定角度的自动装置中。

8.3.2 槽轮机构的基本类型及应用

槽轮机构有外啮合槽轮机构和内啮合槽轮机构两种基本类型。外啮合槽轮机构又可分为单圆销和多圆销两种结构。

图 8-34 所示为单圆销外啮合槽轮机构，当拨盘转一周时，槽轮只作一次与拨盘转动方向相反的转动。图 8-35 所示为双圆销外啮合槽轮机构，当拨盘转一周时，槽轮能作两次与拨盘转动方向相反的转动。图 8-36 所示为内啮合槽轮机构，这种槽轮机构结构紧凑，槽轮停歇时间短，传动平稳性也比外啮合槽轮机构好，拨盘与槽轮转向相同。

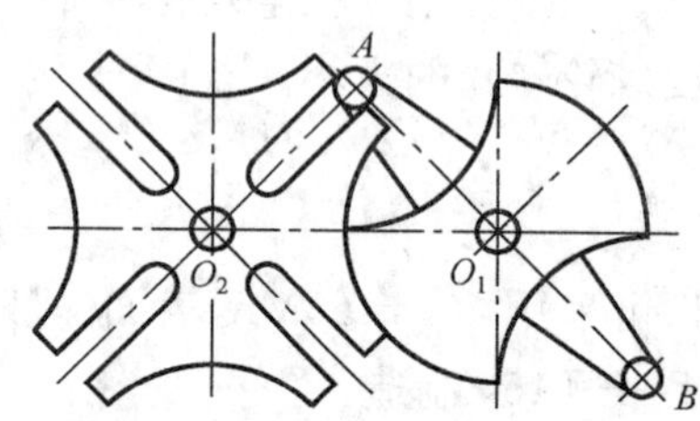

图 8-35　双圆销外啮合槽轮机构

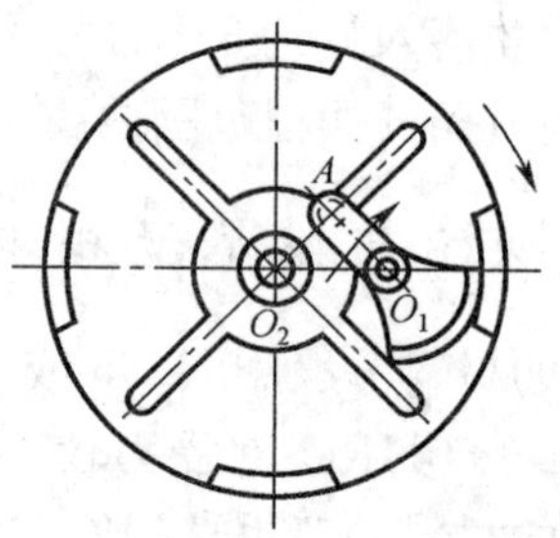

图 8-36　内啮合槽轮机构

槽轮机构被广泛应用于转位和送进的场合。图 8-37 所示为六角车床的刀架转位机构，通过槽轮机构使刀架 3 迅速转位，便于将下一道工序所需要的刀具转到工作位置上。图 8-38 所示为电影放映机的卷片机构，通过槽轮 2 的间歇转动使影片间歇输送，以适应人眼的“视觉暂留”现象。

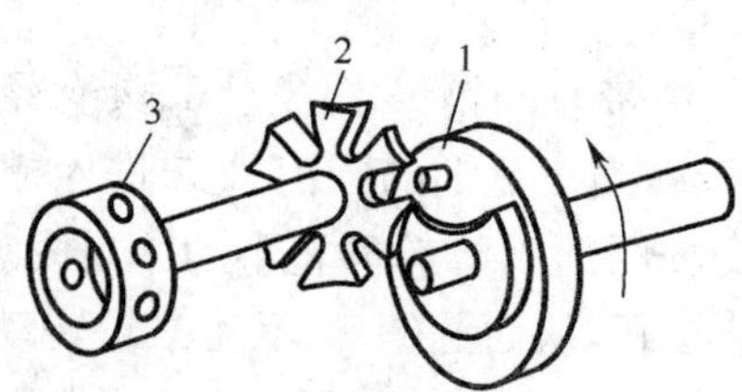

图 8-37　六角车床的转位机构

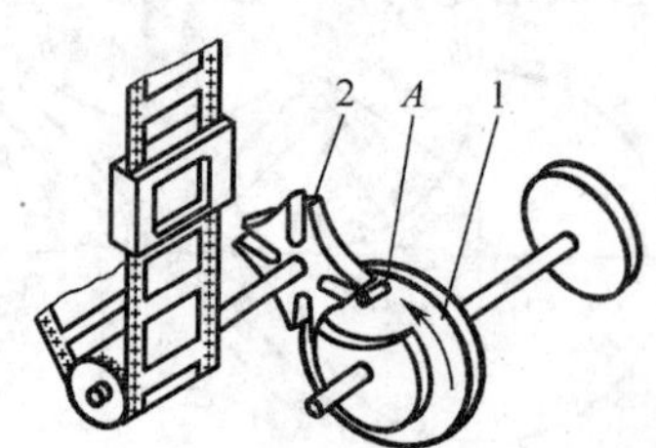

图 8-38　电影放映机的卷片机构

8.3.3 槽轮机构的设计

1. 拨盘和槽轮中心位置的确定

在图 8-35 所示的槽轮机构中，为避免槽轮在开始转动和终止转动时产生冲击，应使圆销 A 在进入和脱开径向槽时，其瞬时速度方向应沿着槽轮径向槽的方向，即 $O_1A \perp O_2A$。

2. 槽轮机构的主要参数

1)槽轮槽数 z 和槽轮机构的运动系数 τ

设 z 为槽轮上均匀分布的槽数，由图 8-35 可知，当槽轮 2 转动一次，即转过 $2\varphi_2=\frac{2\pi}{z}$ 弧度时，拨盘 1 所转过的角度为

$$2\varphi_1=\pi-2\varphi_2=\pi-\frac{2\pi}{z}=\pi\left(\frac{z-2}{z}\right) \tag{8-12}$$

单圆销槽轮机构在一个运动循环内(即拨盘转一周)，槽轮的运动时间 t_m 与一个循环的总时间 t 之比，称为槽轮机构的运动系数，以 τ 表示，即

$$\tau=\frac{t_m}{t}=\frac{2\varphi_1/\omega_1}{2\pi/\omega_1}=\frac{2\varphi_1}{2\pi}$$

将式(8-12)代入上式得

$$\tau=\frac{z-2}{2z}=\frac{1}{2}-\frac{1}{z} \tag{8-13}$$

由式(8-13)可以看出，要保证槽轮运动，即 $\tau>0$，须 $z\geqslant3$。而对单圆销外啮合槽轮机构而言有 $0<\tau<0.5$，即槽轮运动时间总小于静止时间。但当 $z=3$ 时，由理论分析可知，槽轮转动时将有较大的振动和冲击；而当 $z>9$ 时，z 的增大对 τ 的影响已很小，所以，通常取 $z=4\sim8$。

同理可得，图 8-37 所示内啮合槽轮机构的运动系数为

$$\tau=\frac{z+2}{2z}=\frac{1}{2}+\frac{1}{z} \tag{8-14}$$

2)圆销数 K

要得到 $\tau>0.5$ 的外啮合槽轮机构，可采用多圆销拨盘。设拨盘上均匀分布的圆销数为 K，则在一个运动循环内，槽轮将被拨动 K 次，因此，其运动系数为

$$\tau=\frac{K(z-2)}{2z} \tag{8-15}$$

由于运动系数 τ 应小于 1，则圆销数为

$$K<\frac{2z}{z-2} \tag{8-16}$$

由式(8-16)可知，当 $z=3$ 时，K 可取 1～5；当 $z=4$ 时，K 可取 1～3；当 $z\geqslant6$ 时，K 可取 1 或 2。

3)拨盘转速 n

当拨盘以等角速度 ω_1 转动时，槽轮的运动时间 t_m 可写为

$$t_m=\frac{2\varphi_1}{\omega_1}=\frac{(z-2)\pi/z}{\pi n/30}=\frac{z-2}{z}\cdot\frac{30}{n}(\mathrm{s})$$

则拨盘转速为

$$n=\frac{30(z-2)}{zt_m}(\mathrm{r/min}) \tag{8-17}$$

3. 槽轮机构的材料

槽轮材料一般采用 45 钢调质处理。要求较高时，可采用 40Cr 淬火，硬度为 52HRC～56HRC，或采用 20Cr 渗碳淬火，表面硬度为 56HRC～62HRC，渗碳层深度一般为 0.8mm～1.5mm。

圆销材料一般采用 45 钢。要求较高时，可采用 20Cr（渗碳淬火）、GCr15 或 T8 等材料，其硬度为 52HRC～56HRC。

8.4 不完全齿轮机构

不完全齿轮机构是由渐开线齿轮机构演变而成，与棘轮机构、槽轮机构一样，同属于间歇运动机构。

不完全齿轮机构是在主动轮上只制出一个或几个齿（如图 8-39(a)中的齿轮 1），从动轮上制出与主动轮相啮合的几个齿和锁住弧（如图 8-39(a)中的齿轮 2），可实现主动轮的连续转动和从动轮的有停歇转动。图 8-39(a)为外啮合不完全齿轮机构，其中主动齿轮 1 每转 1 周，从动齿轮 2 转 1/4 周，从动齿轮 2 转 1 周停歇 4 次；图 8-39(b)为内啮合不完全齿轮机构。

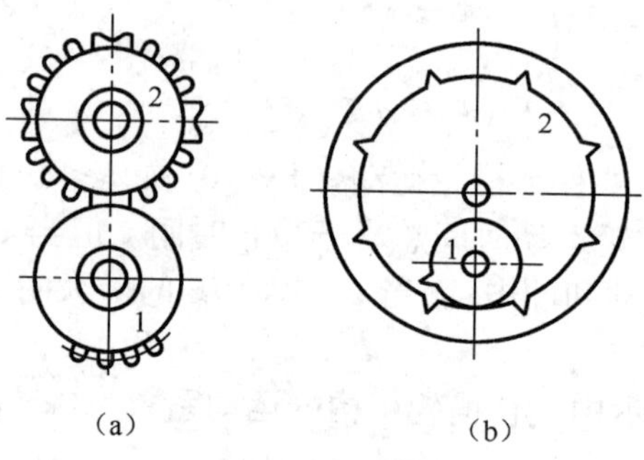

图 8-39　不完全齿轮机构

不完全齿轮机构的结构简单，制造方便，工作可靠，传递力大；缺点是从动轮在转动开始及终止时运动速度有突变，冲击较大。不完全齿轮机构一般仅用于低速、轻载的场合。

习　题

8-1　与平面连杆机构相比，凸轮机构的优缺点是什么？为什么凸轮机构会在自动机械中得到广泛的应用？

8-2　比较尖顶、滚子和平底从动件的优缺点及应用场合。

8-3　从动件的常用运动规律有哪几种？各有何特点？各适用于何场合？

8-4　在滚子移动从动件盘形凸轮机构中，若将滚子从动件换成尖顶从动件，但仍然使用原来的凸轮，则从动件的运动规律是否变化？

8-5　在设计凸轮机构时，滚子半径和基圆半径的选择原则是什么？

8-6　一尖顶对心移动从动件盘形凸轮机构中，凸轮以等角速度逆时针转动，从动件与凸轮的运动关系为：凸轮转角由 0°～90°时，从动件等速上升 40mm；凸轮转角由 90°～

150°时，从动件静止不动；凸轮转角由150°～300°时，从动件按等加速等减速运动规律下降至原处；凸轮转角由300°～360°时，从动件静止不动。设凸轮基圆半径r_b＝40mm，试作出从动件的运动线图，并分析哪些位置产生刚性冲击，哪些位置产生柔性冲击，并绘制出凸轮轮廓曲线。

8-7 若将题8-6中的机构改为滚子对心移动从动件盘形凸轮机构，且滚子半径r_T＝15mm，试绘制其轮廓曲线。

8-8 一尖顶偏置移动从动件盘形凸轮机构中，已知基圆半径r_b＝20mm，偏距e＝6mm，凸轮以等角速度顺时针转动，从动件运动规律为：凸轮转角由0°～90°时，从动件等速上升h＝18mm；凸轮转角由90°～150°时，从动件停止不动；凸轮转角由150°～270°时，从动件按余弦加速度运动规律下降至原处；凸轮转角由270°～360°时，从动件停止不动。试设计该轮廓曲线。

8-9 设计凸轮轮廓曲线时，如何检验最大压力角α_{max}？当α_{max}＞[α]时应采取什么措施？

8-10 试说明棘轮机构的组成和工作原理。

8-11 棘轮机构可分为哪些类型？

8-12 牛头刨床工作台横向进给丝杆的导程为6mm，与丝杆联动的棘轮齿数为30，试求棘轮的最小转动角度和该刨床的最小横向进给量。

8-13 试说明槽轮机构的组成和工作原理。

8-14 槽轮机构可分为哪些类型？

8-15 调节棘轮转角大小的方法有哪些？

8-16 棘轮机构和槽轮机构的工作特点有哪些？试举例说明棘轮机构和槽轮机构的应用。

8-17 已知某槽轮机构的中心距a＝60mm，槽轮的槽数z＝6，圆销半径r＝6mm，圆销数K＝2均布。当拨盘转速为n_1＝24r/min时，求槽轮在一个运动循环中的运动时间t_m和静止时间t_s各为多少？

8-18 已知某双圆销四槽外啮合槽轮机构，当槽轮处于停歇状态时完成工艺动作，所需时间为20s。试求槽轮的转位时间和拨盘转速。

8-19 试说明不完全齿轮机构的组成和工作原理。

第9章　轴

传动件必须支承起来才能进行工作，用来支承传动件的零件称为轴。轴本身又必须被支承起来，轴上被支承的部分称为轴颈，支承轴颈的支座称为轴承。轴的结构和尺寸是由被支持的零件和支承它的轴承的结构和尺寸决定的，是重要的非标准零件。

9.1　概　述

9.1.1　轴的功用

轴的功用主要是支承回转零件(如齿轮、带轮等)，并能传递运动和转矩。轴是组成机器的重要零件之一，轴的工作情况好坏直接影响到整台机器的性能和质量。

9.1.2　轴的分类

1. 根据承载性质分类

1)心轴

只承受弯矩而不承受转矩的轴称为心轴。心轴按其是否转动又分为转动心轴和固定心轴。

(1)转动心轴。工作时轴随转动件一起转动，轴上承受的弯曲应力是按对称循环的规律变化的，如图9-1(a)所示的铁路机车的轮轴。

(2)固定心轴。工作时轴不转动，轴上承受的弯曲应力是不变的，为静应力状态，如图9-1(b)所示的自行车前轮轴。

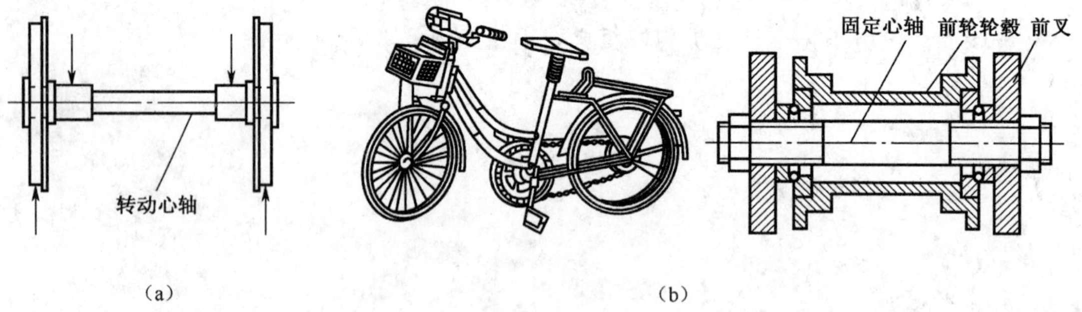

图9-1　心轴
(a)铁路机车的轮轴；(b)自行车的前轮轴。

2)传动轴

只承受转矩不承受弯矩或承受很小弯矩的轴称为传动轴，如图9-2所示的汽车变速器至后桥传递转矩的轴。

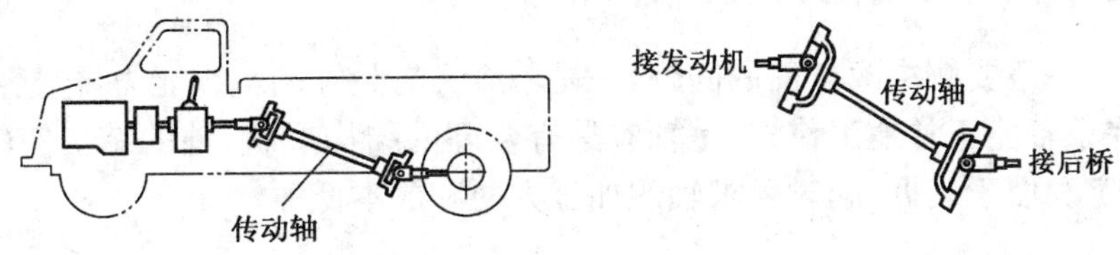

图 9-2　传动轴

3)转轴

既承受弯矩又承受转矩的轴称为转轴,如图 9-3 所示的齿轮减速器中的轴。转轴是机器中最常见的轴,通常简称为轴。

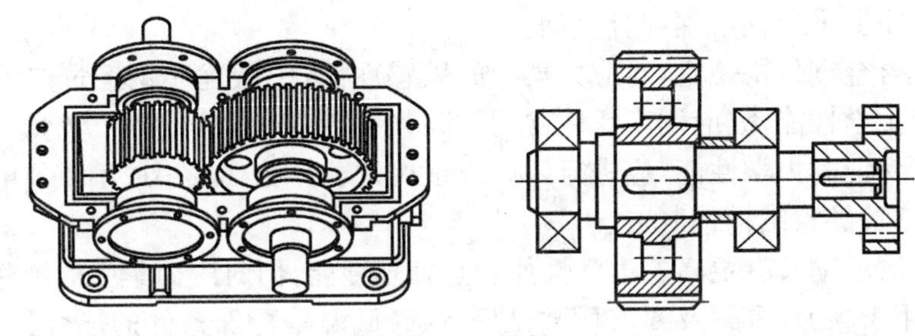

图 9-3　转轴

2. 根据轴线的的形状分类

按轴线形状的不同,轴又可分为直轴(图 9-4)、曲轴(图 9-5)和挠性轴(图 9-6)。

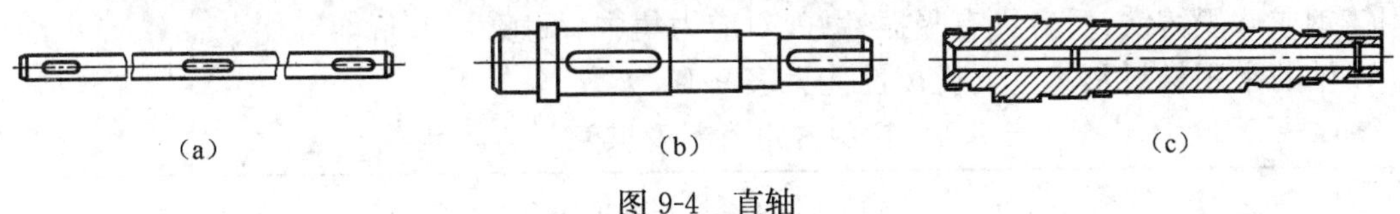

图 9-4　直轴

(a)光轴;(b)阶梯轴;(c)空心轴。

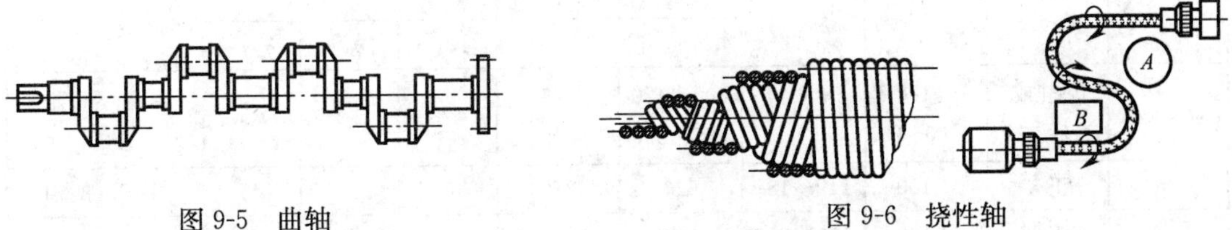

图 9-5　曲轴　　图 9-6　挠性轴

直轴按其外形不同又可分为光轴(图 9-4(a))和阶梯轴(图 9-4(b))。光轴形状简单、加工容易、应力集中源少,主要用作传动轴。阶梯轴各轴段截面的直径不同,这种设计使各轴段的强度相近,而且便于轴上零件的装拆和固定,因此阶梯轴在机器中的应用最为广泛。

直轴一般都制成实心轴,但为了减轻重量或为了满足有些机器结构上的需要,也可以采用空心轴(图 9-4(c))。

曲轴常用于往复式机器(如曲柄、压力内燃机等)和行星轮系中。挠性轴的轴线可按使用要求变化,如图 9-6 所示,挠性轴可将转矩和旋转运动绕过障碍 A、B 传到所需位置,常用于建筑机械中的捣振器、汽车中的转速表等。

9.1.3 设计轴时要解决的主要问题

轴的设计一般要解决两方面的问题：一是轴应具有足够的承载能力，包括足够的强度和刚度，以保证轴能正常地工作；二是轴应具有合理的结构形状，轴的结构使轴上的零件能可靠地固定和便于装拆，同时要求轴的加工方便和成本低廉。

9.2 轴的材料及选择

轴的材料是决定轴的承载能力的重要因素。选择轴的材料应考虑工作条件对它提出的强度、刚度、耐磨性、耐腐蚀性方面的要求，同时还应考虑制造的工艺性及经济性。

轴的材料主要采用碳素钢和合金钢。

碳素钢比合金钢价格便宜，对应力集中的敏感性低，中碳优质钢经过热处理后，能获得良好的综合力学性能，故应用广泛。常用的碳素钢有35钢、40钢、45钢等，其中45钢最为常用。为保证其力学性能，应进行调质或正火处理。受载较小或不重要的轴，也可采用Q235、Q275等碳素结构钢制造。

合金钢比碳素钢具有更高的力学性能和热处理性能，但对应力集中的敏感性强，价格较贵，因此多用于高速、重载及要求耐磨、耐高温或低温等特殊条件的场合。由于在常温下合金钢与碳素钢的弹性模量相差很小，因此，用合金钢代替碳素钢并不能明显提高轴的刚度。

轴的毛坯一般采用热轧圆钢或锻件。对于形状复杂的轴（如曲轴、凸轮轴等）也可采用铸钢或球墨铸铁，后者具有吸振性好、对应力集中、敏感性低、价廉等优点。

轴的常用材料及其主要机械性能见表9-1。

表9-1 轴的常用材料及其主要力学性能

材料牌号	热处理方法	毛坯直径/mm	硬度/HBS	抗拉强度 σ_b/MPa	屈服点 σ_s/MPa	许用弯曲应力/MPa			备注
				不小于		$[\sigma_{+1}]_b$	$[\sigma_0]_b$	$[\sigma_{-1}]_b$	
Q235-A	热轧或锻后空冷	≤100		400～420	225	125	70	40	用于不重要的轴
		>100～250		375～390	215				
35	正火	≤100	149～187	520	270	170	75	45	用于一般轴
45	正火	≤100	170～217	600	300	200	95	55	应用最为广泛
	调质	≤200	217～255	650	360	215	108	60	
40Cr	调质	≤100	241～286	750	550	245	120	70	用于载荷较大，但冲击不太大的重要轴
		>100～300		700	500				
35SiMn	调质	≤100	229～286	800	520	270	130	75	用于中、小型轴，可代替40Cr
42SiMn	调质								
40MnB	调质	≤200	241～286	750	500	245	120	70	用于小型轴，可代替40Cr

9.3 轴的结构设计

9.3.1 轴的组成

图 9-7 所示为一圆柱齿轮减速器的低速轴，是一个典型的阶梯形转轴。轴主要由轴颈、轴头和轴身三部分组成。

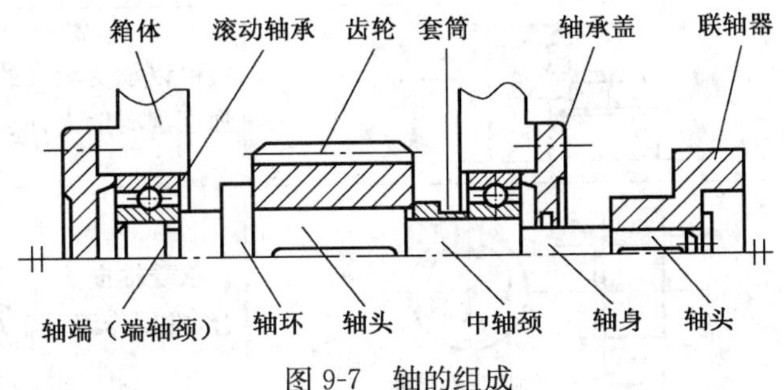

图 9-7 轴的组成

1. 轴颈

轴上与轴承配合的部分称为轴颈。根据轴颈所在的位置又可分为端轴颈(位于轴的两端，只承受弯矩)和中轴颈(位于轴的中间，同时承受弯矩和转矩)。

2. 轴头

安装轮毂的部分称为轴头。

3. 轴身

连接轴颈和轴头的部分称为轴身。

轴颈和轴头的直径应取标准值，它们的直径大小由与之相配合部件的内孔决定。轴上的螺纹、花键部分必须符合相应的标准。

9.3.2 轴上零件的定位与固定

1. 轴上零件的轴向定位和固定

零件轴向定位的方式常取决于轴向力的大小。常用的轴向定位和固定方式及其特点和应用见表 9-2。

表 9-2 轴上零件的轴向固定方式

轴向固定方式	结构图形	特点及应用
轴肩与轴环	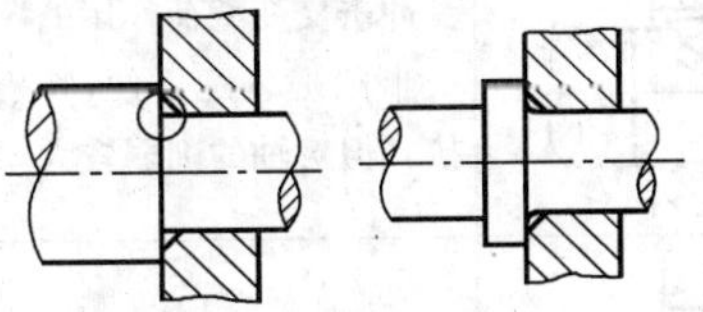	结构简单可靠。常用于各种零件的轴向定位，能承受较大的轴向力。经常与套筒、圆螺母、挡圈等组合使用
套筒	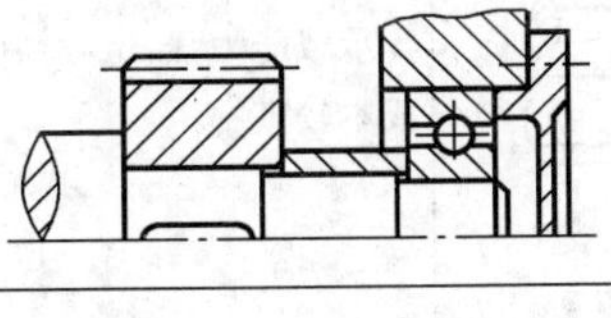	结构简单、灵活，可减少轴的阶梯数并避免因螺纹(用圆螺母时)而削弱轴的强度。一般用于轴上零件间距离较短的场合

（续）

轴向固定方式	结构图形	特点及应用
圆螺母与止动垫圈	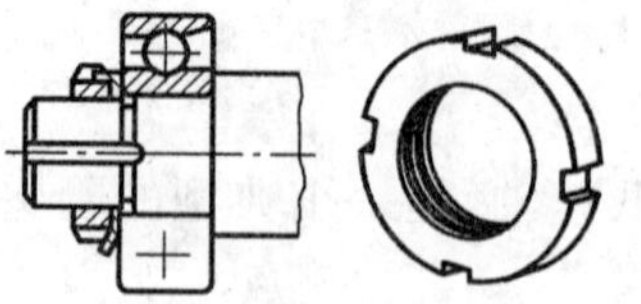	常用于零件与轴承之间距离较大，轴上允许车制螺纹的场合
双圆螺母	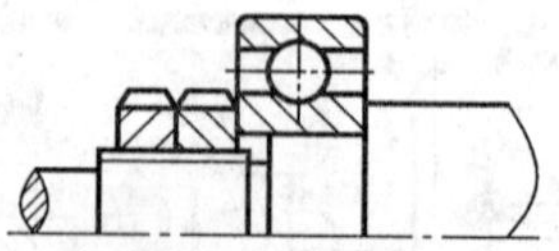	可以承受较大的轴向力，螺纹对轴的强度削弱较大，应力集中严重
弹性挡圈	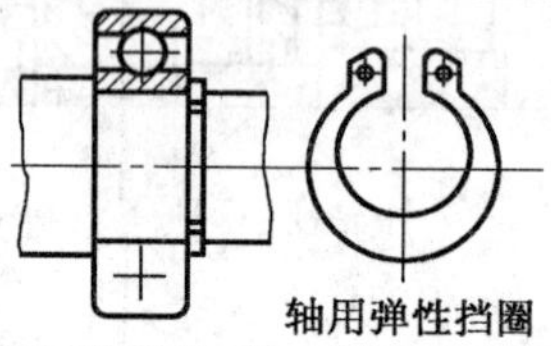 轴用弹性挡圈	承受轴向力小或不承受轴向力的场合，常用作滚动轴承的轴向固定
轴端挡圈	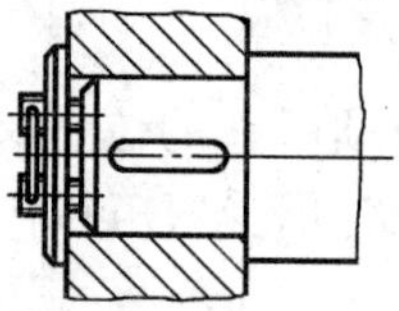	用于轴端零件要求固定的场合
紧定螺钉	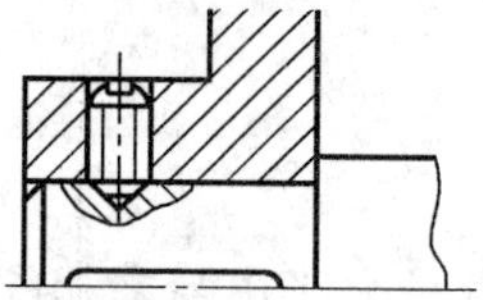	承受轴向力或不承受轴向力的场合

2. 轴上零件的周向定位与固定

周向定位与固定的目的是为了限制轴上零件相对于轴转动和保证同心度，以便更好地传递运动和转矩，避免轴上零件与轴发生相对转动。常用的轴上零件的周向定位与固定方法有销、键、花键、过盈配合和紧定螺钉连接等，见表 9-3。

表 9-3 轴上零件的周向固定方式

周向固定方式	结构图形	特点及应用
键	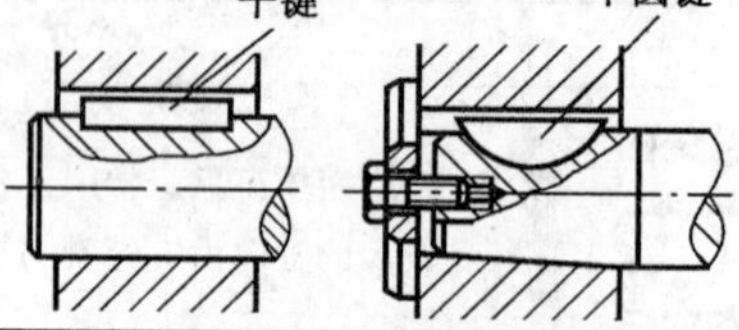 平键　半圆键	平键对中性好，可用于较高精度、高转速及受冲击交变载荷作用的场合 半圆键装配方便，特别适合锥形轴端的连接。但对轴的削弱较大，只适于轻载
花键	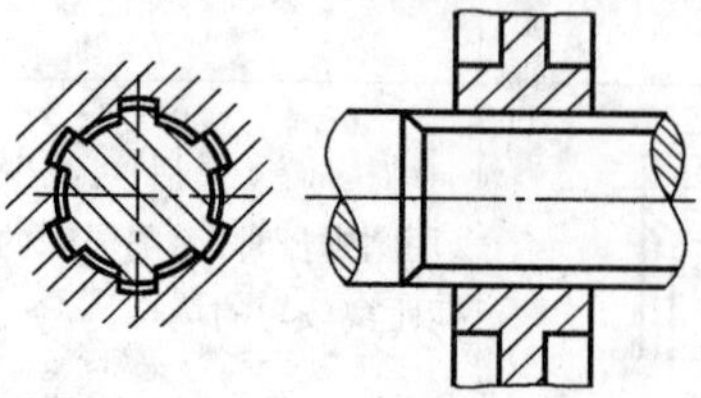	承载能力强，定心精度高，导向性好，但制造成本较高

（续）

周向固定方式	结构图形	特点及应用
紧定螺钉		只能承受较小的周向力，结构简单，可兼做轴向固定。在有冲击和振动的场合，应有防松措施
圆锥销		用于受力不大的场合，可做安全销使用
过盈配合		对中性好，承载能力高，适用于不常拆卸的部位。可与平键联合使用，能承受较大的交变载荷

9.3.3 轴的结构工艺性

轴和轴上零件的结构、工艺以及轴上零件的安装布置等对轴的强度有很大的影响，应考虑以下方面。

1. 尽量制成阶梯轴

对于只受转矩的传动轴，为了使各轴段剖面上的切应力大小相等，常制成光轴或接近光轴的形状；对于受交变弯曲载荷的轴，考虑到中间处应力大且便于零件的装拆，一般制成中间大、两头小的阶梯轴，如图 9-8 所示。所有键槽应沿轴的同一母线布置，以方便加工，降低加工成本。

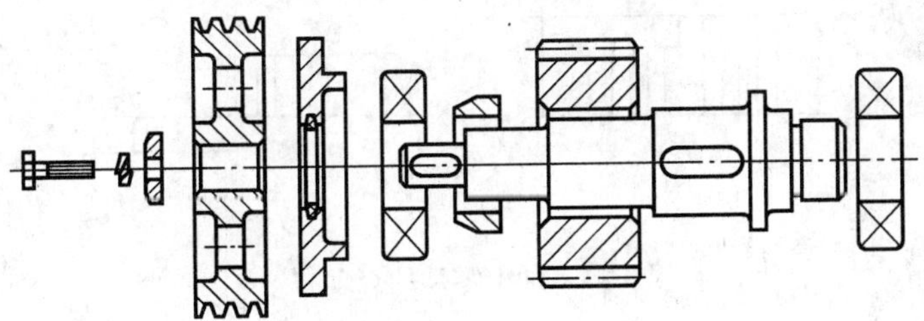

图 9-8　轴的结构特点

2. 减少应力集中，提高轴的疲劳强度

在直径突变处应平缓过渡（采用圆弧或倒角），制成的圆角半径尽可能取得大些；还可采用减载槽、中间环或凹切圆角等结构来减少应力集中，如图 9-9 所示。

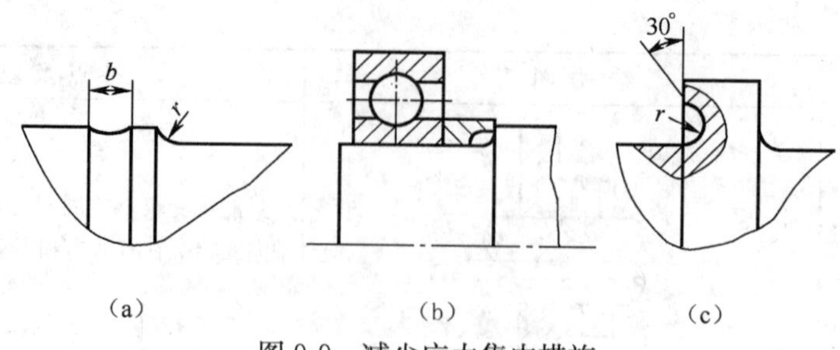

图 9-9 减少应力集中措施

(a)减载槽;(b)中间环;(c)凹切圆角。

3. 考虑加工、安装工艺设计轴的结构

当某一轴段需车制螺纹或磨削加工时,应留有退刀槽(图 9-10(a))或砂轮越程槽(图 9-10(b));为了磨削轴的外圆,在轴的端部应制有定位中心孔(图 9-10(c));对于过盈连接,其轴头要制成引导装配的锥度(图 9-10(d)),图中 $c \geqslant 0.01d + 2\text{mm}$。

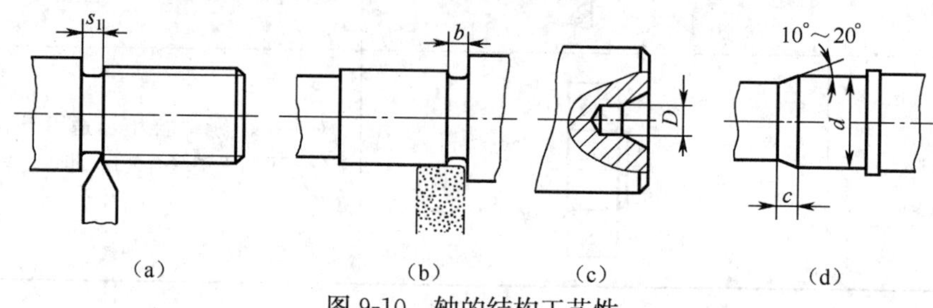

图 9-10 轴的结构工艺性

4. 合理布置轴上零件

改变轴上零件的布置,有时可使轴上的载荷减小。如图 9-11(a)所示的轴,轴上作用的最大转矩为 $T_1 + T_2$,如果输入轮布置在两输出轮之间,如图 9-11(b)所示,则轴上所受的最大转矩将由($T_1 + T_2$)降低至 T_1。

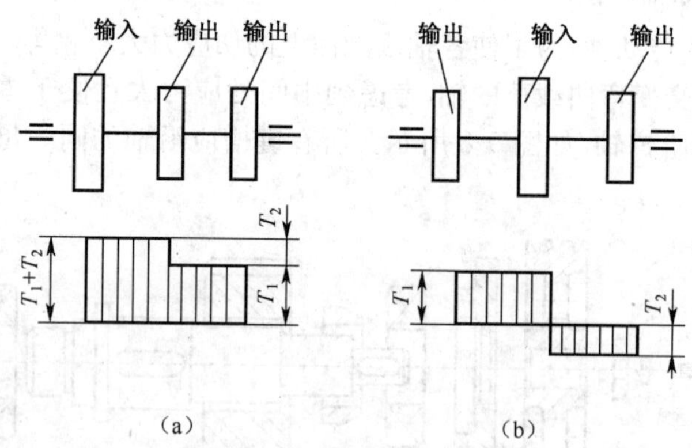

图 9-11 轴上零件的合理布置

5. 改进轴上零件的结构

改进轴上零件的结构也可以减小轴上的载荷。如图 9-12(a)所示,卷筒的轮毂很长,轴的弯曲力矩较大,如把轮毂分成两段,如图 9-12(b)所示,则就减少了轴的弯矩,从而提高了轴的强度和刚度,同时还能得到更好的轴孔配合。

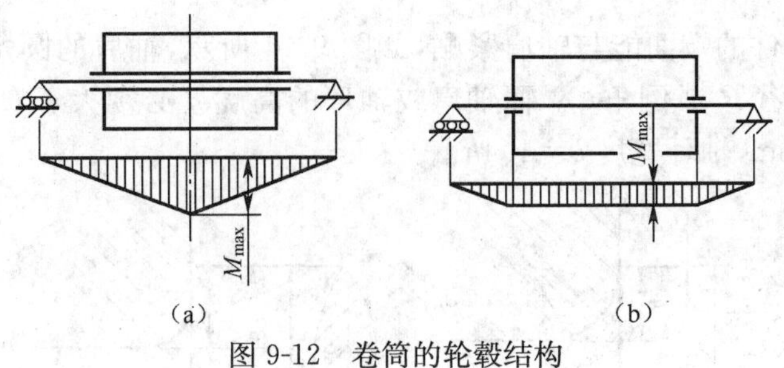

图 9-12 卷筒的轮毂结构

9.3.4 轴的各段直径和长度确定

1. 确定轴的各段直径

轴的直径应满足强度和刚度要求。此外，还要根据轴上零件的固定方法，拆装顺序等定出各轴段基本直径。

1)确定轴的最小直径

(1)开始设计轴时，通常还不知道轴上零件的位置及支点位置，无法确定轴的受力情况，只有待轴的结构设计基本完成后，才能对轴进行受力分析及强度、刚度等校核计算。因此，一般在进行轴的结构设计前先按纯扭转受力情况对轴的最小直径进行估算，估算出来的直径圆整成标准直径作为轴的最小直径。

(2)如轴上有一个键槽，为了弥补轴的强度降低，则应将算得的最小直径增大 3%～5%；如有两个键槽可增大 7%～10%。

(3)如该处装有联轴器等标准件，还需符合联轴器或其他标准件的标准孔径。

2)确定其余各轴段直径

如图 9-13 所示，轴的其余各段直径可由最小直径依次加上轴肩高得到。因此只需确定各轴肩的高度，就可确定各轴段直径。

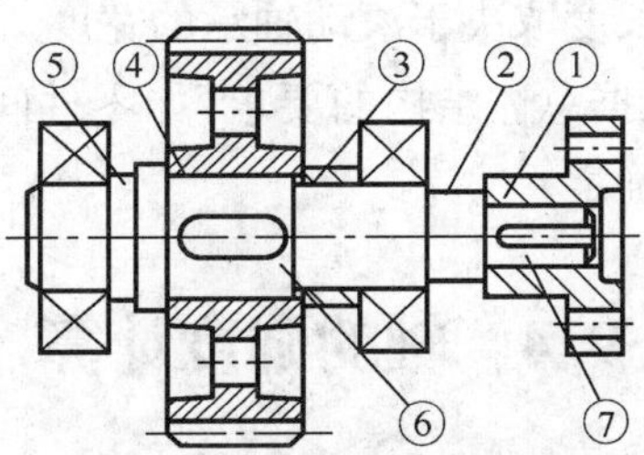

图 9-13 轴的各段直径及长度

轴肩按其用途不同又可分为非定位轴肩与定位轴肩等，具体见表 9-4。

表 9-4 轴肩的分类及高度确定

名称	分 类		图例	轴肩高 h 的确定
轴肩	非定位轴肩		图 9-13②、③	h=1mm～2mm(视情况可适当调整)
	定位轴肩	定位标准件	图 9-13①、⑤	查找有关机械手册或 $h=(0.07\sim0.1)d$ mm
		定位非标准件	图 9-13④	$h=R(C)+(0.5\sim2)$mm 或 $h=(0.07\sim0.1)d$ mm
注：1. d 为配合处轴径； 2. R、C 为零件孔端圆角半径或倒角				

为了使轴上零件的端面能与轴肩紧贴，如图 9-14 所示，轴肩的圆角半径 r 必须小于零件孔端的圆角半径 R 或倒角 C。而轴肩或轴环的高度 h 必须大于 R 或 C，一般取 $h=R(C)+(0.5\sim2)$mm，轴环宽度 $b=1.4h$。

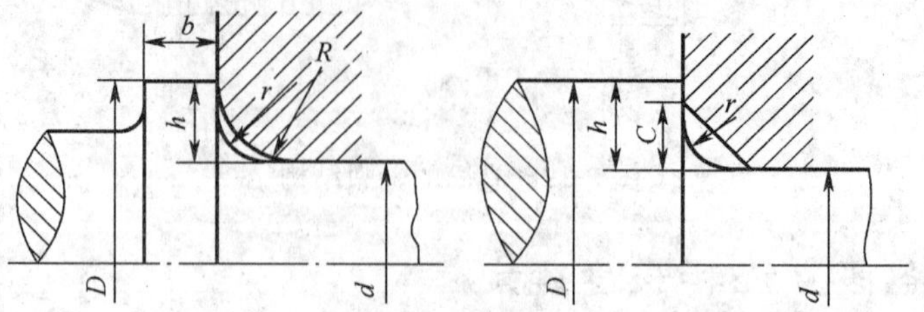

图 9-14 轴肩圆角与相配零件的倒角

零件孔端圆角半径 R 和倒角 C 的数值见表 9-5。

表 9-5 零件孔端圆角半径 R 和倒角 C

轴径 d	>10～18	>18～30	>30～50	>50～80	>80～100
r(轴)	0.8	1.0	1.6	2.0	2.5
R 或 C(孔)	1.6	2.0	3.0	4.0	5.0

2. 确定轴的各段长度

轴的各段长度主要是根据得到轴上零件的轴向尺寸及轴系结构的总体布置来确定，设计时应满足的要求如下：

(1)为保证传动件能得到可靠的轴向固定，轴与传动件轮毂相配合的部分(图 9-13 中⑥)的长度一般应比轮毂长度短 2mm～3mm；轴与联轴器相配合部分(图 9-13 中⑦)的长度，一般应比半联轴器长度短 5mm～10mm。

(2)安装滚动轴承的轴颈长度取决于滚动轴承的宽度。

(3)其余段轴的长度，可根据总体结构的要求(如零件间的相对位置、拆装要求、轴承间隙的调整等)在结构设计中确定。

9.4 轴的强度计算

强度计算是设计轴的重要内容之一，其目的是在于根据轴的受载情况及相应的强度条件来确定轴的直径，或对轴的强度进行校核。

常用的轴的强度计算方法有三种：①按扭转强度计算；②按弯扭合成强度计算；③安全系数校核计算。本章重点介绍前两种强度计算方法。

9.4.1 按扭转强度计算

对于传动轴，因只受转矩，可只按转矩计算轴的直径；对于转轴，先用此法估算轴的最小直径，然后进行轴的结构设计，并用弯扭合成强度校核。

实心圆轴扭转的强度条件为

$$\tau = \frac{T}{W_T} = \frac{T}{0.2d^3} \leqslant [\tau] \tag{9-1}$$

由上式可写出轴的直径设计计算公式，即

$$d \geqslant \sqrt[3]{\frac{T}{0.2[\tau]}} = \sqrt[3]{\frac{9.55 \times 10^6 P}{0.2[\tau]n}} = C\sqrt[3]{\frac{P}{n}} \tag{9-2}$$

式中 T——轴所传递的转矩(N·mm)，$T=9.55\times10^6\dfrac{P}{n}$；

P——轴传递的功率(kW)；

n——轴的转速(r/min)；

W_T——轴的抗弯截面模量(mm^3)，$W_T=0.2d^3$；

τ、$[\tau]$——轴的切应力、许用切应力(MPa)(表 9-6)；

d——轴的最小估算直径(mm)；

C——由轴的材料和受载情况所决定的系数(表 9-6)。

表 9-6 常用材料的$[\tau]$和 C 值

轴的材料	Q235-A,20	35	45	40Cr,35SiMn
$[\tau]$/MPa	12～20	20～30	30～40	40～52
C	135～160	118～135	107～118	98～107

9.4.2 按弯扭合成强度计算

按弯扭合成强度计算轴径的一般步骤如下：

(1)将外载荷分解到水平面和垂直面内。求水平面支承反力 F_H 和垂直面支承反力 F_V。

(2)分别作水平面弯矩(M_H)图和垂直面弯矩(M_V)图。

(3)计算出合成弯矩 $M=\sqrt{M_H^2+M_V^2}$，绘制合成弯矩图。

(4)作转矩(T)图。

(5)按第三强度理论条件建立轴的弯扭合成强度条件。

当量弯矩：

$$M_e = \sqrt{M^2 + (\alpha T)^2}$$

式中：α 为考虑弯曲应力与扭转应力循环特性的不同而引入的修正系数。通常弯曲应力为对称循环变化的应力，而扭转切应力随工作情况的变化而变化。

对于不变的转矩，取 $\alpha=\dfrac{[\sigma_{-1}]_b}{[\sigma_{+1}]_b}\approx0.3$。

对于脉动循环转矩，取 $\alpha=\dfrac{[\sigma_{-1}]_b}{[\sigma_0]_b}\approx0.6$。

对于对称循环转矩，取 $\alpha=\dfrac{[\sigma_{-1}]_b}{[\sigma_{-1}]_b}\approx1$。

$[\sigma_{+1}]_b$、$[\sigma_0]_b$、$[\sigma_{-1}]_b$ 分别为材料在静应力、脉动循环应力及对称循环应力下的许用弯曲应力，其值见表 9-1。

(6)校核或设计轴的直径。轴计算截面上的强度校核公式为

$$\sigma_e=\frac{M_e}{W}=\frac{\sqrt{M^2+(\alpha T)^2}}{W}\leqslant[\sigma] \tag{9-3}$$

式中 σ_e——轴的计算截面上的当量应力(MPa)；

M_e——轴的计算截面上的当量弯矩(N·mm)；

M——轴的计算截面上的合成弯矩(N·mm)；

T——轴传递的转矩(N·mm)；

W——轴的危险截面的抗弯截面系数(mm^3)。

对于实心圆轴，$W=\frac{\pi}{32}d^3\approx 0.1d^3$，其计算截面上的强度校核公式简化为

$$\sigma_e=\frac{M_e}{W}=\frac{10\sqrt{M^2+(\alpha T)^2}}{d^3}\leqslant[\sigma] \tag{9-4}$$

轴计算截面直径设计公式为

$$d\geqslant\sqrt[3]{\frac{10\sqrt{M^2+(\alpha T)^2}}{[\sigma]}} \tag{9-5}$$

按弯扭合成强度计算，由于考虑了支承的特点、轴的跨距、轴上的载荷分布及应力性质等因素，与轴的实际情况较为接近，故计算与按扭转强度计算相比较更为精确、可靠。此法可用于一般用途的轴进行设计计算或强度校核。对重要的轴和重载轴，还需进行强度的精确计算(如安全系数校核计算)，可查找有关机械手册，本书不再详述。

9.5 轴的刚度计算

轴受载荷的作用后会发生弯曲、扭转变形，如变形过大会影响轴上零件的正常工作，例如装有齿轮的轴，如果变形过大会使啮合状态恶化。因此，对于有刚度要求的轴必须要进行轴的刚度校核计算。轴的刚度有弯曲刚度和扭转刚度两种，下面分别讨论这两种刚度的计算方法。

9.5.1 轴的弯曲刚度校核计算

弯曲刚度可用在一定载荷作用下的挠度 y 和偏转角 θ 来度量。可用材料力学中计算梁弯曲变形的公式计算。计算时，当轴上有几个载荷同时作用时，可用叠加法求出轴的挠度和偏转角。如果载荷不是平面力系，则需预先分解为两互相垂直的坐标平面力系，分别求出各平面的变形分量，然后再几何叠加。

计算得出的变形量应满足下式，才算弯曲刚度校核合格：

$$y\leqslant[y] \tag{9-6}$$

$$\theta\leqslant[\theta] \tag{9-7}$$

式中 $[y]$、$[\theta]$——许用挠度和许用偏转角，其值列于表 9-7 中。

表 9-7　轴的许用变形量

变形种类		应用场合	许用值
弯曲变形	许用挠度[y]	一般用途的转轴	$(0.0003\sim0.0005)l$
		刚度要求高的轴	$\leqslant 0.0002l$
		安装齿轮的轴	$(0.01\sim0.03)m_n$
		安装蜗轮的轴	$(0.02\sim0.05)m$
		感应电机轴	$\leqslant 0.01\Delta$
		l——支承间跨距； m_n——齿轮法向模数； m——蜗轮端面模数； Δ——电机定子与转子间的间隙	

变形种类		应用场合	许用值
弯曲变形	许用偏转角[θ]	滑动轴承	0.001rad
		深沟球轴承	0.005rad
		调心球轴承	0.05rad
		圆柱滚子轴承	0.0025rad
		圆锥滚子轴承	0.0016rad
		安装齿轮处轴截面	0.001rad
扭转变形	许用扭转角[φ]	一般传动	0.5(°)/m～1(°)/m
		较精密的传动	0.25(°)/m～0.5(°)/m
		重要传动	0.25(°)/m

9.5.2 轴的扭转刚度校核计算

扭转刚度可用其扭转角 φ 来度量。轴受转矩作用时，对于钢制实心阶梯轴，其扭转角 φ 的计算公式为

$$\varphi=\frac{584}{G}\sum_{i=1}^{n}\frac{T_i l_i}{d_i^4} \tag{9-8}$$

式中　T_i——轴第 i 段所传递的转矩(N · mm)；

l_i——阶梯轴第 i 段的长度(mm)；

d_i——阶梯轴第 i 段的直径(mm)；

G——材料的剪切弹性模量(MPa)，对于钢，$G=8.1\times10^4$ MPa。

计算得出的变形量应满足下式，才算扭转刚度校核合格：

$$\varphi\leqslant[\varphi] \tag{9-9}$$

式中　[φ]——轴每米长的许用扭转角。

一般传动的[φ]值见表 9-7。

经验证明，在一般情况下，轴的刚度是足够的，因此，通常不必进行刚度计算，如需进行刚度计算时也一般只进行弯曲刚度计算。

9.6　轴的设计方法及设计步骤

通常，对于一般轴的设计方法有两种：类比法和设计计算法。

1. 类比法

这种方法是根据轴的工作条件，选择与其相似的轴进行类比及结构设计，画出轴的零件图。用类比法设计轴，一般不进行强度校核计算。由于完全依靠现有资料及设计者的经验进行轴的设计，其结果比较可靠、稳妥，同时又可加快设计进程。因此，类比法较为常用，但这种方法也会带来一定的盲目性。

2. 设计计算法

为了防止疲劳断裂，对一般的轴必须进行强度计算，其设计计算的一般步骤如下：

(1)根据轴的工作条件选择材料,确定许用应力。

(2)按扭转强度估算出轴的最小直径。

(3)设计轴的结构,绘制出轴的结构草图。具体内容包括以下几点:

①作出装配简图,拟定轴上零件的装配方案。

②根据工作要求确定轴上零件的位置和固定方式。

③确定各轴段的直径。

④确定各轴段的长度。

⑤根据有关设计手册确定轴的结构细节,如圆角、倒角、退刀槽等的尺寸。

(4)按弯扭合成强度计算的方法进行轴的强度校核。一般在轴上选取 2 个～3 个危险截面进行强度校核。若危险截面强度不够或强度裕度不大,则必须重新修改轴的结构。

(5)修改轴的结构后再进行校核计算。这样反复交替地进行校核和修改,直至设计出较为合理的轴的结构。

(6)绘制轴的零件图。

最后指出几点:一般情况下在现场不进行轴的设计计算,而仅作轴的结构设计;只作强度计算,而不进行刚度计算;如需进行刚度计算时,也只作弯曲刚度计算;按弯扭合成强度计算的方法作为轴的强度校核计算,而不用安全系数强度校核。

例 设计如图 9-15 所示的斜齿圆柱齿轮减速器的输出轴(Ⅱ轴)。已知传递功率 $P=8\text{kW}$,输出轴的转速 $n=280\text{r/min}$,从动齿轮的分度圆直径 $d=265\text{mm}$,作用在齿轮上的圆周力 $F_t=2059\text{N}$,径向力 $F_r=763.8\text{N}$,轴向力 $F_a=405.7\text{N}$。齿轮轮毂宽度为 60mm,工作时单向运转,轴承采用型号为 6208 深沟球轴承。

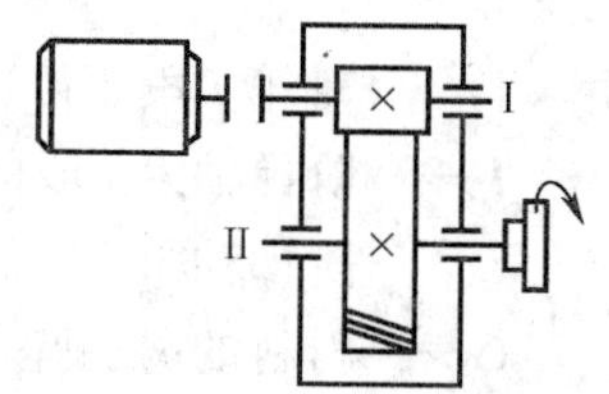

图 9-15 单级齿轮减速器简图

解:根据题意,此轴是在一般工作条件下工作。设计步骤应为先按扭转强度初步估出轴端直径 $d_{\min}$,再用类比法确定轴的结构,然后按弯扭合成作强度校核,如校核不合格或强度裕度太大,则必须重新修改轴的结构,即修改、计算交错反复进行,才能设计出较为完善的轴。

1. 选择轴的材料,确定许用应力

由已知条件可知此减速器传递的功率属中小功率,对材料无特殊要求,故选用 45 钢并经调质处理。由表 9-1 查得强度极限 $\sigma_b=650\text{MPa}$,$[\sigma_{-1}]_b=60\text{MPa}$。

2. 按扭转强度估算最小直径

根据表 9-6 得 $C=107\sim118$;又由式(9-2)得

$$d \geqslant C\sqrt[3]{\frac{P}{n}} = (107 \sim 118)\sqrt[3]{\frac{8}{280}} = 32.7 \sim 36.1(\text{mm})$$

考虑到轴的最小直径处要安装联轴器,会有键槽存在,故需将直径加大 3%～5%,取为 33.68mm～37.91mm。由设计手册查联轴器的标准孔径,取 $d_1=35\text{mm}$。

3. 设计轴的结构并绘制结构草图

(1)作出装配简图,拟定轴上零件的装配方案。作图时必须以轴承(包括轴承组合)为中心,并考虑传动件的安装与固定。图 9-16 为减速器的装配简图,图中给出了减速器主要零件的相互位置关系。轴设计时,即可按此确定轴上主要零件的安装位置,并由经验值确定重要安装尺寸。为了保证齿轮有足够的活动空间或防止齿轮变形，齿轮端面与箱体内壁应留有距离 a，a 一般取 10mm～15mm（对重载轴可适当加大）；为了防止热油溅入滚动轴承，滚动轴承端面与箱体内壁间应留有距离 s，分为两种情况，对于油润滑的轴承，s 一般取 3mm～5mm，对于脂润滑轴承，s 一般取 5mm～10mm；为了保证联轴器顺利装拆与运动，联轴器与轴承端盖间应留有距离 l，l 一般取 10mm～30mm。

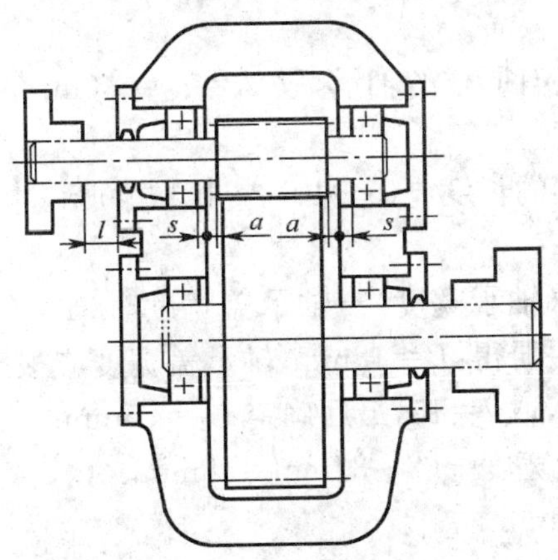

图 9-16　单级圆柱齿轮减速器设计简图

（2）确定轴上零件的位置和固定方式。根据图 9-16 中输出轴在减速器中的安装以及使用情况，可设计出轴的结构，如图 9-17 所示。齿轮从轴的右端装入，齿轮的左端用轴肩（或轴环）定位，右端用套筒固定，这样齿轮在轴上的轴向位置被完全确定。齿轮的周向固定采用平键连接，同时为了保证齿轮与轴有良好的对中性，故采用 H7/r6 的配合。由于轴承对称安装于齿轮的两侧，则其左轴承用轴肩固定，右轴承由套筒右端面来定位，轴承的周向固定采用过盈配合。轴承的外圈位置由轴承盖顶住，这样轴组件的轴向位置即可完全固定。

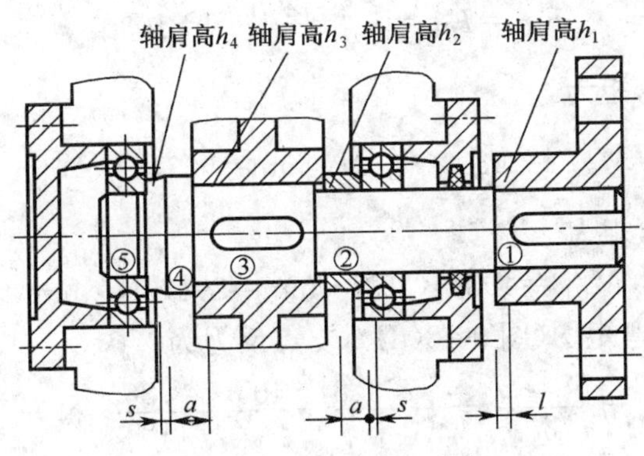

图 9-17　轴的结构设计

（3）确定各轴段直径。如图 9-17 及图 9-18 所示，该轴可分为 5 段来确定尺寸。

轴段①：为轴的最小直径，由第一步已知，$d_1=35$mm。

轴段②：$d_2=d_1+2h_1$，h_1 为定位轴肩，由表 9-4 可知，$h_1=(0.07\sim0.1)d_1=(0.07\sim0.1)\times35=(2.45\sim3.5)$mm，取 $h_1=2.5$mm，故 $d_2=d_1+2h_1=40$mm。正好符合轴承标准内径系列，如不符合，必须圆整至轴承标准内径。

轴段③：$d_3=d_2+2h_2$，h_2 为非定位轴肩，由表 9-4 可知，取 2mm 即可，但考虑到加工，取 $h_2=2.5$mm，则 $d_3=d_2+2h_2=45$mm。

轴段④：$d_4=d_3+2h_3$，h_3 为定位轴肩，由表 9-4 可知，$h_3=R(C)+(0.5\sim2)$mm，由表查得 $R(C)=3$mm，取 $h_3=5$mm，则 $d_4=d_3+2h_3=55$mm；定位轴承内圈处直径 d_5 的确定，可查机械手册中 6208 型滚动轴承的安装高度，得 $h_4=3.5$mm，故 $d_5=d_6+h_4=47$mm。

轴段⑤：因与轴段②装有同样的轴承，故 $d_6=d_2=40$mm。

(4)确定各轴段的长度。

轴段①：L_1＝半联轴器的长度－(5～10)，查机械手册得半联轴器的长度为 80mm；故取 $L_1=70$mm。

轴段②：$L_2=a+s+B$(轴承宽度)＋轴承盖宽度＋$l+(2\sim3)$mm，取 $a=15$mm，$s=5$mm，轴承宽度 B 查机械手册得：$B=18$mm，轴承盖宽度应根据箱体等结构尺寸确定，现在无法确定，初定为 20mm，取 $l=15$，最后确定 $L_2=75$mm。

轴段③：L_3＝齿轮轮毂宽度－(2～3)mm＝58mm。

轴段④：$L_4=a+s=20$mm。

轴段⑤：$L_5=B=18$mm。

在轴段①、③上分别加工出键槽，使两键槽处于轴的同一圆柱母线上，键槽的长度比相应的轮毂宽度小 5mm～10mm，键槽的宽度按轴段直径查手册得到。

(5)选定轴的结构细节，如圆角、倒角、退刀槽等的尺寸。按设计结果画出轴的结构草图，如图 9-18(a)所示。

4. 按弯扭合成强度校核轴径

(1)画出轴的受力图(图 9-18(b))。

(2)作水平面内的弯矩图(图 9-18(c))。支点反力为

$$F_{HA}=F_{HB}=\frac{F_{t2}}{2}=\frac{2059}{2}\text{N}=1030\text{N}$$

Ⅰ—Ⅰ截面处的弯矩为

$$M_{H\text{I}}=1030\times\frac{118}{2}\text{N}\cdot\text{mm}=60770\text{N}\cdot\text{mm}$$

Ⅱ—Ⅱ截面处的弯矩为

$$M_{H\text{II}}=1030\times29\text{N}\cdot\text{mm}=29870\text{N}\cdot\text{mm}$$

(3)作垂直面内的弯矩图(图 9-18(d))，支点反力为

$$F_{VA}=\frac{F_{r2}}{2}-\frac{F_{a2}\cdot d}{2l}=\left(\frac{763.8}{2}-\frac{405.7\times265}{2\times118}\right)\text{N}=-73.65\text{N}$$

$$F_{VB}=F_{r2}-F_{VA}=[763.8-(-73.65)]\text{N}=837.5\text{N}$$

Ⅰ—Ⅰ截面左侧的弯矩为

$$M_{V\text{I左}}=F_{VA}\cdot\frac{1}{2}=-73.65\times\frac{118}{2}\text{N}\cdot\text{mm}=-4345\text{N}\cdot\text{mm}$$

Ⅰ—Ⅰ截面右侧的弯矩为

$$M_{V\text{I右}}=F_{VB}\cdot\frac{1}{2}=837.5\times\frac{118}{2}\text{N}\cdot\text{m}=49410\text{N}\cdot\text{mm}$$

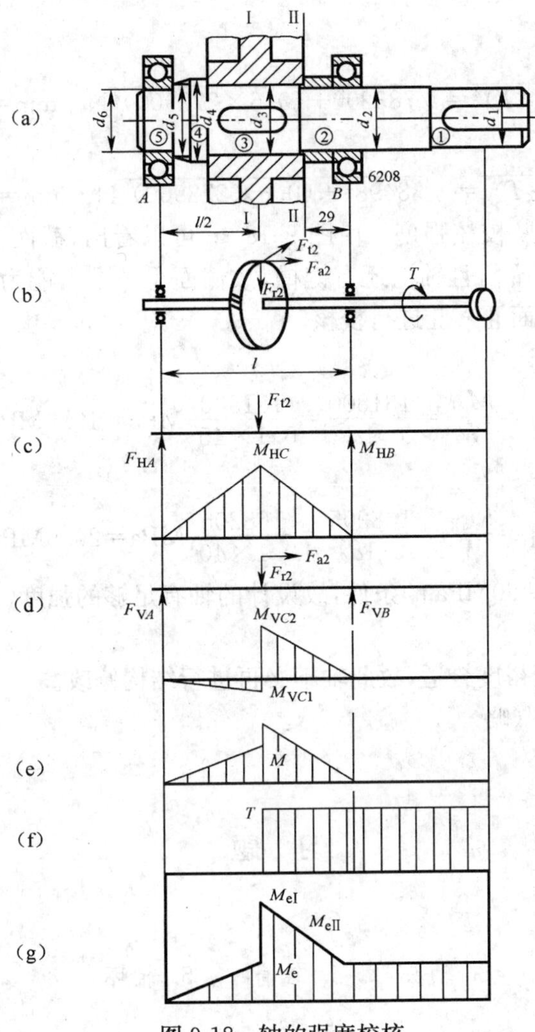

图 9-18 轴的强度校核

Ⅱ—Ⅱ截面处的弯矩为

$$M_{V\text{Ⅱ}}=F_{VB}\cdot 29=837.5\times 29\text{N}\cdot\text{mm}=24287.5\text{N}\cdot\text{mm}$$

(4)作合成弯矩图(图 9-18(e)):

$$M=\sqrt{M_H^2+M_V^2}$$

Ⅰ—Ⅰ截面:

$$M_{\text{Ⅰ左}}=\sqrt{M_{V\text{Ⅰ左}}^2+M_{H\text{Ⅰ}}^2}=\sqrt{(-4345)^2+(60770)^2}\text{N}\cdot\text{mm}=60925\text{N}\cdot\text{mm}$$

$$M_{\text{Ⅰ右}}=\sqrt{M_{V\text{Ⅰ右}}^2+M_{H\text{Ⅰ}}^2}=\sqrt{(49410)^2+(60770)^2}\text{N}\cdot\text{mm}=78320\text{N}\cdot\text{mm}$$

Ⅱ—Ⅱ截面:

$$M_{\text{Ⅱ}}=\sqrt{M_{V\text{Ⅱ}}^2+M_{H\text{Ⅱ}}^2}=\sqrt{(24287.5)^2+(29870)^2}\text{N}\cdot\text{mm}=38498\text{N}\cdot\text{mm}$$

(5)作转矩图(图 9-18(f)):

$$T=9.55\times 10^6\frac{P}{n}=9.55\times 10^6\times\frac{8}{280}\text{N}\cdot\text{mm}=272900\text{N}\cdot\text{mm}$$

(6)求当量弯矩(图 9-18(g))。因减速器单向运转,故可认为转矩为脉动循环变化,

修正系数 α 为 0.6。

Ⅰ—Ⅰ截面：

$$M_{e\mathrm{I}}=\sqrt{M_{\mathrm{I}右}^2+(\alpha T)^2}=\sqrt{78320^2+(0.6\times272900)^2}\mathrm{N\cdot mm}=181500\mathrm{N\cdot mm}$$

Ⅱ—Ⅱ截面：

$$M_{e\mathrm{II}}=\sqrt{M_{\mathrm{II}}^2+(\alpha T)^2}=\sqrt{38498^2+(0.6\times272900)^2}\mathrm{N\cdot mm}=168205\mathrm{N\cdot mm}$$

(7)确定危险截面及校核强度。由图 9-18(g)可以看出，截面Ⅰ—Ⅰ、Ⅱ—Ⅱ所受转矩相同，但弯矩 $M_{e\mathrm{I}}>M_{e\mathrm{II}}$，且轴上还有键槽，故截面Ⅰ—Ⅰ可能为危险截面。但由于轴径 $d_3>d_2$，故也应对截面Ⅱ—Ⅱ进行校核。

Ⅰ—Ⅰ截面：

$$\sigma_{e\mathrm{I}}=\frac{M_{e\mathrm{I}}}{W}=\frac{181500}{0.1d_3^3}=\frac{181500}{0.1\times45^3}\mathrm{MPa}=19.9\mathrm{MPa}$$

Ⅱ—Ⅱ截面：

$$\sigma_{e\mathrm{II}}=\frac{M_{e\mathrm{II}}}{W}=\frac{168205}{0.1d_2^3}=\frac{168205}{0.1\times40^3}\mathrm{MPa}=26.3\mathrm{MPa}$$

满足 $\sigma_{e\mathrm{II}}\leqslant[\sigma_{-1}]_b=60\mathrm{MPa}$ 的条件，故设计的轴有足够的强度，并有一定的裕度。

5. 修改轴的结构

因所设计轴的强度裕度合适，故此轴不必再进行结构修改。

6. 绘制轴的零件图(略)

习 题

9-1 术语解释

1. 轴　2. 轴颈　3. 轴头　4. 轴肩　5. 轴环

9-2 填空

1. 按承载性质不同，轴可分为________、________和________。
2. 按轴线的形状不同，轴可分为________、________和________。
3. 设计轴要解决的主要问题是：________、________。
4. 轴的常用材料有________、________。
5. 轴上需磨削的轴段应设计出________，需车制螺纹的轴段应有________。

9-3 选择

1. 轴一般设计成________。
   A. 光轴　B. 曲轴　C. 阶梯轴　D. 挠性轴
2. 一般用________来估算轴的最小直径时。
   A. 扭转强度计算　B. 弯扭合成强度计算
   C. 拉压强度计算　D. 剪切强度计算
3. 用来安装轮毂的轴段长度应比轮毂宽度短________。
   A. 1～2mm　B. 2～3mm　C. 3～5mm　D. 5～10mm

9-4 判断

1. 当轴上有多处键槽时，应使各键槽位于轴的同一母线上。 ( )

2. 用扭转强度估算出轴的最小直径后，如轴上有一个键槽还需扩大7%～10%。 ( )

3. 由于阶梯轴各轴段剖面是变化的，在各轴段过渡处必然存在应力集中。 ( )

9-5 简答

1. 轴的结构设计应从哪几个方面考虑？

2. 制造轴的常用材料有几种？若轴的刚度不够，是否可以采用高强度合金钢来提高轴的刚度？为什么？

3. 轴上零件的轴向和周向固定各有哪些方法？各用于什么场合？

4. 一般情况下，轴的设计的步骤是什么？有什么特点？

9-6 计算

1. 已知一传动轴传递的功率为37kW，转速 n=900r/min，如果轴上的扭切应力不许超过40MPa，试求该轴的直径。

2. 已知一传动轴直径 d=32mm，转速 n=1725r/min，如果轴上的扭切应力不许超过50MPa，问该轴能传递多少功率？

3. 设计一级直齿轮减速器的输出轴。已知传动功率为2.7kW，转速为100r/min，大齿轮分度圆直径300mm，齿轮宽度为85mm，载荷平稳。

9-7 改错

试指出图9-19中轴的结构设计不正确之处，并加以改正。

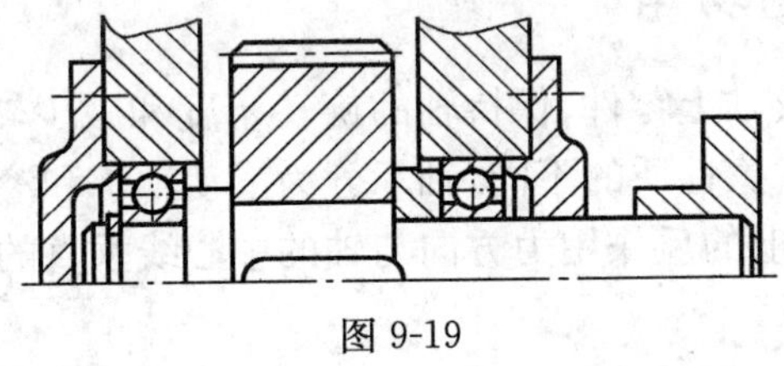

图 9-19

第10章　轴　承

10.1　概　述

滚动轴承是机械中得到广泛应用的支撑件，工作时依靠主要元件间的滚动接触来支撑转动零件，滚动轴承是由专业厂家大批量生产的标准件，具有制造成本低、类型和尺寸系列多、使用和更换方便等特点；和滑动轴承相比，由于它是以元件之间的滚动接触来支撑转动零件，所以它又有摩擦阻力小、消耗功率少、轴向尺寸小等优点，因而在机电系统中得到了广泛的应用。

本章重点介绍滚动轴承的类型和国家标准。根据轴承的工作情况，学生能够正确选择轴承的类型的型号并进行合理的组合设计。

10.2　滚动轴承

10.2.1　滚动轴承的功用

轴承是用来支承轴及轴上零件、保持轴的旋转精度和减少转轴与支承之间的摩擦和磨损。按照工作表面的摩擦性质的不同，轴承分为滑动轴承和滚动轴承两大类。

根据受载方向，轴承上的反作用力方向与轴的中心线垂直的称为向心轴承，与轴的中心线平等的称为推力轴承。

10.2.2　滚动轴承的结构、类型和代号

1. 滚动轴承的结构

如图10-1所示，滚动轴承一般由内圈1、外圈2、滚动体3和保持架4组成。内圈装在轴颈上，外圈装在轴承座或轮毂孔内。一般是内圈与轴颈一同旋转，外圈不动，滚动体在内、外圈的滚道上作滚动，并产生滚动摩擦。但有时也用于外圈回转而内圈不动，或是内、外圈同时回转。保持架的作用是把滚动体均匀分开，避免互相接触发生磨损。

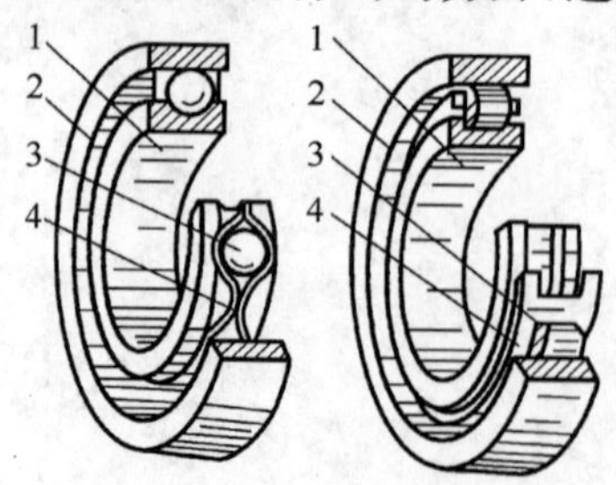

图10-1　滚动轴承的基本结构

如图 10-2 所示，常用的滚动体按其外形分为球、圆柱滚子、圆锥滚子、圆鼓形滚子、滚针。

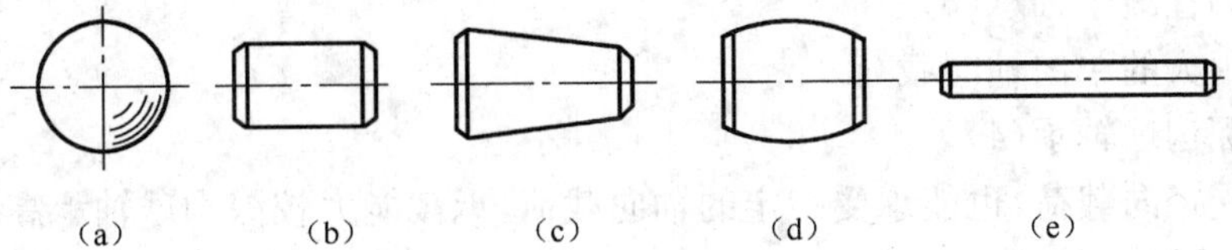

图 10-2 滚动体的种类

(a)球；(b)圆柱滚子；(c)圆锥滚子；(d)圆鼓形滚子；(e)滚针。

2. 滚动轴承的类型

常用的滚动轴承按滚动体外形的不同，可以分为球轴承和滚子轴承两大类。

按照承受载荷的方向可分为向心轴承、推力轴承、向心推力轴承。

按工作是否调心，分为刚性轴承和调心轴承(能适应轴心偏斜)。

综合起来，滚动轴承有十大类，各类轴承的结构不同，分别适用于各种载荷、转速及特殊的工作要求。

1)深沟球轴承(6)

主要承受径向载荷，也能承受一定的轴向载荷，结构简单，极限转速高，价格低廉，适用于刚度大、转速高的轴。

2)调心球轴承(1)

可承受 F_r、F_a，不能承受纯 F_a，轴承有双排滚珠，外圈内表面是以轴承中点为心的球面，只要轴承内外圈轴线的偏斜小于 1.5°～3°，就能自动调心并正常工作。这类轴承适用于多支点轴和挠曲变形比较大的传动轴，以及不能精确对中的一些支承处(图 10-3)。

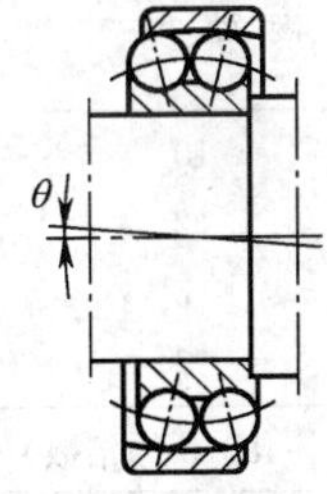

图 10-3 调心球轴承

3)圆柱滚子轴承(N)

滚动体是短圆柱滚子，内圈或外圈上有凹槽，内外圈一般可沿轴向作相对移动。它的径向承载能力为相同内径深沟球轴承的 1.5 倍～3 倍，但一般不能承受轴向载荷。这类轴承的内外圈之间只允许有极小的偏斜，适用于刚性大、轴孔对中好的地方。

4)角接触球轴承(7)

除受径向载荷外，还能承受较大的单向轴向载荷。

接触角 α：滚动体和外圈滚道接触点(或线)的法线与轴承径向平面的夹角。它有 $\alpha=$ 15°、25°、40°三种，α 越大，轴向承载能力越强。这类轴承应成对使用，适用于旋转精度高、载荷较大、跨距小、刚度较大的轴。

5)圆锥滚子轴承(3)

其特性与角接触球轴承相同，但承载能力较大，而且外圈可以分离，安装时调整间隙方便，成对使用。

6)推力球轴承(5)

可承受比较大的轴向载荷，常用于起重吊钩、锥齿轮轴、蜗杆轴、机床主轴等。

7)滚针轴承(NA)

只能承受径向力，承载能力大，径向尺寸小，摩擦系数大，内外圈可分离。

8)推力圆柱滚子轴承(8)

能承受很大的单向轴向载荷。

9)双列深沟球轴承(4)

主要承受径向载荷，也能承受一定的轴向载荷，承载能力较深沟球轴承高。

10)调心滚子轴承(2)

能承受较大的径向载荷和少量的轴向载荷，具有调心性能。

3. 滚动轴承代号

滚动轴承类型甚多，为了表征各类图形的特点，便于生产管理和选用，规定了轴承代号及其表示方法。

国家标准 GB/T 272—93 规定，轴承代号由前置代号、基本代号和后置代号组成，用字母和数字表示。

滚动轴承的基本代号包括类型代号、尺寸系列代号、内径代号。

1)内径尺寸代号

右起第一、二位数字表示内径尺寸，表示方法见表 10-1。

表 10-1 轴承内径尺寸代号

内径尺寸	代号表示	举例	
		代号	内径
10 12 15 17	00 01 02 03	6200	10
20～480(5 的倍数)	内径/5 的商	23208	40
22、28、32 及 500 以上	/内径	230/500 62/22	500 22

2)尺寸系列代号

右起第三、四位表示尺寸系列(第四位为 0 时可不写出)。为了适应不同承载能力的需要，同一内径尺寸的轴承，可使用不同大小的滚动体，因而使轴承的外径和宽度也随着改变。这种内径相同而外径或宽度不同的变化称为尺寸系列，见表 10-2。

表 10-2 向心轴承、推力轴承尺寸系列代号表示法

直径系列代号	向心轴承							推力轴承			
	宽度系列代号							高度系列代号			
	窄 0	正常 1	宽 2	特宽 3	特宽 4	特宽 5	特宽 6	特低 7	低 9	正常 1	正常 2
	尺寸系列代号										
超特轻 7	—	17	—	37	—	—	—	—	—	—	—
超轻 8	08	18	28	38	48	58	68	—	—	—	—
超轻 9	09	19	29	39	49	59	69	—	—	—	—

(续)

直径系列代号	向心轴承							推力轴承			
	宽度系列代号							高度系列代号			
	窄 0	正常 1	宽 2	特宽 3	特宽 4	特宽 5	特宽 6	特低 7	低 9	正常 1	正常 2
	尺寸系列代号										
特轻 0	00	10	20	30	40	50	60	70	90	10	—
特轻 1	01	11	21	31	41	51	61	71	91	11	—
轻 2	02	12	22	32	42	52	62	72	92	12	22
中 3	03	13	23	33	—	—	63	73	93	13	23
重 4	04	—	24	—	—	—	—	74	94	14	24

3)类型代号

右起第五位表示轴承类型，其代号见表 10-3。代号为 0 时不写出。

表 10-3 常用滚动轴承的类型、主要性能特点

类型名称		结构简图	类型代号	结构代号	基本制定动载荷比	极限转速	性能特点
调心球轴承		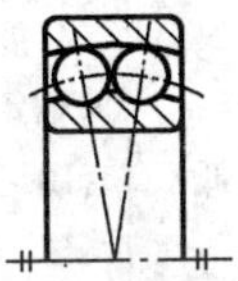	1	10000	0.6～0.9	中	外圆滚道表面是以轴承中心为中心的球面，故能自动调心。内、外圆之间在 2°～3°范围内可自动调心正常工作，一般不宜承受纯轴向载荷
深沟球轴承		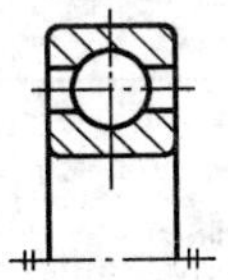	6	60000	1	高	主要承受径向载荷，也可同时承受较小的轴向载荷，高速装置中可代替推力轴承，价格低廉，应用最广泛
调心滚子轴承		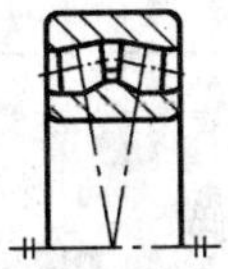	2	20000	1.8～4	低	性能特点与调心球轴承相同，能承受较大径向载荷，允许角偏移较小
圆柱滚子轴承	外圆无挡边调柱滚子轴承	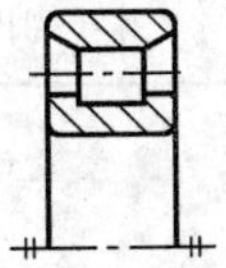	N	N0000	1.5～3	较高	能承受较大径向载荷，由于外圆(或内圆)可分离，故不能承受轴向载荷。只有 NJ 可以承受少量轴向载荷。滚子由内圈(或外圆)的挡边轴向定位。工作时允许内、外圆有少量的轴向转动。内、外圆轴线之间允许有极小的角偏移(2°～4°)
	内圆无挡边圆柱滚子轴承	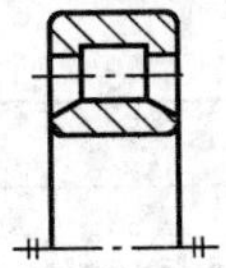		NJ0000			
	内圆单挡边圆柱滚子轴承	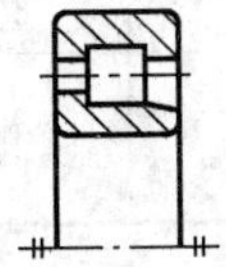		NJ0000			

（续）

类型名称	结构简图	类型代号	结构代号	基本制定动载荷比	极限转速	性能特点
角接触球轴承		7	70000C $\alpha=15°$	1.0～1.4	高	可同时承受径向和轴向载荷，也可单独承受轴向载荷。接触角 α 愈大，轴向承载能力愈高。由于一个轴承只能承受单向轴向力，应成对使用
			70000AC $\alpha=25°$	1.0～1.3		
			70000B $\alpha=40°$	1.0～1.2		
圆锥滚子轴承		3	30000 $\alpha=10°\sim18°$	1.5～2.5	中	可同时承受径向载荷和单向轴向载荷。外圈可分离，安装时调整轴承游隙。应成对使用
			30000B $\alpha=27°\sim30°$	1.1～2.1		
推力球轴承		5	51000	1	低	只能承受轴向载荷，双向推力球轴承可承受双向轴向载荷。套圈可分离。高速时离心力大，钢球与保持架磨损发热大，故极限转速很低
双向锥力球轴承			52000			
推力圆柱滚子轴承		8	80000	1.7～1.9	低	结构性能特点与推力球轴承相同。能承受较大的轴向载荷
滚针轴承		NA	NA0000	—	低	承受径向载荷能力很高。径向尺寸紧凑。内、外圈可分离。无保持架，摩擦系数大，对中性好，轴刚度高

4)前置代号

成套轴承分部件，见表 10-4。

表 10-4　轴承代号排列

轴承代号									
前置代号	基本代号	后置代号							
		1	2	3	4	5	6	7	8
成套轴承分部件		内部结构	密封与防尘套圈变型	保持架及其材料	轴承材料	公差等级	游隙	配置	其他

5)后置代号

内部结构、尺寸、公差等,其顺序见表 10-4,常见的轴承内部结构代号和公差等级见表 10-5 和表 10-6。

表 10-5 轴承内部结构代号

代 号	含 义	示 例
C	角接触球轴承公称接触角 $\alpha=15°$ 调心滚子轴承 C 型	7005C 23122C
AC	角接触球轴承公称接触角 $\alpha=25°$	7210AC
B	角接触球轴承公称接触角 $\alpha=40°$ 圆锥滚子轴承接触角加大	7210B 32310B
E	加强型	N207E

表 10-6 轴承公差等级代号

代 号	含 义	示 例
/P0	公差等级符合标准规定的 0 级(可省略不标注)	6205
/P6	公差等级符合标准规定的 6 级	6205/P6
/P6X	公差等级符合标准规定的 6X 级	6205/P6X
/P5	公差等级符合标准规定的 5 级	6205/P5
/P4	公差等级符合标准规定的 4 级	6205/P4
/P2	公差等级符合标准规定的 2 级	6205/P2

例:试说明轴承代号 6203/P4 和 7312C 的意义。

6203/P4:6—深沟球轴承;2—窄 0 轻 2;03—内径 17;P4—4 级精度。

7312C:7—角接触球轴承;3—窄 0 中 3;12—内径 60;C—公称接触角 $\alpha=15°$。

10.2.3 滚动轴承的类型选择

选用滚动轴承,首先必须选择轴承的类型、类型选择得合理与否,影响轴承的寿命及其工作情况,应综合考虑载荷的大小、性质和方向以及转速的高低、支承的刚度及安装精度等因素,根据各类轴承的特点来选择。

1. 滚动轴承所受载荷的情况

滚动轴承所承受载荷的大小、方向和性质是选择轴承类型的主要依据。受纯径向载荷时应选用向心轴承。受纯轴向载荷时应选用推力轴承。对于同时承受径向载荷 R 和轴向载荷 A 的轴承,应根据二者的比值来确定:若 A 相对于 R 较小时,可选用深沟球轴承或接触角不大的角接触球轴承及圆锥滚子轴承;当与 R 相比其 A 值较大时,可选用接触角较大的角接触球轴承及圆锥滚子轴承;当 A 比 R 大很多时,则应考虑采用向心轴承与推力轴承相结合的结构形式,以分别承受径向和轴向载荷。

在外廓尺寸相同的条件下,滚子轴承的承载能力高于球轴承,适用于较大载荷或有冲击载荷的场合;载荷较小、转速较高时,宜优先选用球轴承。

2. 轴承的转速

一般转速下，转速的高低对轴承类型选择影响不大，但转速较高时，影响比较显著。因此轴承样本中规定了各种型号轴承的极限转速，要求轴承在低于极限转速下工作，否则会降低轴承的寿命。由于球轴承的极限转速和旋转精度比滚子轴承高，所以高速时应优先选球轴承。其次，在内径相同的情况下，外径愈小，滚动体愈小，极限转速愈高，故高速时宜用超轻、特轻或轻系列，低速重载时宜选用重及特重系列。

3. 轴承的刚度和调心性能要求

对于轴承刚度要求较高的场合，应选用滚子轴承，因为滚子轴承的刚度高于球轴承，如精密机床的主轴轴承。

当轴的支承跨距较大或轴受载后弯曲变形较大及两轴承座孔中心位置有误差时，应选用调心轴承。

4. 装拆要求

对整体式轴承座，需要沿轴向装拆及需要经常装拆的场合，应选用内、外圈可分离的轴承。轴承安装在长轴上时，为便于装拆，可选用带内锥孔并带有紧定套的轴承。

5. 其他要求

对径向尺寸较小的支承，可选用滚针轴承。此外还有经济性要求。一般球轴承价格低于滚子轴承，精度愈高，价格也愈高，同一类型不同精度等级的轴承的相对价格比为1∶1.8∶2.3∶7。在满足使用要求的前提下，尽量选用价格低廉的轴承。

滚动轴承在具体选用时可参考上面的说明和以下要点。

(1)当要求工作转速和旋转精度高，且主要承受径向载荷时，应优先选用深沟球轴承。

(2)对于径向载荷大，但无轴向载荷，而工作转速又不高的情况，适宜选用圆柱滚子轴承。若载荷有冲击或振动，滚子轴承应优先于球轴承。

(3)对于承受径向载荷，又同时承受较大的轴向载荷的情况，推荐选用角接触球(或圆锥滚子)轴承。若轴向力远大于径向力，可以选用推力球轴承(承受轴向力)和深沟球轴承(承受径向力)的组合结构。角接触球(或圆锥滚子)轴承应成对使用，对称安装。

(4)如果轴的对中性较差，或有较大的偏转角，则应选用调心球(或滚子)轴承。在同一轴上，这种轴承不能与其他轴承混合使用，以免失去调心作用。

(5)仅有轴向载荷作用时，一般应选用推力球轴承。因推力球轴承极限转速低，若工作转速较高时，可以考虑用角接触球轴承来承受轴向力，而不用推力球轴承。

10.3 滚动轴承的计算

10.3.1 滚动轴承的受力情况分析

这里以深沟球轴承为例进行分析，如图 10-4 所示。轴承承受径向载荷 F_r 时，各个滚动体承受载荷的大小是不相同的。处于最低位置的滚动体承受的载荷最大。随着轴承内圈相对于外圈的转动，滚动体也随着转动。轴承元件所受的载荷呈周期性变化，即在交变接触应力下工作。

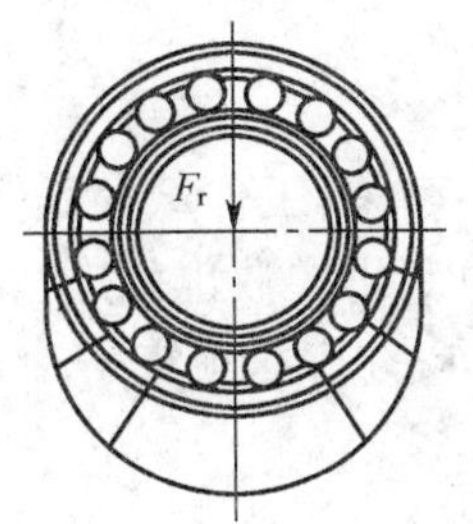

图 10-4 深沟球轴承

10.3.2 滚动轴承的失效形式和计算准则

1. 滚动轴承的失效形式

1)疲劳点蚀

轴承转动时，承受径向载荷 F_r，外圈固定。当内圈随轴转动时，滚动体滚动，内、外圈与滚动体的接触点不断发生变化，其表面接触应力随着位置的不同作脉动循环变化。滚动体在上面位置时不受载荷，滚到下面位置受载荷最大，两侧所受载荷逐渐减小，所以轴承元件受到脉动循环的接触应力。这种周期性变化的应力，促使疲劳裂纹的产生，并逐渐扩展到表面，从而形成疲劳点蚀，使轴承旋转精度下降，产生噪声、冲击和振动。

2)塑性变形

当滚动轴承转速很低或只作间歇摆动时，一般不会产生疲劳点蚀。但若承受很大的静载荷或冲击载荷时，轴承各元件接触处的局部应力可能超过材料的屈服极限，从而产生永久变形。过大的永久变形会使轴承在运转中产生剧烈的振动和噪声，致使滚动轴承不能正常工作。

此外，由于使用维护和保养不当或密封、润滑不良等因素，也能导致轴承早期磨损、胶合、内外圈和保持架破损等不正常失效。

2. 基本额定寿命和基本额定动载荷

1)轴承的寿命

单个轴承，其中一个套圈或滚动体材料首次出现疲劳扩展之前，一个套圈相对于另一套圈的转动的圈数称为轴承的寿命。

2)轴承寿命分布曲线

由于制造精度、材料的均质程度等的差异，即使是同样的材料、同样的尺寸以及同一批生产出来的轴承，在完全相同的条件下工作，它们的寿命也会极不相同(图 10-5)。

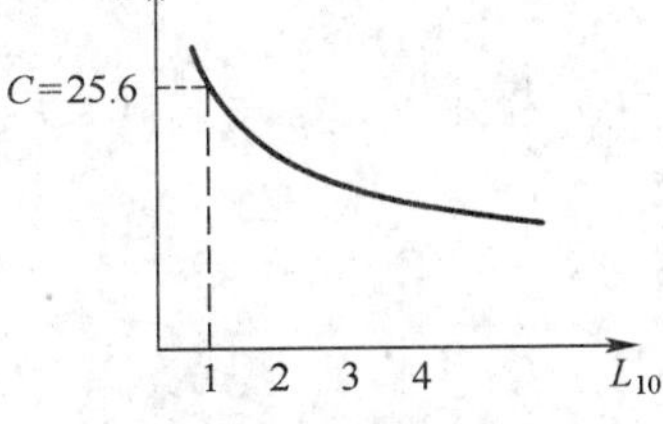

图 10-5 轴承寿命分布曲线

3)轴承的基本额定寿命

按一组轴承中 10%的轴承发生点蚀破坏，而 90%的轴承不发生点蚀破坏前的转数(以 10^6 为单位)或工作小时数作为轴承的寿命，并把这个寿命叫做基本额定寿命，以 L_{10} 表示。对单个轴承而言，基本额定寿命意味着有 90%的可能性达到或超过该寿命。滚动轴承的基本额定寿命通常简称为寿命，以下如无特别声明，滚动轴承的寿命均指额定寿命。

4)滚动轴承的基本额定动载荷

轴承的寿命与所受载荷的大小有关，工作载荷越大，引起的接触应力也就越大，因而，在发生点蚀破坏前所能经受的应力变化次数也就越少，也就是说，轴承的寿命越短。所谓轴承的基本额定动载荷，就是使轴承的基本额定寿命恰好为 10^6r 时，轴承所能承受的载荷值，用字母 C 表示。

对于向心轴承，指的是纯径向载荷，并称为径向基本额定动载荷，常用 C_r 表示。

对于推力轴承，指的是纯轴向载荷，并称为轴向基本额定动载荷，常用 C_a 表示。

对于角接触球轴承或圆锥滚子轴承，指的是套圈间产生纯径向位移的载荷的径向分量。不同型号的轴承有不同的基本额定动载荷值，它表征了不同型号轴承的承载特性。在轴承样本中对每个型号的轴承都给出了它的基本额定动载荷值，需要时可从轴承样本中查取。

3. 当量动载荷

在实际应用的情况下，一般滚动轴承受径向载荷 F_r 和轴向载荷 F_a 同时作用。因此，在进行轴承寿命计算时，必须把实际载荷转换为与确定基本额定动载荷的载荷条件相一致的当量动载荷，用字母 P 表示。

当量动载荷 P 的计算公式为

$$P=f_p(XF_r+YF_a)$$

式中：F_r 为径向载荷；F_a 为轴向载荷；f_p 为考虑振动、冲击等工作引入的载荷系数(表 10-7)；X 为径向系数，Y 为轴向系数，其值可查表。

表 10-7 载荷系数 f_p

载荷性质	无冲击或轻微冲击	中等冲击	强烈冲击
f_p	1.0～1.2	1.2～1.8	1.8～3.0

4. 寿命计算公式

载荷与寿命的关系曲线方程为：

$$P^{\varepsilon}L_{10}=\text{常数}$$

ε 指寿命指数，为

$$\varepsilon=\begin{cases}3(\text{球轴承})\\10/3(\text{滚子轴承})\end{cases}$$

根据定义：$L_{10}=1(10^6\text{r})$，$P=C$(轴承所能承受的载荷为基本额定功载荷)，有

$$P^{\varepsilon}L_{10}=C^{\varepsilon}\times1$$

故

$$L_{10}=\left(\frac{C}{P}\right)^{\varepsilon}\quad(10^6\text{r})$$

用给定转速 n(r/min)下的工作小时数 L_h 来表示轴承的基本额定寿命，当轴承温度高于 120℃时 C 将降低，因此引入 f_t 温度系数加以修正，则有

$$L_h=\frac{10^6}{60n}\left(\frac{f_tC}{P}\right)^{\varepsilon}=\frac{16670}{n}\left(\frac{C}{P}\right)^{\varepsilon}$$

轴承预期寿命的推荐值见表 10-8。

表 10-8　轴承预期寿命推荐值

使 用 场 合	预期寿命/h
不经常使用的仪器和设备	500
短时间或间断使用,中断时不致引起严重后果	4000～8000
间断使用,中断会引起严重后果	8000～12000
每天 8h 工作的机械	12000～20000
24h 连续工作的机械	40000～60000

5. 角接触轴承的轴向载荷计算

角接触球轴承和圆锥轴承由于结构上存在接触角,承受径向载荷时,要产生轴向反力。作用于滚动体的反力可以分解为径向分力和轴向分力,所有滚动体轴向分力的总和 F_s 称为轴承的内部轴向力。

分析角接触轴承的轴向载荷 F_a,既要考虑轴承内部轴向力 F_s,也要考虑轴上传动零件作用于轴上的轴向力(如斜齿轮等 F_a)。F_{r1} 和 F_{r2} 为轴承支座约束力。

F_{r1} 和 F_{r2} 的位置由轴承手册查得。由 F_{r1} 和 F_{r2} 产生的相应轴向力为:F_{s1} 和 F_{s2}。

将轴承内圈和轴视为一体,有下列两种情况(图 10-6)。

1)当 $F_{s1}+F_a>F_{s2}$ 时

轴有向右移动的趋势,使轴承 2 被“压紧”,轴承 1 被“放松”,压紧的轴承 2 外圈通过滚动体将对内圈和轴产生一个阻止其左移的平衡力 $F'_{s/2}$。

由此可知轴承 2 的轴向载荷 F_{a2} 为

$$F_{a2}=F_{s1}+F_a$$

轴承 1 的轴向载荷 F_{a1} 为

$$F_{a1}=F_{s1}$$

压紧端=除本身的内部轴向力外其余轴向力之和

放松端=本身的内部轴向力

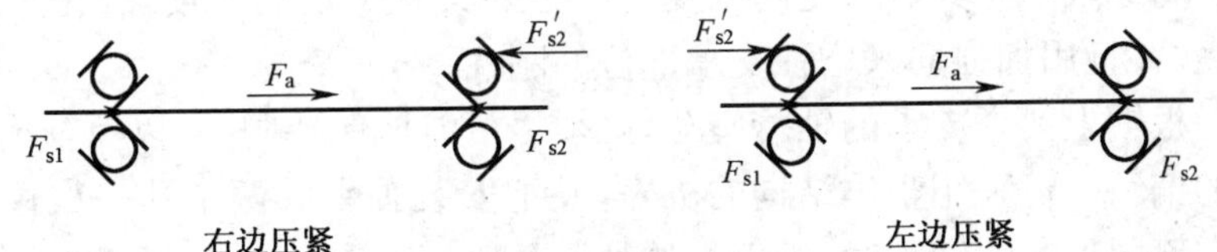

图 10-6　附加轴向力

2)若 $F_{s1}+F_a<F_{s2}$ 时

轴有向左移动的趋势,使轴承 1 被“压紧”,轴承 2 被“放松”,压紧的轴承 1 外圈通过滚动体将对内圈和轴产生一个阻止其左移的平衡力 $F'_{s/1}$。

可知轴承 2 的轴向载荷 F_{a2} 为

$$F_{a2}=F_{s2}$$

轴承 1 的轴向载荷 F_{a1} 为

$$F_{a1}=F_{s2}-F_a$$

3)结论——实际轴向力 F_a 的计算方法

(1)分析轴上内部轴向力 F_s 和外加轴向载荷 F_a,判定被“压紧”和“放松”的轴承。

(2)“压紧”端轴承的轴向力 F_a 等于除本身内部轴向力外,轴上其他所有轴向力代数和。

(3)“放松”端轴承的轴向力 F_a 等于本身的内部轴向力。

6. 滚动轴承的静强度计算

对于不转动、低速旋转或缓慢摆动的轴承,由于主要失效形式为塑性变形,应按静载荷对轴承进行计算。

滚动轴承的基本额定静载荷定义为:在承受载荷最大的滚动体与滚道接触处产生的总塑性变形量为滚动体直径万分之一时的接触应力所引起的载荷。其用 C_0 表示,向心轴承径向基本额定动载荷 C_{0r},推力轴承轴向基本额定动载荷 C_{0a}。其值可查机械手册。

轴承静强度的计算公式:

$$C_0 \geqslant S_0 P_0$$

式中:P_0 为当量静载荷;S_0 为静强度安全系数。

10.4 滚动轴承的组合设计

10.4.1 滚动轴承的定位与调整

滚动轴承是标准组件,它不能孤立使用,必须与轴、轴承座等配合在一起,才能正常工作。所以在机械设计的过程中,必须进行滚动轴承的组合设计。主要解决轴承的安装、配合、固定、调整等问题。

1. 保证支承刚度和同轴座

轴和安装轴承的机壳或轴承座以及轴承组合中的一些其他受力零件,必须具有足够的刚度,否则会因这些零件的变形而使滚动体的运动受到阻碍,导致轴承过早损坏。

如何使机壳或轴承座具有一定的刚度?一是要具有一定的厚度,二是轴承座的悬臂应尽可能缩短,并且用加强筋来增强支承部位的刚性。

对于同一根轴上两个支承的轴承座孔,必须尽可能地保持同心,以免轴承的内外圈之间产生过大的偏斜。可采用整体结构的机壳,并把安装轴承的两个孔一次镗出。如果在一根轴上装有不同尺寸的轴承时,机壳上的轴承孔仍然应该一次镗出,这时可在直径小的轴承处加套杯。

当两个轴承孔分在两个机壳上时,则应把两个机壳组合在一起进行镗孔。

2. 轴承的固定

为了使轴和轴上零件在机器中有确定的位置,并能承受轴向载荷,必须固定轴承的轴向位置。固定方法主要是把滚动轴承的内圈和外圈加以固定。

1)内圈在轴上的固定方法

利用轴肩作单向固定,只能承受单向轴向力。

一端用轴肩,另一端用弹性挡圈,双向固定,承受较小载荷。

一端用轴肩，另一端用轴端挡圈，双向固定，承受中等载荷。

一端用轴肩，另一端用圆螺母固定，双向固定，承受较大轴向力。

2)外圈在轴承孔内的轴向固定

利用端盖作单向固定，可以承受较大的轴向力。

利用端盖和凸肩作双向固定，可承受较大的双向轴向力。

利用弹性挡圈和凸肩双向固定，只能承受较小的轴向力。

3)滚动轴承的固定方式

(1)两端固定：每一支承只能限制轴的单向移动，两个支承合起来就限制了轴的双向移动，它适用于工作温度变化不大的短轴，考虑到轴由于受热而伸长，对于深沟球轴承，在轴承外圈与轴承端盖间应留有 $a=0.2\text{mm}\sim0.3\text{mm}$ 的间隙。

(2)一端固定，一端游动。

3. 轴承组合的调整

1)轴承间隙的调整

靠加减轴承盖与机座间垫片的厚度来进行调整。

通过调节螺钉改变轴承外圈上压盖的位置。

2)轴向位置的调整

目的是使轴上零件(如齿轮、皮带轮等)具有准确的工作位置，如圆锥齿轮传动，要求两个节锥顶点相重合，才能保证正确啮合。又如蜗杆传动，要求蜗轮主平面通过蜗杆的轴线。

10.4.2 滚动轴承的配合与装拆

1. 配合

滚动轴承的配合是指内圈与轴颈、外圈与轴承座的配合。

滚动轴承是标准件，为了使轴承便于互换和大量生产，轴承内孔与轴的配合采用基孔制，即以轴承内孔的尺寸为基准。轴承外径与轴承座的配合采用基轴制，即以轴承的外径尺寸为基准。

当外载荷不变时，转动套圈应比固定套圈配合得紧些，一般情况下内圈随轴一起转动，外圈固定不动，故内圈常取具有过盈的过渡配合。外圈常取较松的过渡配合。当轴承作游动支承时，外圈应取保证有间隙的配合。

公差与配合的具体选择可参考有关手册，一般情况下，座孔与轴承外圈配合时，孔采用 H7、K7 等，轴与轴承内圈配合时，可采用 js6、k6、n6、…，由于滚动轴承是标准件，有其自己的特殊公差，故在装配图上只标注孔、轴的偏差代号。

2. 轴承的装拆

安装可采用压力机在内圈上加力将轴承压套到轴颈上，对于大尺寸的轴承，可将轴承加热后进行安装。

拆卸时用专用的拆卸工具。为了便于拆卸轴承，内圈在轴肩上应露出足够的高度，以便于放入拆卸工具的钩头。

10.4.3 滚动轴承的润滑与密封

要延长轴承的使用寿命和保持旋转精度，在使用中应及时对轴承进行维护，采用合理的润滑和密封，并经常检查润滑和密封状况。

1. 滚动轴承的润滑

滚动轴承的润滑主要是为了降低摩擦阻力和减轻磨损，还有缓冲吸振、冷却、防锈和密封等作用。当轴承转速较低时，可采用润滑脂润滑，其优点是便于维护和密封，不易流失，能承受较大载荷。缺点是摩擦较大，散热效果差。润滑脂的填充量一般不超过轴承内空隙的1/3～1/2，以免润滑脂太多导致摩擦发热，影响轴承正常工作。通常用于转速不高及不便于加油的场合。当轴承的转速过高时，采用润滑油润滑。一般轴承承受载荷较大、温度较高、转速较低时，使用黏度较大的润滑油；相反使用黏度较小的润滑油。润滑方式有油浴或飞溅润滑。而油浴润滑时，油面高度不应超过最下方滚动体的中心。其他润滑方式请参考滑动轴承的润滑课程。

2. 滚动轴承的密封

滚动轴承密封的目的是防止灰尘、水分和杂质等进入轴承，同时也阻止润滑剂的流失。良好的密封可保证机器正常工作，降低噪声，延长有关零件的寿命。密封方式分接触式密封和非接触式密封。

1)接触式密封

由于密封件直接与轴接触，工作时摩擦、磨损严重，只适用于低速场合。接触式密封主要有以下几种。

(1)毡圈密封。在轴承盖上开梯形槽，将毛毡按标准制成环形或带形，放置在梯形槽中于轴密合接触。毡圈密封主要用于脂润滑的场合，结构简单，但摩擦系数较大，只用于滑动速度小于4m/s～5m/s，且工作温度不高于90℃的地方。

(2)唇形密封圈密封。在轴承盖中，放置一个用耐油橡胶制的唇形密封圈，靠弯折了的橡胶的弹性力和附加的环形螺旋弹簧的扣紧作用而紧套在轴上，以便起密封作用。唇形密封圈的密封唇的方向要朝向密封的部位。即如果主要是为了封油，密封唇应对着轴承(朝内)；如果主要是为了防止外物浸入，则密封唇应背对轴承(朝外)；如果两方面要求都需要，最好使用密封唇反向放置的两个唇形密封圈。唇形密封圈密封可用于接触面滑动速度小于10m/s(当轴颈是精车的)或小于15m/s(当轴颈是磨光的)的场合。

2)非接触式密封

使用非接触式密封可以避免接触面间的滑动摩擦。常用的非接触式密封有以下几种。

(1)油沟密封。在轴和轴承盖的通孔的孔壁间留一个极窄的隙缝，半径间隙通常为0.1mm～0.3mm。这对使用脂润滑的轴承有一定的密封效果。如果窄轴承盖上车出环槽，在槽内填上润滑脂，可以提高密封效果。隙缝密封适用于干燥清洁的环境中。

(2)迷宫式密封。迷宫式密封是将旋转件和固定件之间的间隙做成曲路(迷宫)形式，并在间隙中充填润滑油或润滑脂以加强密封效果。其分径向和轴向两种：径向曲路径向间隙为0.1mm～0.2mm；轴向曲路因考虑到轴受热后会伸长，间隙应取大些，为1.5mm～2mm。迷宫式密封在环境污染较大和比较潮湿时也是相当可靠的。

10.5 滑动轴承简介

10.5.1 滑动轴承类型、结构

1. 滑动轴承的类型

在滑动轴承中，轴颈与轴瓦表面为工作表面。按工作表面摩擦状态或润滑状态的不同，滑动轴承可分为液体摩擦滑动轴承（或称液体润滑滑动轴承）和非液体摩擦滑动轴承（或称非液体润滑滑动轴承）。

液体润滑滑动轴承（图 10-7（a））是当两工作表面间有充足的润滑油，而且满足一定的条件时，两金属工作表面能被压力油膜分开的轴承。或者说所形成的压力油膜能将轴颈托起，使其浮在油膜之上运动。此时只有液体与液体之间的内摩擦。由于工作表面避免了直接接触，因而能极大地减少摩擦、磨损。

在液体润滑滑动轴承中，利用相对运动使轴承间隙中形成压力油膜，并将工作表面分开的轴承称为动压润滑滑动轴承；利用油泵将压力油压入轴承间隙中，强行使工作表面分开的轴承称为静压润滑滑动轴承。

液体润滑滑动轴承多用于高速、大功率（如汽轮机主轴、离心式压缩机主轴等）和低速重载（如轧钢机）的机械。

非液体润滑滑动轴承不具备形成液体润滑的条件，工作表面间虽有润滑油膜存在，但不能完全用油膜隔开，金属表面有时还有直接接触，并产生摩擦、磨损，如图 10-7（b）所示。一般来说，由于金属表面有一层润滑油膜，虽然不能免除摩擦、磨损，但能起到减缓磨损的作用。此种润滑轴承由于结构简单，故在一般机械中仍有应用。

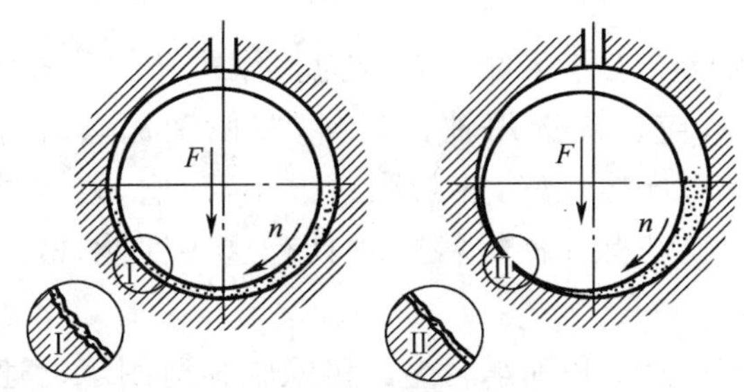

图 10-7 滑动轴承摩擦状态

（a）液体摩擦；（b）非液体摩擦。

滑动轴承按承受载荷的方向主要分为：向心滑动轴承，承受径向载荷；推力滑动轴承，承受轴向载荷。

2. 向心滑动轴承结构

1）剖分式向心滑动轴承

图 10-8 所示为一种常用的剖分式向心滑动轴承。其轴承座 5 和轴承盖 4 剖分为两部分，并用螺栓 3 连为一体。在轴承座与轴承盖内装有剖分式轴瓦 1、2，它是直接支撑轴颈的零件。轴承盖上部的内螺纹孔用来装设润滑油杯，藉以供油润滑。

剖分式向心滑动轴承装拆、间隙调整和更换新轴瓦都很方便，故应用广泛。此种轴承的结构尺寸已经标准化。

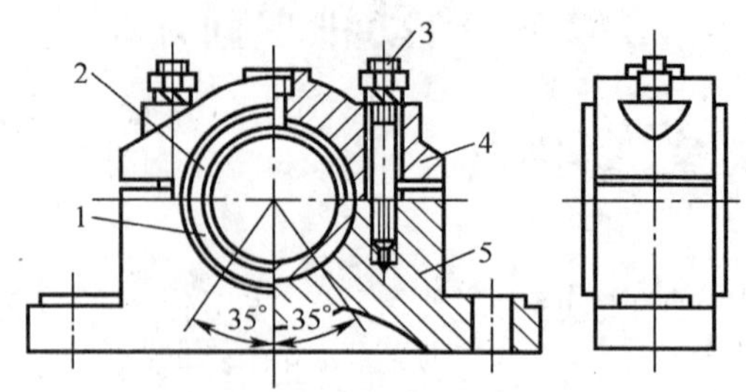

图 10-8　剖分式向心滑动轴承

2)整体式向心滑动轴承

图 10-9 所示为整体式向心滑动轴承,其轴承座、轴瓦都是做成整体的。在轴承座顶部有内螺纹,用来装设润滑油杯。这种轴承的特点是结构十分简单,价格低,但仅能通过轴端进行装拆,轴瓦磨损后无法调整间隙,故只适宜用于低速、轻载和不重要的情况。

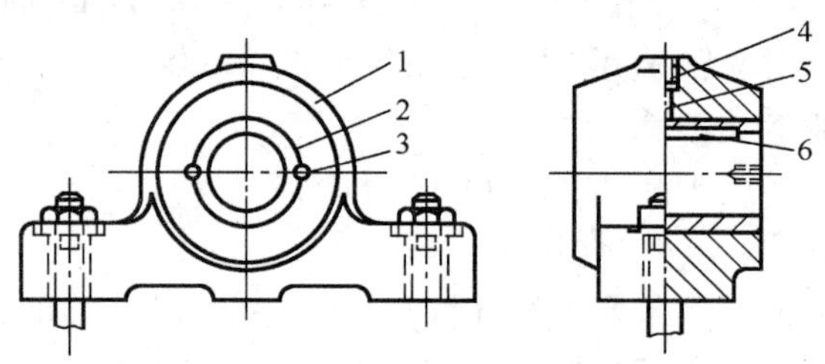

图 10-9　整体式向心滑动轴承

10.5.2　轴瓦

轴瓦是滑动轴承的重要工作零件。它分为整体式和剖分式两种形式。为了使轴瓦具有良好的工作特性,应正确选用轴瓦材料,并使轴瓦有合理的结构。对轴瓦材料的要求是:摩擦系数小;导热性好,热膨胀系数小,耐磨,耐腐蚀,抗胶合能力强;有足够强度和可塑性等。很难有一种材料同时具有这些性能,故应按具体情况下的主要要求来选用材料。

轴瓦常用材料有铸铁、青铜和轴承合金。铸铁轴瓦适用于低速、轻载和不重要的地方。青铜轴瓦可分别用锡青铜、铅青铜、铝青铜制成,适用于重载中速传动。轴承合金(又称巴氏合金、白金)是锡、铅、铜的合金,它具有作轴承用的许多良好性能,但其强度底,价格贵,而且是贵重金属。因此常在铸铁底瓦、钢底瓦或黄铜底瓦的内表面浇注一层很薄的轴承合金,称为轴承衬。这样的轴瓦称双金属轴瓦。若在底瓦与轴承衬之间再加一个中间层(如用青铜),即为三金属轴瓦。中间层的作用是提高表层强度。为了使底瓦与轴承衬能紧密结合,在底瓦内表面制成一定形状的沟槽,如图 10-10 所示。此时由轴承衬支撑轴颈工作。这方法可节省贵重金属。

此外,还采用尼龙轴瓦和含油轴瓦,含油轴瓦由铁、铜、石墨等粉末经挤压成型,再烧结而成。这种轴瓦是具有多孔性的物体,浸入油中后,能吸收大量润滑油。工作时,润滑油又自孔中因毛细管作用流出,进行润滑轴颈。这种轴瓦成本低,能节约有色金属。

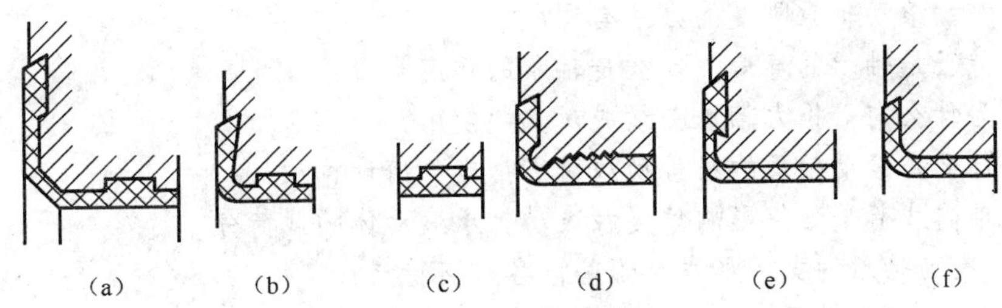

图 10-10　底瓦内表面沟槽

(a)～(d)对钢与铸铁的沟槽；(e)～(f)对青铜的沟槽。

轴与轴瓦比较起来，轴是较贵重的零件，应有较长的工作寿命，而轴瓦则是磨损零件，磨损后或者修复或者更换。

轴瓦应开油孔、油沟。为了使润滑油能在轴瓦内表面均匀分布，油沟应开在非承重区。如载荷向下时，由上部开油孔，并在上轴瓦内表面开油沟。常用油沟的形式如图 10-11 所示。一般情况下，油沟不延伸到轴瓦两末端，常为轴瓦长的 80%，以免润滑油流出。

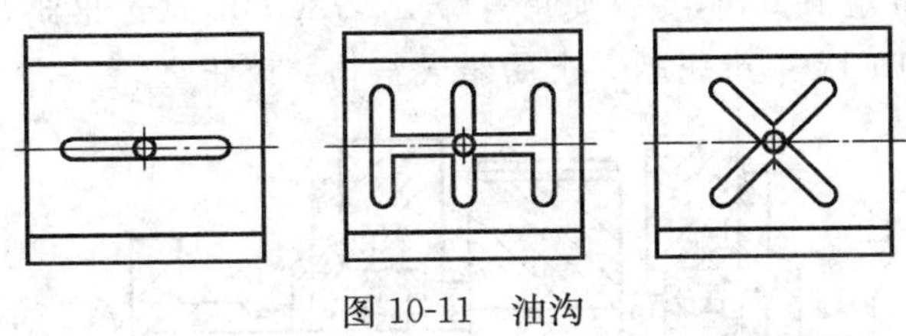
图 10-11　油沟

10.5.3 滑动轴承的润滑

轴承润滑的目的是为了减缓磨损，降低摩擦功率损耗，并使轴承保持正常工作状态，润滑的效果与正确选用润滑剂和供油方式有很大关系。

常用的润滑剂有润滑油、润滑脂。

常用的润滑油可分为高速机械油、机械油、汽轮机油、齿轮油等。黏度是选择润滑油的主要依据。选用润滑油时，要考虑速度、载荷和工作情况，对于载荷大、温度高的轴承宜选用黏度大的润滑油；载荷小、速度高的轴承宜选黏度较小的润滑油。一般在夏季(温度高)选用黏度高的机油，冬季(温度低)选用黏度低的机油。

润滑脂又称黄油，它是由润滑油和稠化剂(如钙、钠、铝、锂等)稠化而成的。润滑脂对载荷和速度有较大的适应性，但摩擦损耗较大，不宜用于高速。润滑脂润滑简单，不需经常上油，主要用于一般参数的机械，特别是低速、载荷大的机械。

习　题

10-1　典型的滚动轴承由哪四部分组成？

10-2　什么是滚动轴承的接触角？

10-3　滚动轴承最常见的失效形式是什么？

10-4　安装滚动轴承时为什么要施加预紧力？

10-5 增加滚动轴承刚度的办法有哪些?

10-6 什么是轴承的寿命?什么是轴承的额定寿命?

10-7 为什么向心推力轴承必须成对安装使用?

10-8 什么是滚动轴承的当量动载荷 P? 应如何计算?

10-9 轴向载荷是如何影响角接触滚动轴承滚动体的载荷分布的?

10-10 滚动轴承的支承形式有哪些?各有何特点?

10-11 选择滚动轴承配合的原则有哪些?

10-12 试说明以下几个代号的含义:N210E,C36207,7210B,8414,7210AC,30316,7305B/P4。

10-13 在载荷平稳的条件下,一个 7210B 轴承在转速为 n=350r/min 时要求的预期寿命为 15000h。该轴承所能承受的轴向载荷是多少?

10-14 一机械传动装置的两支承端采用相同的深沟球轴承,已知轴径均为 d=40mm,转速 n=1750r/min,各轴承所承受的径向载荷分别为 F_{r1}=2000N 及 F_{r2}=1500N,载荷平稳。常温下工作,要求使用寿命 $L_h \geqslant$8000h,试选出此轴承型号。

10-15 指出图 10-12 中齿轮轴系上的错误结构并改正之。

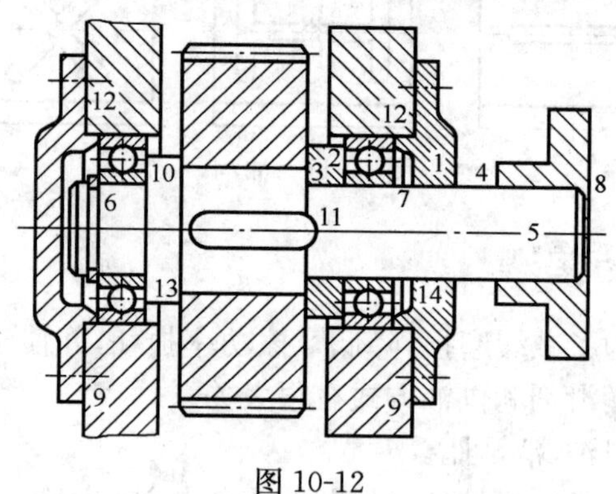

图 10-12

第11章 连 接

通过本章的学习，学生能熟悉机械中常用的可拆连接(螺纹连接、键连接、花键连接、销连接)的工作原理、结构形式、主要尺寸参数及应用；会正确选择各种连接方法并了解联轴器、离合器。

11.1 螺纹连接

螺纹连接是利用具有螺纹的零件构成的可拆连接。特点是结构比较简单、装拆方便、工作可靠、使用范围广。

螺纹连接大多数已有国家标准，设计人员主要是根据螺纹连接的要求，选择合适的螺纹类型、连接方式及确定螺纹连接的尺寸。

11.1.1 螺纹的形成

如图11-1所示，将直角三角形ABC绕到直径为d的圆柱体上，并使一直角边与圆柱体底面圆周重合，则斜边就在圆柱表面形成一条螺旋线。此时，若用车刀沿着螺旋线方向进行材料切除，就可以得到相应的螺纹，如图11-2所示。

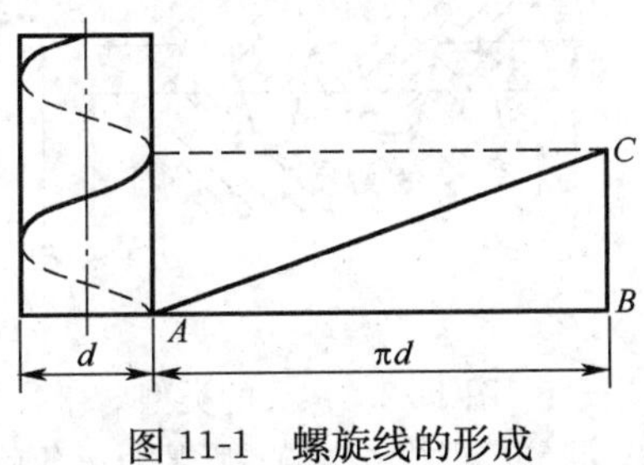

图11-1 螺旋线的形成

11.1.2 螺纹的类型

螺纹分内螺纹和外螺纹。在圆柱表面上形成的螺纹为外螺纹，在圆柱孔壁上形成的螺纹称为内螺纹。外螺纹和内螺纹共同组成螺纹副，用于连接和传动。螺纹还分米制和英制，中国除管螺纹用英制以外，其余都用米制单位。

常用的螺纹类型有普通螺纹、管螺纹、矩形螺纹、梯形螺纹和锯齿形螺纹等，标准螺纹的相关尺寸可查阅有关国家标准。现将常用的螺纹类型、特点及应用介绍如下。

普通螺纹：如图11-2(a)所示，牙型角为60°，由于当量摩擦角大、自锁性好、强度高，广泛用于螺纹连接。对于同一公称直径的普通螺纹，按照螺距大小不同，分为粗牙普通螺纹和细牙普通螺纹。细牙普通螺纹螺距小、升角小、自锁性更好、强度更高，但不耐磨损、容易划扣,因此一般多采用粗牙普通螺纹。

管螺纹:管螺纹常用的牙型角为 55°,旋和后无径向间隙,以保证连接的紧密性,按照螺纹制作在柱面或锥面的不同,分为圆柱管螺纹(图 11-2(b))和圆锥管螺纹(图 11-2(c)、(d))。

矩形螺纹、梯形螺纹和锯齿形螺纹:按照图 11-2(e)、(f)、(g)所示,由于其自锁性差、传动效率较高,广泛用于螺旋传动中。

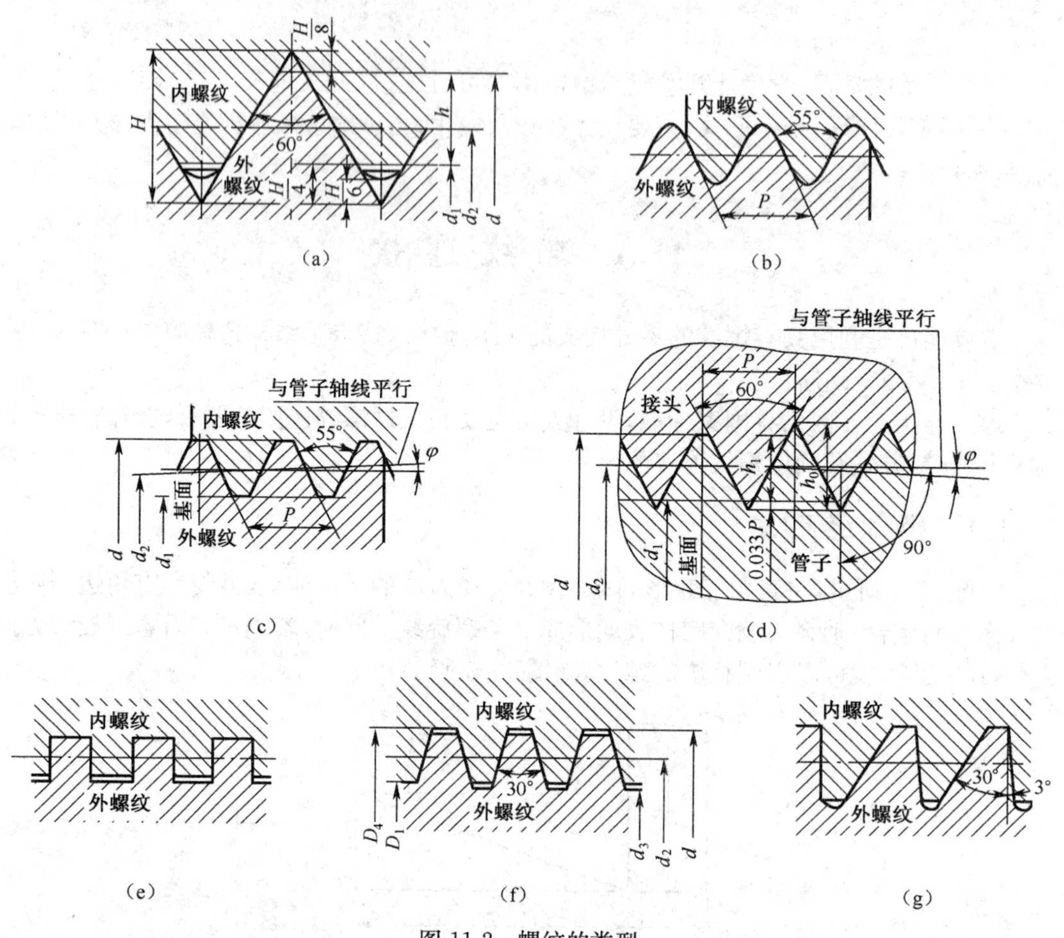

图 11-2 螺纹的类型

(a)普通螺纹;(b)55°圆柱管螺纹;(c)55°圆锥管螺纹;(d)60°圆锥管螺纹;(e)矩形螺纹;(f)梯形螺纹;(g)锯齿形螺纹。

11.1.3 螺纹连接的基本参数

以普通圆柱外螺纹为例,介绍螺纹的主要参数。

(1)大径 d:与外螺纹牙顶或内螺纹牙底相切的圆柱体直径。内螺纹大径可用 D 表示,如图 11-3 所示。

(2)小径 d_1:与外螺纹牙底或内螺纹牙顶相切的圆柱体直径,如图 11-3 所示。

(3)中径 d_2:与外螺纹同轴的假想圆柱体上,其母线通过螺纹牙型上的牙厚与沟槽的轴向宽度相等,此圆柱体称为中径圆柱体,其直径为螺纹中径,如图 11-3 所示。

(4)公称直径:代表螺纹尺寸的直径。通常指螺纹大径的基本尺寸。

(5)牙型:轴向平面内,螺纹的轮廓形状。

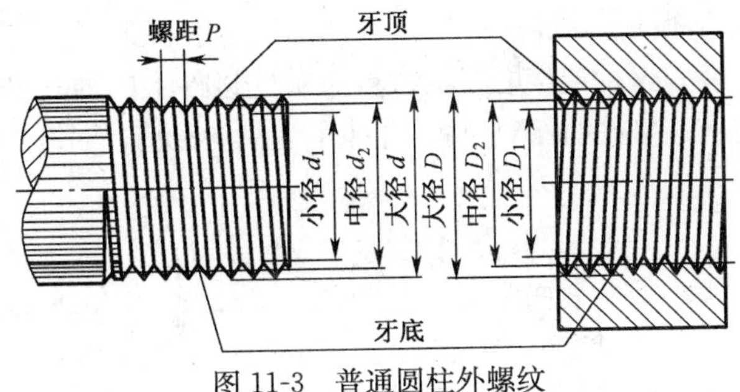

图 11-3　普通圆柱外螺纹

(6)牙型角 α:螺纹牙型上,相邻两牙侧间的夹角,如图 11-3 所示。

(7)螺距 P:相邻两牙在中径线上对应两点间的轴向距离,如图 11-3 所示。

(8)螺纹线数 n:螺纹的螺旋线数,如图 11-4 所示。

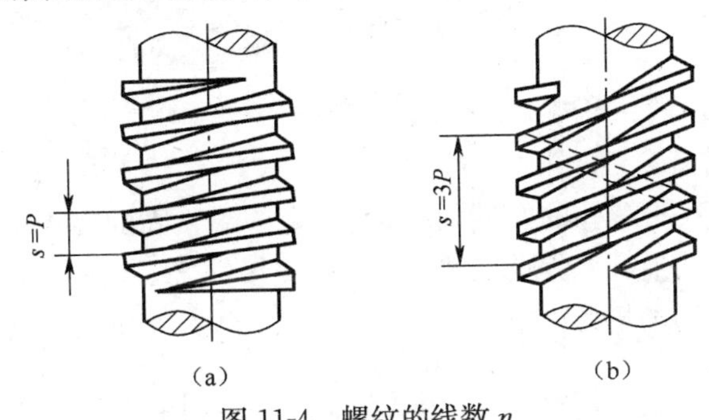

图 11-4　螺纹的线数 n

(a)$n=1$;(b)$n=3$。

(9)导程 s:同一螺纹线上相邻两牙在中径线上对应两点间的轴向距离。单线螺纹 $s=P$,多线螺纹 $s=nP$,如图 11-4 所示。

(10)螺纹升角 ψ:在中径圆柱上,螺旋线的切线与垂直于螺纹轴线的平面间的夹角,如图 11-5 所示,$\tan\psi=nP/(\pi d_2)$。

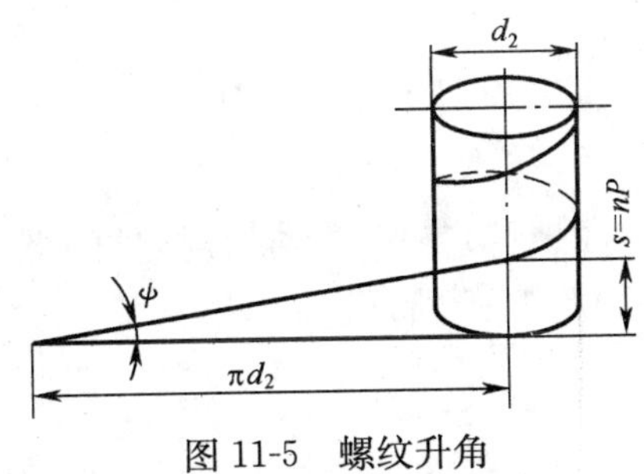

图 11-5　螺纹升角

(11)牙型高度 h:螺纹牙型上,牙顶和牙底之间垂直于螺纹轴线的距离,如图 11-3 所示。

11.1.4 螺纹连接的基本类型

1. 螺栓连接

如图 11-6 所示,用螺栓贯穿两个(或多个)被连接件并用螺母旋紧的螺纹连接。螺栓连接常用于被连接件不很厚,并能从被连接件两边进行装配的场合。其结构简单,装拆方便,成本低,也容易更换。这种连接的结构特点是被连接件上的通孔和螺栓杆间留有间隙。这种连接能精确固定被连接件的相对位置,并能承受横向载荷,但孔的加工精度要求较高。

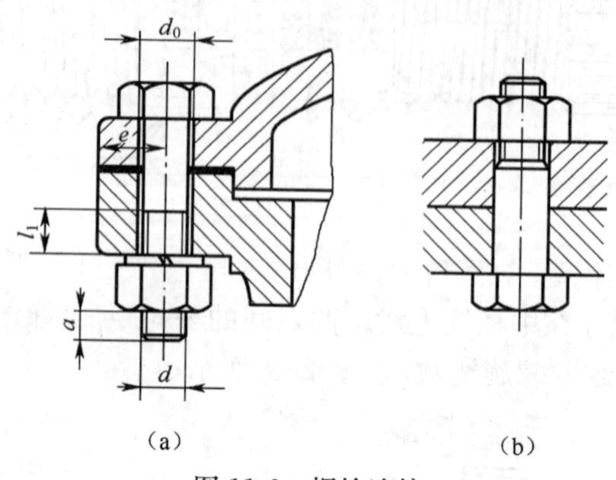

图 11-6 螺栓连接

2. 双头螺柱连接

如图 11-7 所示,双头螺柱的两端均有螺纹,其一端紧固的旋入被连接件的螺纹孔内,另一端穿过被连接件的通孔与螺母旋合,用于被连接件之一较厚,或有气密性要求而不能有通孔且需要经常拆卸的场合。

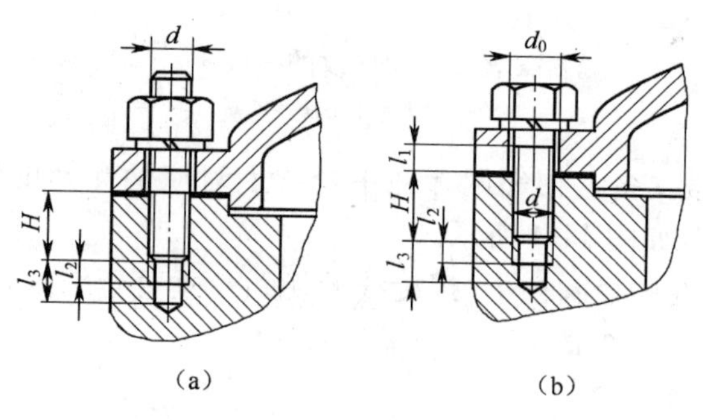

图 11-7 双头螺柱连接

3. 螺钉连接

这种连接的特点是螺栓(或螺钉)直接拧入被连接件的螺纹孔中,不用螺母,在结构上比双头螺柱连接简单、紧凑,如图 11-8 所示。

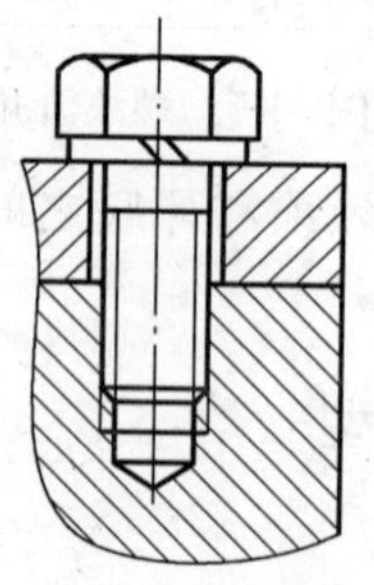

图 11-8 螺钉连接

4. 紧定螺钉连接

紧定螺钉连接是利用拧入零件螺纹孔中的螺钉末端顶住另一零件的表面(图 11-9(a))或钉入相应的凹坑中(图 11-9(b)),以固定两个零件的相对位置,并可传递不大的力或转矩。

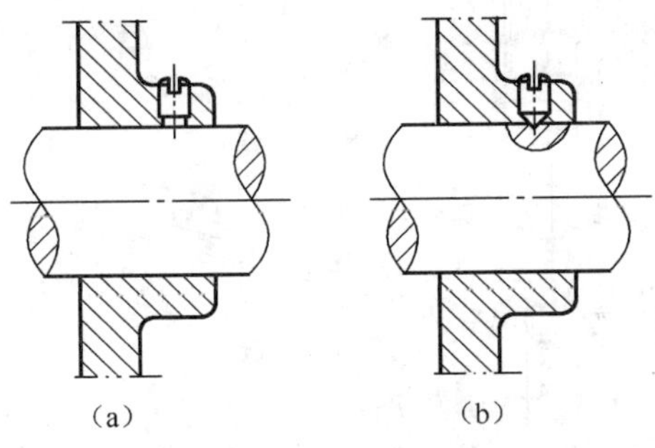

图 11-9　紧定螺钉连接

11.1.5　螺纹连接的预紧和防松

1. 螺纹连接的预紧

在实用上,绝大多数螺纹连接在装配时都必须拧紧,使连接在承受工作载荷之前,预先受到力的作用,这个预加作用力称为预紧力。预紧的目的在于增强连接的可靠性和紧密性,以防止受载后被连接件间出现缝隙或发生相对滑移。为了保证连接所需要的预紧力,又不使螺纹连接件过载,对重要的螺纹连接,在装配时要控制预紧力。通常规定,拧紧后螺纹连接件的预紧应力不得超过其材料的屈服极限 σ_s 的 80%。对于一般连接用的钢制螺栓连接的预紧力 F_0,推荐按下列关系确定:

碳素钢螺栓:　　$F_0 \leqslant (0.6：0.7)\sigma_s A_1$

合金钢螺栓:　　$F_0 \leqslant (0.5：0.6)\sigma_s A_1$

式中:σ_s 为螺栓材料的屈服极限;A_1 为螺栓危险截面的面积,$A_1 \approx \pi d_1^2/4$。

控制预紧力的方法很多,通常是借助侧力矩扳手(图 11-10)或定力矩扳手(图 11-11),利用控制拧紧力矩的方法来控制预紧力的大小。

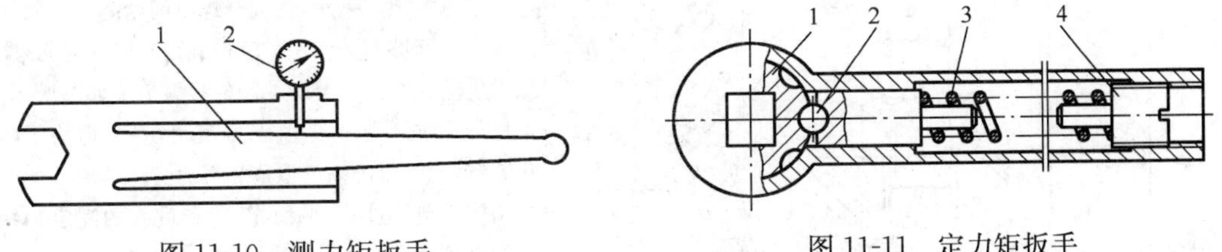

图 11-10　测力矩扳手　　　　图 11-11　定力矩扳手

如图 11-12 所示,由于拧紧力矩 $T(T=FL)$的作用,使螺栓和被连接件之间产生预紧力 F_0。对于 M10～M64 粗牙普通螺纹的钢制螺栓,螺纹升角 $\psi=1°42'：3°2'$;螺纹中径 $d_2 \approx 0.9d$;螺旋副的当量摩擦角 $\varphi_v \approx \arctan 1.155f$($f$ 为摩擦系数,无润滑时 $f=0.1～0.2$);螺栓孔直径 $d_0 \approx 1.1d$;螺母环形支承面的外径 $D_0=1.5d$;螺母与支承面间的摩擦系数 $f_c=0.15$,可推导出

$$T \approx 0.2F_0 d$$

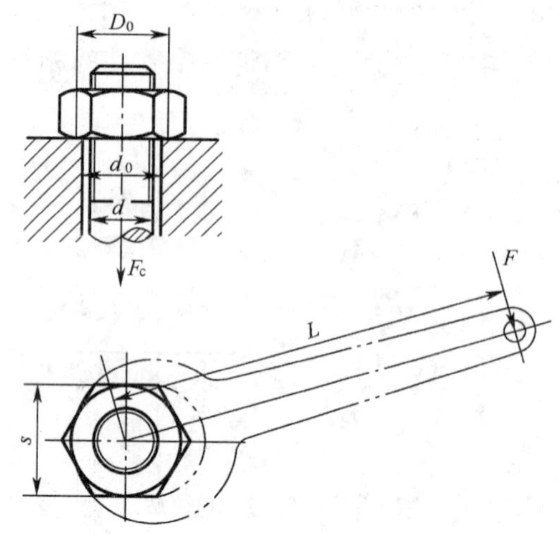

图 11-12　螺旋副的拧紧力矩

对于一定公称直径 d 的螺栓，当所要求的预紧力 F_0 已知时，即可按上式确定扳手的拧紧力矩 T_0。

2. 螺纹连接的防松

螺纹连接件一般采用单线普通螺纹。螺纹升角（$\psi=1°42'\sim3°2'$）小于螺旋副的当量摩擦角（$\varphi_v\approx6.5°\sim10.5°$）。因此，连接螺纹都能满足自锁条件（$\psi<\varphi_v$）。

螺纹连接一旦出现松脱，轻者会影响机器的正常运转，重者会造成严重事故。因此，为了防止连接松脱，保证连接安全可靠，设计时必须采取有效的防松措施。

防松的根本问题在于防止螺旋副在受载时发生相对转动。防松的方法，按工作原理可分为摩擦防松、机械防松以及铆冲防松等。一般说，摩擦防松简单、方便，但没有机械防松可靠。对于重要连接，特别是机械内部不易检查的连接，应采用机械防松。常用的防松方法见表 11-1。

表 11-1　螺纹连接常用的防松方法

防松方法		结构型式	特点和应用
摩擦防松	对顶螺母		两螺母对顶拧紧后，使旋合螺纹间始终受到附加的压力和摩擦力的作用。工作载荷有变动时，该摩擦力仍然存在。旋合螺纹间的接触情况如图所示，下螺母螺纹牙受力较小，其高度可小些，但为了防止装错，两螺母的高度取成相等为宜 结构简单，适用于平稳、低速和重载的固定装置上的连接
	弹簧垫圈		螺母拧紧后，靠垫圈压平而产生的弹性反力使旋合螺纹间压紧。同时垫圈斜口尖端抵住螺母与被连接件的支撑面也有防松作用 结构简单、使用方便，但由于垫圈的弹力不均在冲击、振动的工作条件下，其防松效果较差，一般用于不甚重要的连接

（续）

防松方法		结构型式	特点和应用
摩擦防松	自锁螺母	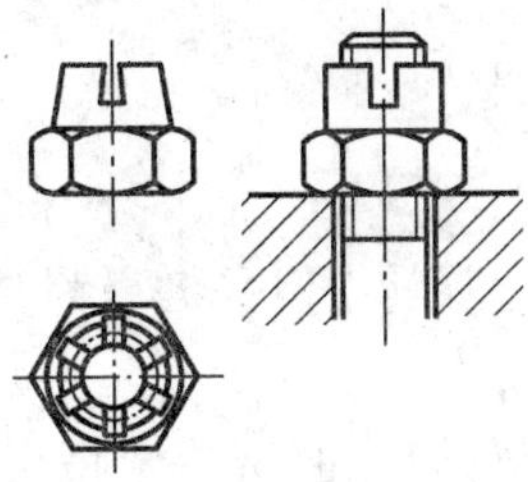	螺母一端制成非圆形收口或开缝后径向收口。当螺母拧紧后，收口胀开，利用收口的弹力使旋合螺纹间压紧 结构简单，防松可靠，可多次装拆而不降低防松性能
机械防松	开口销与六角开槽螺母	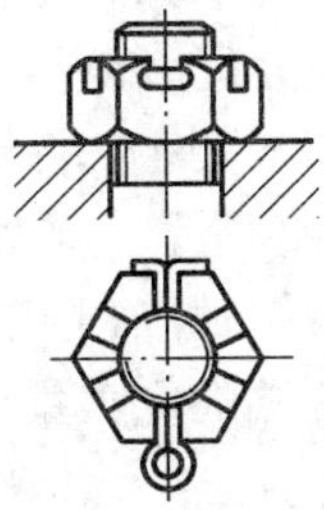	六角开槽螺母拧紧后，将开口销穿入螺栓尾部小孔和螺母的槽内，并将开口销尾部掰开与螺母侧面紧贴。也可用普通螺母代替六角开槽螺母，但需拧紧螺母后再配钻销孔 适用于较大冲击、振动的高速机械中运动部件的连接
	止动垫圈	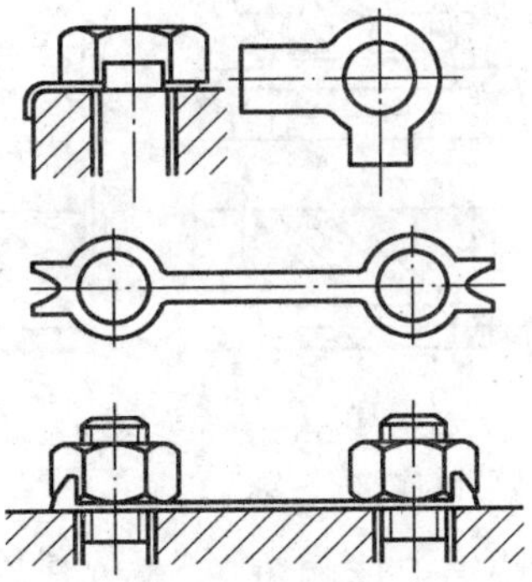	螺母拧紧后，将单耳或双耳止动垫圈分别向螺母和被连接件的侧面折弯贴紧，即可将螺母锁住。若两个螺栓需要双连锁紧时，可采用双联止动垫圈，使两个螺母互相制动 结构简单，使用方便，防松可靠
	串联钢丝	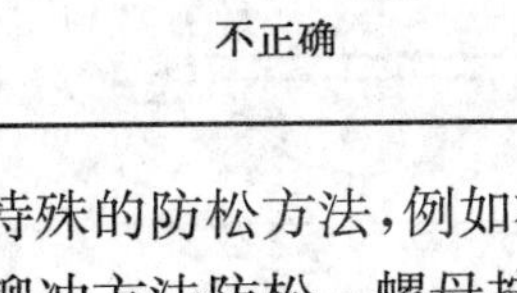 正确 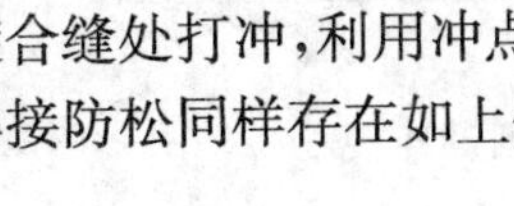 不正确	用低碳钢丝穿入各螺钉头部的孔内，将各螺钉串联起来，使其相互制动，使用时必须注意钢丝的穿入方向 适用于螺钉组连接，防松可靠，但装拆不便

此外，还有一些特殊的防松方法，例如在旋合螺纹间涂以液体胶黏剂或在螺母末端镶嵌尼龙环等，或采用铆冲方法防松。螺母拧紧后把螺栓末端伸出部分铆死，或利用冲头在螺栓末端与螺母的旋合缝处打冲，利用冲点防松。这种防松方法可靠，但拆卸后连接件不能重复使用。采用焊接防松同样存在如上优缺点，这些防松方式可归类为破坏螺旋副关系防松。

11.2 键连接

11.2.1 类型、特点和应用

1. 键

键可分为平键、半圆键、楔键和切向键等类型，其中以平健最为常用。键已标准化。

1)平键连接

其特点是：键的两侧面是工作面，靠键与键槽的侧面挤压来传递扭矩；平键连接不能承受轴向力，因而对轴上的零件不能起到轴向固定作用。常用的平键有普通平键和导向平键。平键连接具有结构简单、装拆方便、对中良好等优点。

(1)普通平键。普通平键主要用于静连接。普通平键按端部形状不同分为 A 型(圆头)、B 型(平头)、C 型(半圆头)三种形式，如图 11-13 所示。采用 A、C 型平键时，轴上的键槽用键槽铣刀铣出，键在槽中固定良好，但当轴工作时，轴上键槽端部的应力集中较大。采用 B 型平键时，轴上的键槽用盘铣刀铣出，键槽两端的应力集中较小。C 型平键常用于轴端的连接。轮毂上的键槽一般用插刀或拉刀加工。

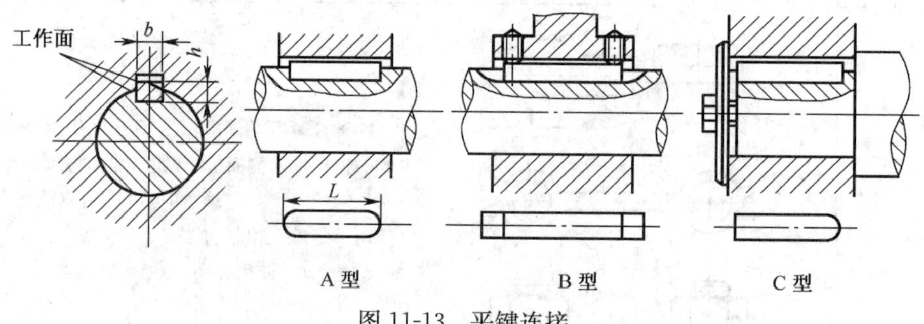

图 11-13　平键连接

(2)导向平键。导向平键用于动连接。按端部形状分 A 型和 B 型两种形式，其特点是键较长，键与轮毂的键槽采用间隙配合，故轮毂可以沿键作轴向滑动(例如变速箱中滑移齿轮与轴的动连接)。为了防止键松动，需要用螺钉将键固定在轴上的键槽中。为了便于拆卸，键上制有起键螺孔。

2)半圆键连接

半圆键连接如图 11-14 所示。轴上键槽用尺寸与半圆键相同的半圆键铣刀铣出，因而键在槽中能绕其几何中心摆动以适应毂上键槽的倾斜度。半圆键用于静连接，其两侧

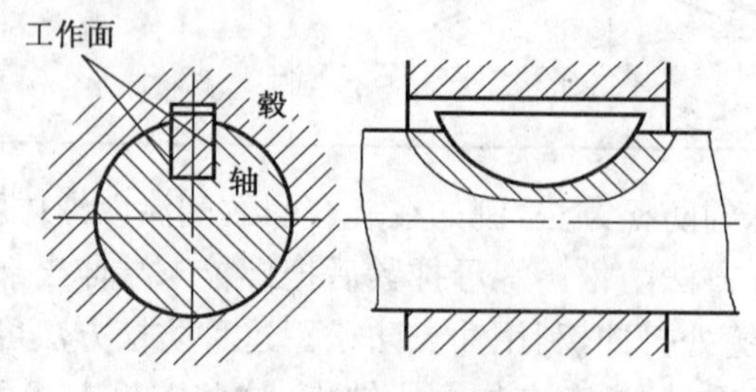

图 11-14　半圆键连接

面是工作面。其优点是工艺性好,缺点是轴上的键槽较深,对轴的强度影响较大,所以一般多用于轻载情况的锥形轴端连接。

3)楔键连接

楔键连接的特点是:键的上下两面是工作面,键的上表面和轮毂键槽底部各有 1∶100 的斜度。装配时,通常是先将轮毂装好后,再把键放入并打紧,使键楔紧在轴与毂的键槽中。工作时,主要靠键、轴和毂之间的摩擦力传递转矩,同时还可以承受单向的轴向载荷,对轮毂起到单向轴向定位作用。其缺点:楔紧后,轴和轮毂的配合产生偏心和倾斜。因此主要用于定心精度要求不高和低速的场合。

楔键分为普通楔键和钩头楔键两种,如图 11-15 所示。

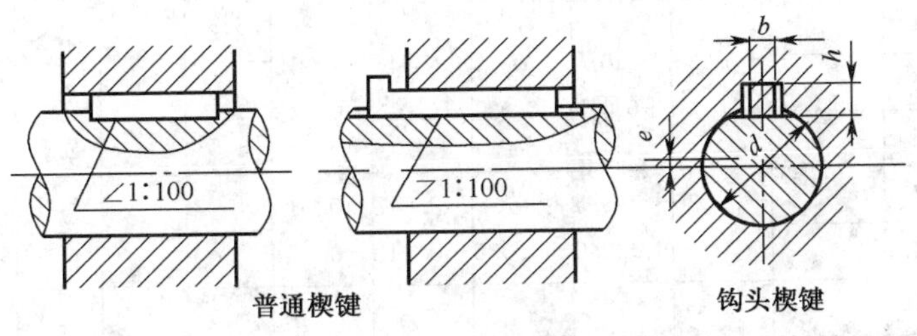

图 11-15　楔键连接

普通楔键也有 A 型、B 型、C 型三种形式。钩头键的钩头供拆卸用,如果安装在外露的轴端时,应注意加装防护罩。

2. 花键

由轴和轮毂孔周向均布的多个键齿构成的连接称为花键连接。与平键相类似,在工作时,齿的工作面为齿的侧面,靠工作面的挤压传递扭矩。由于是多齿传递载荷,所以与普通平键相比具有承载力高、轴和毂受力均匀、定心性和导向性好等优点。但加工需要专用设备和工具,成本较高。

花键连接可用于静连接或动连接。按其齿型的不同,可以分为矩形花键和渐开线花键两类。

对于大径为 14mm～125mm 的矩形花键,GB 1144—87 规定用小径定心,可以通过磨削消除热处理变形,获得较高的定心精度。

渐开线花键的两侧曲线为渐开线,其压力角规定有 30°和 45°两种。渐开线花键根部强度较大,应力集中小,承载能力大。

这两种花键的规格尺寸都已经标准化,在设计时可以参考相关的标准和规范进行。

11.2.2　普通平键连接的尺寸选择

键的尺寸应按符合标准规格和强度要求来取定。键的主要尺寸为其截面尺寸(一般以键宽 b×键高 h 表示)与长度 L。键的截面尺寸 $b\times h$ 按轴的直径 d 由标准中选定(表 11-2)。键的长度 L 一般可按轮毂的长度而定,即键长等于或略短于轮毂的长度;而导向平键则按轮毂的长度及其滑动距离而定。一般轮毂的长度可取为 $L'\approx(1.5\sim2)d$,这里 d 为轴的直径,所选定的键长亦应符合标准规定的长度系列。重要的键连接在选出键的类型和尺寸后,还应进行强度计算。

表 11-2　键

<table>
<tr><td>轴</td><td>键</td><td colspan="6">键</td><td colspan="6">槽</td></tr>
<tr><td rowspan="3">公称直径
d</td><td rowspan="3">公称
尺寸
$b\times h$</td><td rowspan="3">公称
尺寸
b</td><td colspan="5">宽度 b</td><td colspan="4">宽度</td><td colspan="2" rowspan="2">半径 r</td></tr>
<tr><td colspan="2">较松键连接</td><td colspan="2">一般键连接</td><td>较紧键
连接</td><td colspan="2">轴 t</td><td colspan="2">毂 t_1</td></tr>
<tr><td>轴 H9</td><td>毂 D10</td><td>轴 N9</td><td>毂 JS9</td><td>轴和毂
P9</td><td>公称
尺寸</td><td>极限
偏差</td><td>公称
尺寸</td><td>极限
偏差</td><td>最小</td><td>最大</td></tr>
<tr><td>自 6～8</td><td>2×2</td><td></td><td rowspan="2">+0.025
0</td><td rowspan="2">+0.060
+0.020</td><td rowspan="2">−0.004
−0.029</td><td rowspan="2">+0.0125
−0.0125</td><td rowspan="2">−0.006
−0.031</td><td>1.2</td><td rowspan="5">+0.1
0</td><td>1</td><td rowspan="5">+0.1
0</td><td rowspan="3">0.08</td><td rowspan="3">0.16</td></tr>
<tr><td>>8～10</td><td>3×3</td><td></td><td>1.8</td><td>1.4</td></tr>
<tr><td>>10～12</td><td>4×4</td><td></td><td rowspan="3">+0.030
0</td><td rowspan="3">+0.078
+0.030</td><td rowspan="3">0
−0.030</td><td rowspan="3">+0.016
−0.016</td><td rowspan="3">−0.012
−0.042</td><td>2.5</td><td>1.8</td></tr>
<tr><td>>12～17</td><td>5×5</td><td></td><td>3.0</td><td>2.3</td><td rowspan="2">0.16</td><td rowspan="2">0.25</td></tr>
<tr><td>>17～22</td><td>6×6</td><td></td><td>3.5</td><td>2.8</td></tr>
<tr><td>>22～30</td><td>8×7</td><td></td><td rowspan="2">+0.036
0</td><td rowspan="2">+0.098
+0.040</td><td rowspan="2">0
−0.036</td><td rowspan="2">+0.018
−0.018</td><td rowspan="2">−0.015
−0.051</td><td>4.0</td><td rowspan="8">+0.2
0</td><td>3.3</td><td rowspan="8">+0.2
0</td><td rowspan="7">0.25</td><td rowspan="7">0.40</td></tr>
<tr><td>>30～38</td><td>10×8</td><td>0</td><td>5.0</td><td>3.3</td></tr>
<tr><td>>38～44</td><td>12×8</td><td>2</td><td rowspan="4">+0.043
0</td><td rowspan="4">+0.120
+0.050</td><td rowspan="4">0
−0.043</td><td rowspan="4">+0.0215
−0.0215</td><td rowspan="4">−0.018
−0.061</td><td>5.0</td><td>3.3</td></tr>
<tr><td>>44～50</td><td>14×9</td><td>4</td><td>5.5</td><td>3.8</td></tr>
<tr><td>>50～58</td><td>16×10</td><td>6</td><td>6.0</td><td>4.3</td></tr>
<tr><td>>58～65</td><td>18×11</td><td>8</td><td>7.0</td><td>4.4</td></tr>
<tr><td>>65～75</td><td>20×12</td><td>0</td><td rowspan="2">+0.052
0</td><td rowspan="2">+0.140
+0.065</td><td rowspan="2">0
−0.052</td><td rowspan="2">+0.026
−0.026</td><td rowspan="2">−0.022
−0.074</td><td>7.5</td><td>4.9</td></tr>
<tr><td>>75～85</td><td>22×14</td><td>2</td><td>9.0</td><td>5.4</td><td>0.40</td><td>0.60</td></tr>
</table>

注：1. 基本尺寸系原标准中的公称尺寸。

2. $(d-t)$和$(d+t)$两组组合尺寸的偏差按相应的 t 和 t_1 偏差选取，$(d-t)$偏差应取负号。

3. 键的长度系列：6、8、10、12、14、15、18、20、22、25、28、32、36、40、45、51、56、63、70、80、90、100、110、125、140、160、180、200、220、250、320、360。

4. 普通平键标记示例：平头普通平键（B 型）$b=18$mm，$h=11$mm，$L=100$mm，标记：键 B18×100 GB 1096—79。A 型的 A 可省去不写

11.2.3　普通平键的强度计算

1. 平键连接的强度计算

普通平键连接的主要失效形式是键、轴上键槽和轮毂上键槽三者中较弱者被压溃。平键连接的强度计算通常以轮毂为计算对象，计算键连接的强度时假设载荷沿键长与高方向均匀分布，不计摩擦。并假设合力的作用点在轴半径处，强度条件为

$$\sigma_p=\frac{N}{k\cdot l}=\frac{1000T/d/2}{k\cdot l}=\frac{2000T}{kld}\leqslant[\sigma]_p\ (\text{MPa})$$

或允许传递的扭矩：　$T=\dfrac{1}{2}kld[\sigma]_p$　(N·mm)

$$P=\frac{1}{9550}T\cdot n\quad(\text{kW})$$

$$[\sigma]_p=\min\{[\sigma]_{p键},[\sigma]_{p毂},[\sigma]_{p轴}\}$$

式中 $[\sigma_p]$——许用挤压应力(MPa);

T——扭矩(N·mm);

k——工作高度 $k=oh/2$;

l——工作长度(A 型键:$l=L-b$;B 型键:$l=L$;C 型键:$l=L-b/2$);

d——轴径(mm)。

2. 剪切强度条件

用于动连接的导向平键和滑动平键的主要失效形式为相对滑动的两零件中强度较弱材料的磨损,强度计算中应限制工作表面间的压强,强度计算公式和平键基本相同,只是将其中的挤压压强改为压强,许用挤压应力改为许用压强,键的工作长度为相对滑动的两零件的实际接触长度。

$$P=\frac{2T\times 10^3}{kld}\leqslant[P]$$

$$\tau=\frac{N}{bl}=\frac{1000T/d/2}{bl}=\frac{2000T}{bld}\leqslant[\tau]$$

3. 半圆键连接强度计算

半圆键连接的受力情况和失效形式和平键相似,计算强度和承载能力也和平键相同,公式中的接触高度应根据实际键高选取,键的工作长度可近似的取键的公称长度。

当强度不够时,可采取以下措施:

(1)双键,180°布置(按 1.5 个键计算),三键 120°布置。

(2)增大轴径 d。

(3)增长 L,但轮毂长,受力不利。

(4)改用花键,一般 $L=(1.6\sim1.8)d\leqslant 2d$。

11.2.4 花键连接

花键连接是由多个键齿与键槽在轴和轮毂孔的周向均布而成,花键齿侧面为工作面,适用于动、静连接,其类型、特点和应用如下。

1. 特点

(1)齿较多、工作面积大、承载能力较高。

(2)键均匀分布,各键齿受力较均匀。

(3)齿槽线、齿根应力集中小,对轴的强度削弱减少。

(4)轴上零件对中性好。

(5)导向性较好。

(6)加工需专用设备、制造成本高。

2. 类型

(1)按齿形分为矩形花键、渐开线花键和三角形花键。矩形花键(4 牙~24 牙)已标准化,制造容易、应用广泛,分轻、中、重、补充系列。渐开线花键(GB 34781—83)齿廓为渐开线,可用齿轮机床加工,工艺性较好,制造精度高,齿根圆角大,应力集中小,易于对心。但加工花键孔用渐开线拉力制造复杂,成本高,适宜于传递大扭矩、大直径轴。渐开线花键齿形:①$\alpha=30°$和$\alpha=45°$;②$h_a=0.5m$(m为模数);③不根切最小齿数$z_{min}=4$(一般$z\geqslant 10$)。三角形花键齿数较多,齿较小,对轴强度削弱小。适于轻载、d较小时及轴与薄壁零件的连接。

(2)定心方式。

外径定心——轴、孔加工简单(孔拉削),精度高,硬度过高,拉不动(一般硬度<40HRC),但可通过提高硬度,拉后再热处理,加工性能变好,一般均可用外径定心。

侧面定心——定心精度不高,但载荷分布均匀,承载能力高,但零件易移动,侧面易磨损,使对中性变坏。适于定心要求不高的重载连接(静连接)。

内径定心(新标准)——定心精度高,定心稳定性好,配合面均要研磨,磨削消除热处理后变形,加工较复杂,且硬度可高些。当硬度>40HRC,用外径定心不适合时且$D>120$mm(工艺上不经济或达不到要求时),单件生产时采用。

①齿形定心——能自动定心,有利于各齿均载,应用广,优先采用。

②圆柱面定心(与分度圆同心)——适于径向载荷较小且要求传动平稳的传动机构。

③外径定心——限制了自动定心,且加工需要特制刀具,较少采用。

3. 细齿渐开线花键设计

花键连接的设计计算步骤为:选花键类型→按轴径D定花键尺寸(矩形:$Z-D\times d\times b$)→验算连接强度。主要失效形式有:①键齿的压溃(静连接);②磨损(动连接);③齿根剪断,故一般进行挤压强度或耐磨性验算。

花键材料:高强度钢($\sigma_b\geqslant 600$MPa),滑动花键要经淬火或化学处理,以便有足够的硬度与耐磨性。

11.3 销连接

销主要用来固定零件之间的相对位置,起定位作用,也可用于轴与轮毂的连接,传递较小的载荷,还可作为安全装置中的过载剪断元件,即可按用途可以分为定位销、连接销、安全销(图11-16)。销的常用材料为35钢、45钢。

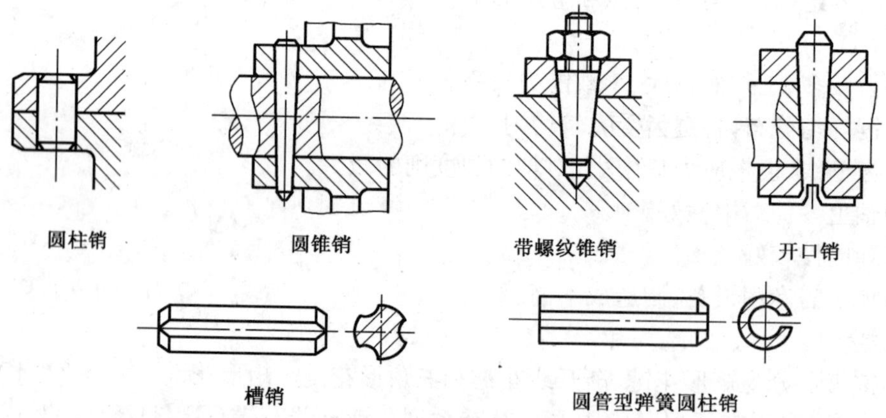

图11-16 销连接

销有圆柱销和圆锥销两种基本类型,这两类销均已标准化。圆柱销利用微量过盈固定在销孔中，经过多次装拆后，连接的紧固性及精度降低，故只宜用于不常拆卸处。圆锥销有 1∶50 的锥度，装拆比圆柱销方便，多次装拆对连接的紧固性及定位精度影响较小，因此应用广泛。

实际中还有一些特殊形式的销，如带螺纹锥销、异尾锥销、弹性销、开口销、槽销和开口销等多种形式。

销的选择按连接和定位零件(轴、厚度)及传递载荷而定。连接销一般按剪切和挤压强度条件计算，即按承载情况和结构特点分别进行计算。安全销的直径按过载时被剪断的条件确定。定位销尺寸由经验值确定，不进行强度校核。

11.4　联轴器与离合器简介

联轴器和离合器是机械传动中常用的部件，主要用于连接两轴，使其一同旋转并传递转矩，有时也可用作安全装置。联轴器和离合器不同之处是：用联轴器连接的两轴，在机械运转时两轴是不能脱开的，只有在机械停车时才能将连接拆开，使两轴分离。离合器可以根据工作需要，在机械运转时随时使两轴脱开或结合，而不必停车。

联轴器所连接的两轴，由于制造和安装误差以及承载后变形和热变形等影响往往不能保证严格的对中，两轴将会产生某种形式的相对位移误差，如图 11-17 所示，图(a)为轴向位移误差，图(b)为径向位移误差，图(c)为角位移误差，图(d)为综合位移误差。这就要求联轴器在结构上具有补偿能力。

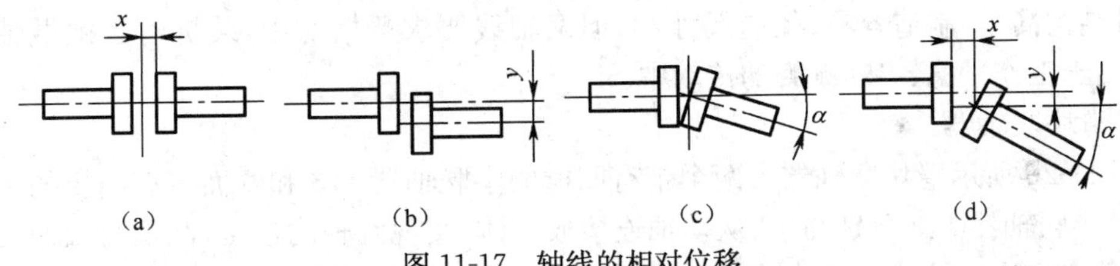

图 11-17　轴线的相对位移

11.4.1　联轴器

根据工作性能，联轴器可分为刚性联轴器和弹性联轴器两大类。刚性联轴器又有固定式和可移动式两种。固定式刚性联轴器构造简单，但要求被连接的两轴严格对中，而且在运转时不得有任何的相对移动。可移动式刚性联轴器则可补偿两轴在工作中发生的一定限度的相对移动。弹性联轴器中有弹性元件，所以具有缓冲、吸振的功能和适应轴线偏移的能力。

1. 常用联轴器的结构和特点

1)凸缘联轴器

如图 11-18 所示，凸缘联轴器由两个带凸缘的半联轴器用螺栓连接而成。半联轴器用键与两轴相连接。图 11-18(a)所示为两半联轴器用铰制孔螺栓连接，靠孔与螺栓对中，拆装方便，传递转矩大。图 11-18(b)所示的两半联轴器靠凸榫对中，用普通螺栓连接，对中精度高，但装拆时，轴必须作轴向移动。

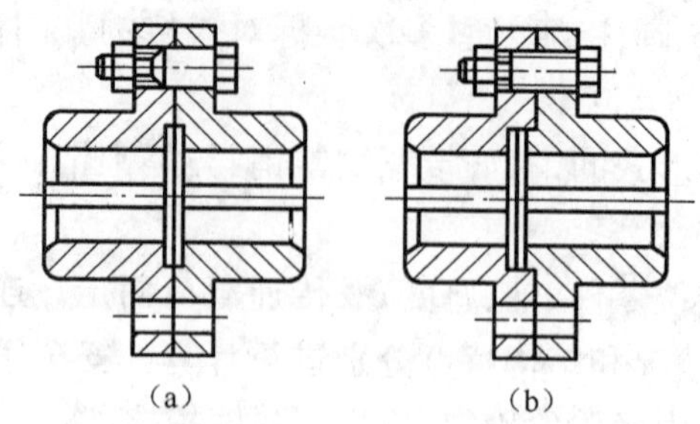

图 11-18　凸缘联轴器

(a)铰制孔螺栓连接联轴器；(b)普通螺栓连接联轴器。

凸缘联轴器结构简单，价格低廉，能传递较大的转矩，但不能补偿两轴线的相对位移，也不能缓冲减振，故只适用于两轴能严格对中、载荷平稳的场合。

2)套筒联轴器

如图 11-19 所示，套筒联轴器利用套筒将两轴套接，然后用键或销将套筒和轴连接。

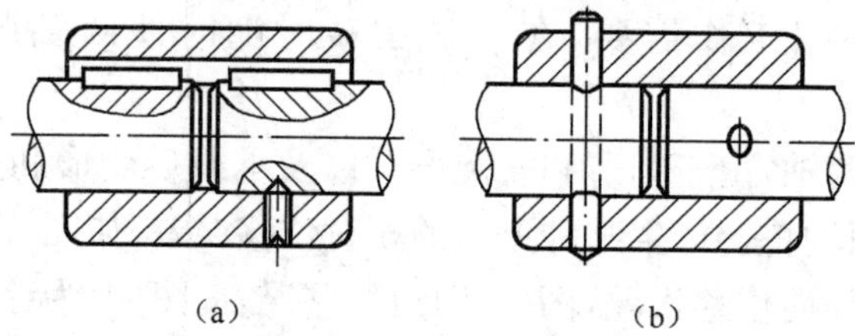

图 11-19　套筒联轴器

其结构简单，制造容易，径向尺寸小，但两轴线要求严格对中，装拆时必须做轴向移动，适用于工作平稳、启动频繁的传动中。

3)滑块联轴器

图 11-20 所示滑块联轴器由两个带有凹槽的半联轴器 1、3 和两面带有凸块的中间盘 2 组成，半联轴器 1、3 分别与主、从动轴连接成一体，实现两轴的连接，凸块与凹槽相互嵌合并作相对移动可补偿径向偏移。该联轴器结构简单，径向尺寸小。中间盘用尼龙做成，可减少转动时中间盘偏心产生的离心力并起缓冲作用。适用于两轴径向偏移较大、低速无冲击的场合。

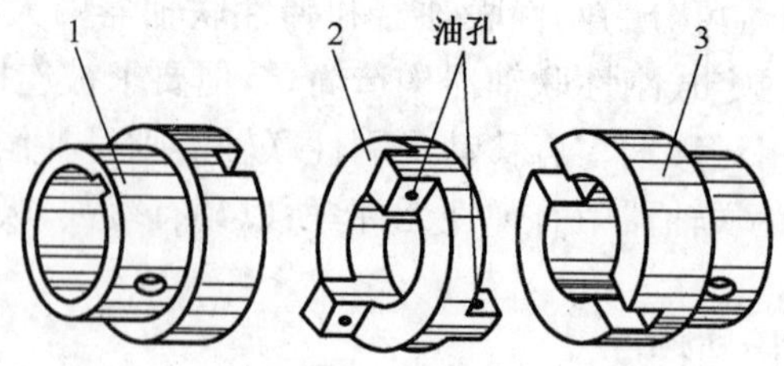

图 11-20　滑块联轴器

4)十字轴万向联轴器

如图 11-21 所示，十字轴万向联轴器由两个叉形接头 1、3 和一个十字轴 2 组成。它利用叉形接头与十字轴之间构成的转动副，使被连接的两轴线能成任意角度 α，一

般 α 可达 35°～45°。当十字轴万向联轴器单个使用、主动轴以等角速度转动时，从动轴作变角速度回转，造成在传动中产生附加动载荷。为此，常将十字轴万向联轴器成对使用，如图 11-22 所示。要获得等角速度效果，在安装时各轴的相互位置必须满足：①主、从动轴与中间轴夹角相等，即 $\alpha_1=\alpha_3$；②中间轴两端的叉形平面必须位于同一平面内。应该注意到，这样安装后虽然获得输入轴和输出轴的等角速度转动，但中间轴 2 仍然是不等角速度的。

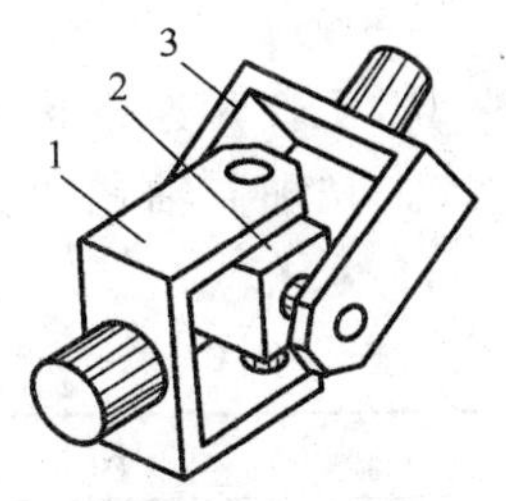

图 11-21　万向联轴器

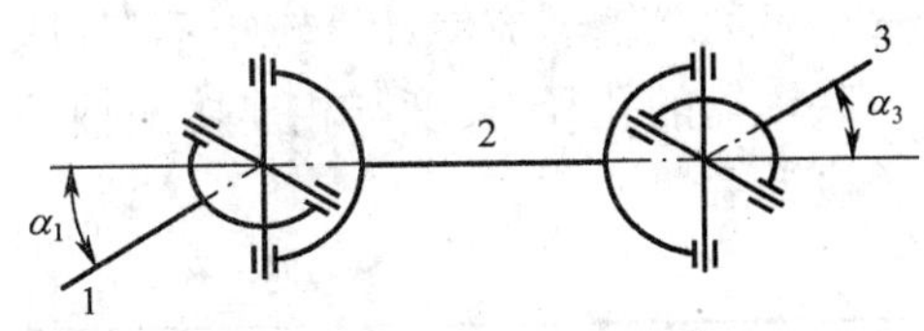

图 11-22　双万向联轴器

5)弹性套柱销联轴器

如图 11-23 所示，弹性套柱销联轴器的构造与凸缘联轴器相似，不同之处是用带有弹性套的柱销代替了螺栓连接，可利用弹性套的变形补偿两轴间的位移，缓冲和吸振。它制造简单，装拆方便，适用于正反转或启动频繁、载荷平稳、中小转矩的轴的连接。为便于更换易损件弹性套，设计时应留一定的拆卸空间 B。

6)弹性柱销联轴器

如图 11-24 所示，弹性柱销联轴器利用弹性柱销，如尼龙柱销，将两半联轴器连接在一起，柱销形状一端为柱形，另一端制成腰鼓形，以增大角度位移的补偿能力。为防柱销脱落，柱销两端装有挡板。弹性柱销联轴器适用于启动及换向频繁，转矩较大的中、低速轴的连接。

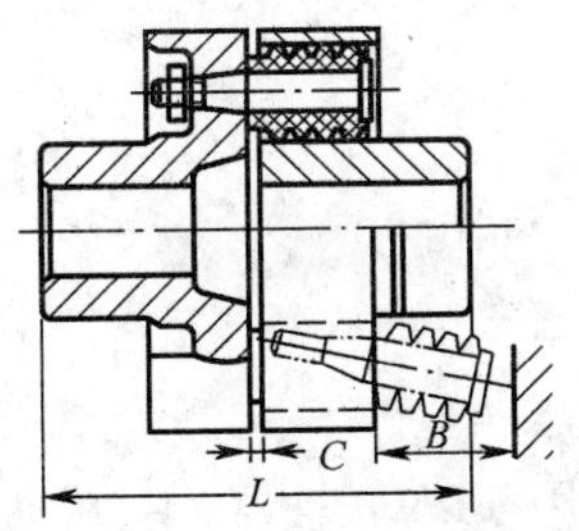

图 11-23　弹性套柱销联轴器

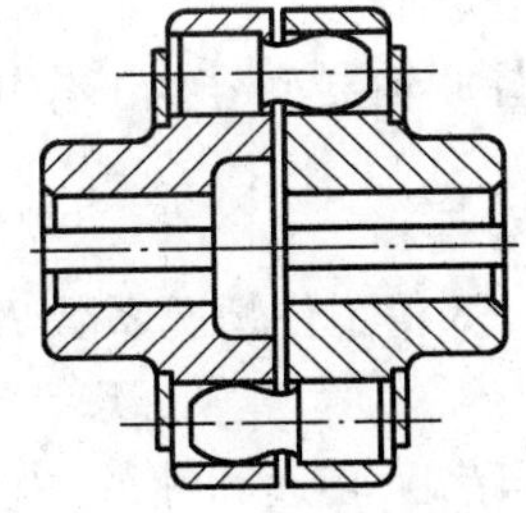

图 11-24　弹性柱销联轴器

2. 联轴器的选用

联轴器大多已标准化，选用时先根据工作条件确定合适的类型，再按转矩、轴径及转速选择联轴器的型号，必要时再校核其承载能力。

1)联轴器类型的选择

根据工作载荷的大小和性质、转速高低、两轴相对偏移的大小、装拆维护等方面的因素，结合各类联轴器的性能，选择合适的类型。例如，两轴的对中要求高，轴的刚度又大时，可选用套筒联轴器或凸缘联轴器；载荷不平稳，两轴对中困难，轴的刚度较差时，可选弹性柱销联轴器；两轴相交时，则选用万向联轴器等。

2)联轴器的型号选择

根据计算转矩、轴的直径和转速，从标准中选择联轴器的型号和相关尺寸。计算转矩按下式计算：

$$T_c = KT$$

式中：K 为工作情况系数(表 11-3)；T 为联轴器的工作转矩。

所选型号的联轴器应使计算转矩不超过联轴器的公称转矩 T_n，工作转速不超过许用转速$[n]$，联轴器的孔径、长度与相连接两轴的相关参数协调一致。联轴器轴孔和键槽形式见有关设计手册。

表 11-3　工作情况系数 K

原动机	工　作　机　械	K
电动机	带运输机、鼓风机、连续运转的金属切削机床	1.25～1.5
	链式运输机、刮板运输机、螺旋运输机、离心泵、木工机械	1.5～2.0
	往复运动的金属切削机床	1.5～2.0
	往复式泵、往复式压缩机、球磨机、破碎机、冲剪机	2.0～3.0
	起重机、升降机、轧钢机	3.0～4.0
涡轮机	发电机、离心泵、鼓风机	1.2～1.5
往复式发动机	发电机	1.5～2.0
	离心泵	3～4
	往复式工作机	4～5

例 11-1　功率 $P=30\text{kW}$，转速 $n=1470\text{r/min}$ 的电动起重机中，连接直径 $d=48\text{mm}$，长 $L=84\text{mm}$ 的电机轴，试选择联轴器的型号。

解：(1)选择联轴器类型。因起重机载荷不平稳，传递转矩也大，为缓冲和吸振，选择弹性套柱销联轴器。

(2)选择联轴器型号。工作转矩为

$$T = 9550 \cdot \frac{P}{n} = 9550 \times \frac{30}{1470} = 195\text{N} \cdot \text{m}$$

查表 11-3 得工作情况系数 $K=3.5$，得计算转矩为

$$T_c = KT = 3.5 \times 195 = 682.5\text{N} \cdot \text{m}$$

按计算转矩、转速和轴径，由 GB/T 4323—84 中选用 TL8 联轴器，主、从动端均为 J1 型轴孔，A 型键槽，标记为：TL8 联轴器 48×112　GB/T 4323—84。查得有关数据：额定转矩 $T_n=710\text{N}\cdot\text{m}$，许用转速$[n]=2400\text{r/min}$，轴径 45mm～55mm。

满足 $T_c \leqslant T_n$、$n \leqslant [n]$，适用。

11.4.2　离合器

1. 离合器的功用和分类

离合器可根据需要方便地使两轴接合或分离，以满足机器变速、换向、空载启动、过载保护等方面的要求。

对离合器的基本要求是:接合平稳,分离迅速;工作可靠,操纵灵活、省力;调节和维护方便。按控制方法的不同,可分为操纵离合器、自动离合器两大类。

2. 常用离合器的结构和特点

1)牙嵌式离合器

如图 11-25 所示,牙嵌式离合器由两个端面上有牙的半离合器 1、2 组成,一个半离合器固定在主动轴上,另一个半离合器用导键或花键与从动轴连接,并通过操纵机构使其作轴向移动,从而起到离合作用。为了对中,在主动轴的半离合器上固定有对中环 3,从动轴可在对中环中自由转动。离合器的操纵可以通过手动杠杆、液压、气动或电磁的吸力等方式进行。牙嵌式离合器的牙形如图 11-26 所示。三角形牙易接合,强度低,用于传递小转矩的低速离合器;梯形牙(图 11-26(a))强度高,牙磨损后能自动补偿,冲击小,应用广;锯齿形牙(图 11-26(b))能传递较大转矩,但仅能单向工作;矩形牙(图 11-26(c))不易接合和分离,接合时冲击较大,牙的强度低,磨损后无法补偿,故仅用于低速传动。

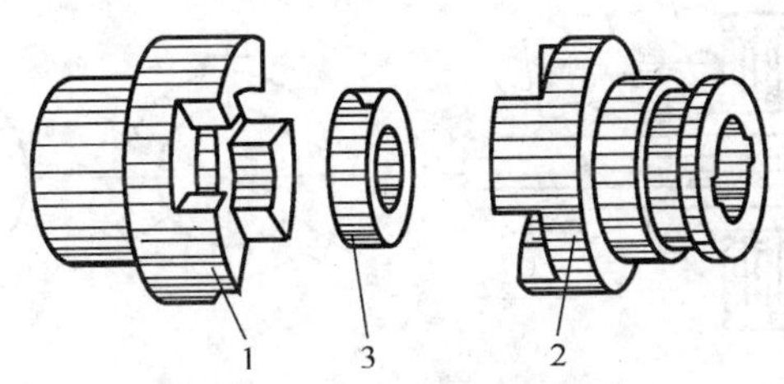

图 11-25　牙嵌式离合器

牙嵌式离合器的牙数一般取 3～60。

2)摩擦离合器

摩擦离合器依靠摩擦盘接触面间产生的摩擦力来传递转矩。按结构形式不同,可分为圆盘式、圆锥式、块式、带式等类型。与牙嵌式离合器相比较,它的传动平稳,连接不受转速的限制,可以保护机械不致因过载而损坏,应用广泛。

圆盘式摩擦离合器又分为单片式和多片式两种,如图 11-27 所示,单片式摩擦离合器由摩擦圆盘 1、2 和滑环 4 组成。圆盘 1 与主动轴连接,圆盘 2 通过导向键 3 与从动轴连接并可在轴上移动。操纵滑环 4 可使两圆盘接合或分离。轴向力使两摩擦盘压紧时,主动轴上的转矩就通过两盘接触面上的摩擦力传到了从动轴上。单片式摩擦离合器结构简单,但能传递的转矩小,径向尺寸大。

图 11-28 所示多片式摩擦离合器由内摩擦片组 3 和外摩擦片组 2 组成。外摩擦片靠外齿与外毂 1 上的凹槽构成类似花键的连接,外毂 1 用平键固连在主动轴 Ⅰ 上。内摩擦片靠内齿与内毂 4 上的凹槽构成动连接,内毂用平键或花键与从动轴 Ⅱ 连接。借助操纵机构向左移动锥套 6,使压板 5 压紧交替放置的内外摩擦片使两轴结合;当锥套向右移动时,压紧力消失,两轴分离。

多片式摩擦离合器由于摩擦面多,故传递转矩大,径向尺寸小。但散热不好,结构较为复杂。

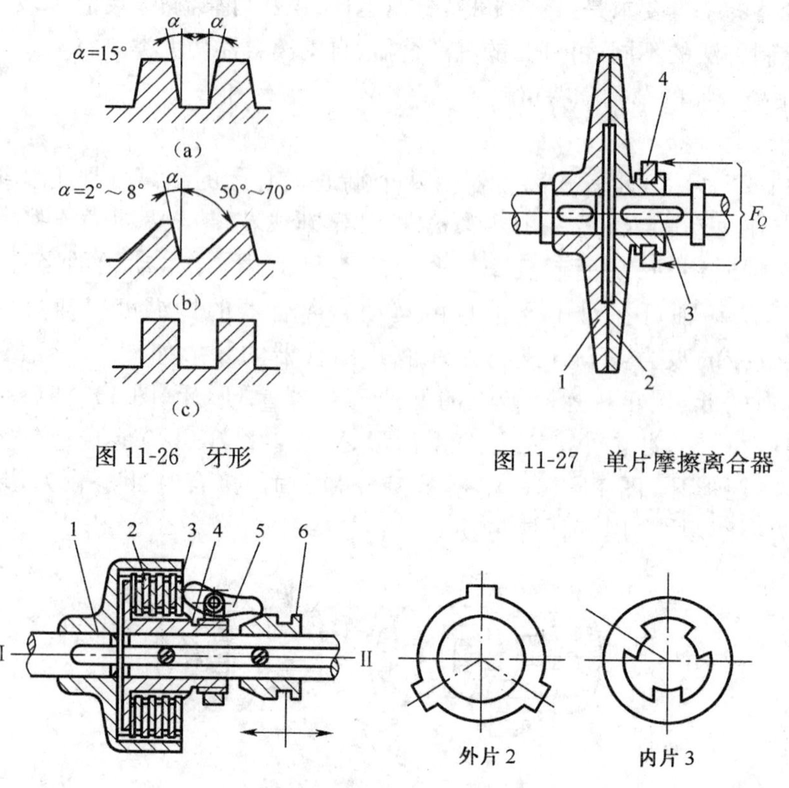

图 11-26　牙形

图 11-27　单片摩擦离合器

图 11-28　多片圆盘摩擦离合器

3)超越离合器

超越离合器又称为定向离合器，是一种自动离合器。如图 11-29 所示，超越离合器的星轮 1 与主动轴相连，并顺时针回转，滚柱 3 受摩擦力作用滚向狭窄部位被楔紧，外圈 2 随星轮 1 同向回转，离合器接合。星轮 1 逆时针回转时，滚柱 3 滚向宽敞部位，外圈 2 不与星轮同转，离合器自动分离，因而超越离合器只能传递单向的转矩。若外圈和星轮分别作顺时针同向回转，则当外圈转速高于星轮转速时，离合器为分离状态，外圈和星轮各以自己的转速旋转，互不相干。当外圈转速低于星轮转速时，则离合器接合。外圈和星轮均可作为主动件，但无论哪一个是主动件，当从动件转速超过主动件时，从动件均不可能反

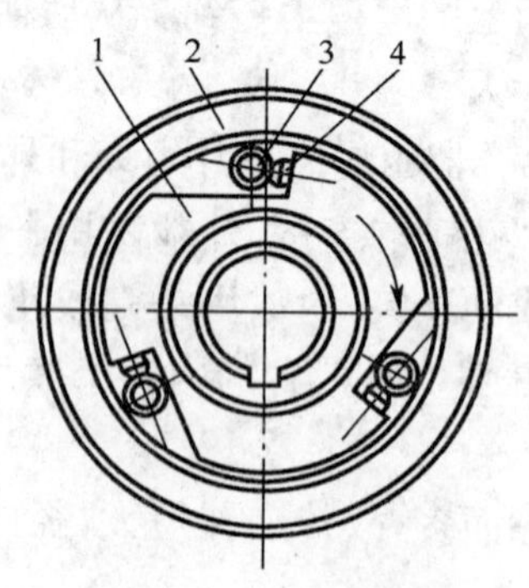

图 11-29　超越离合器

过来驱动主动件。这种特性称为超越作用。自行车后轮上的飞轮就是利用该原理做成的，使自行车下坡或脚不蹬踏时，链轮不转，轮毂由于惯性仍按原转向转动。

滚柱一般为3个～8个。超越离合器尺寸小，接合和分离平稳，可用于高速传动。

习 题

11-1 普通螺纹为何广泛应用于螺纹连接?

11-2 紧定螺钉连接在装配时，螺钉受什么力?

11-3 螺纹连接预紧的作用是什么？为什么对重要连接要控制预紧力?

11-4 铰制孔用螺栓连接装配时，为何不能将螺母拧得很紧?

11-5 已知汽缸的工作压力在0～0.5MPa之间变化。汽缸内径$D=500$mm，汽缸盖螺栓数目为16，试计算汽缸盖螺栓直径。

11-6 简述提高螺纹连接强度的四种措施。

11-7 举二种常用螺纹连接的类型，并分别说明应用场合。

11-8 螺纹连接中摩擦防松、机械防松装置各有哪几种?（各举出二例）。

11-9 图11-30所示支承杆用三个M12铰制孔螺栓连接在机架上（铰孔直径$d_0=13$mm），若螺杆与孔壁的挤压强度足够，试求作用于该悬壁梁的最大作用力F（不考虑构件本身的强度，螺栓材料的屈服极限$\sigma_s=600$MPa，取剪切安全系数$n_r=2.5$）。

11-10 图11-31所示凸缘联轴器用六个普通螺栓连接，螺栓分布在$D=100$mm的圆周上，接合面摩擦系数$f=0.16$，防滑系数$K_s=1.2$，若联轴器传递扭矩为150N·m，试求螺栓螺纹小径（螺栓$[\sigma]=120$MPa）。

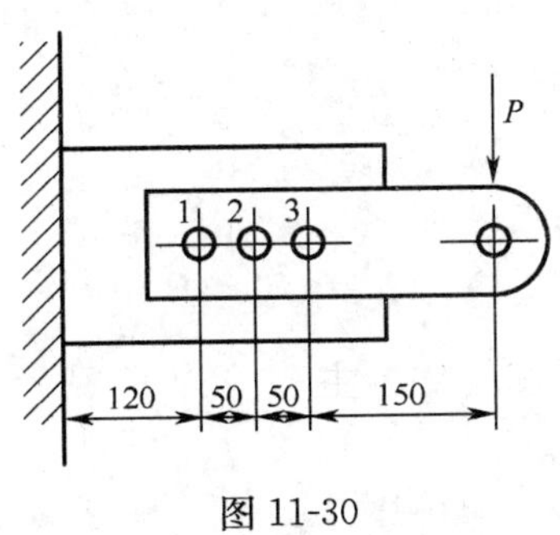

图 11-30

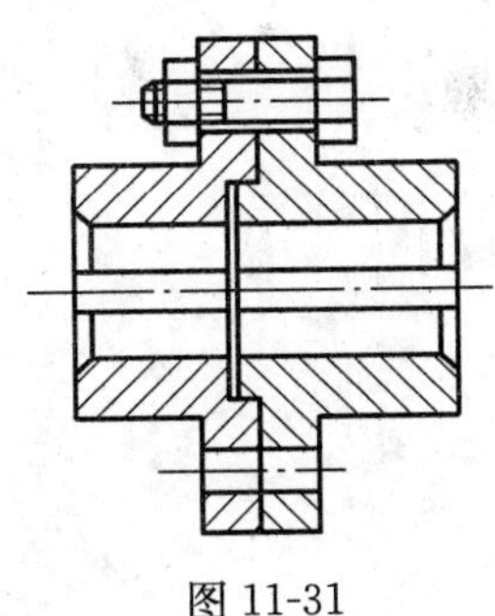
图 11-31

11-11 简述平键连接的可能失效形式?

11-12 渐开线花键的定心方式有哪些?

11-13 花键连接与平键连接相比，有哪些特点?

11-14 弹性套柱销联轴器为什么可以吸振?

11-15 三角形齿牙嵌式离合器为什么多用于传递小转矩?

11-16 安全离合器具有过载保护的原理是什么?

参 考 文 献

[1]杨可桢,程光蕴．机械设计基础．第 4 版．北京:高等教育出版社,2003.
[2]张绍甫,吴善员．机械基础．北京:高等教育出版社,1999.
[3]黄华梁,彭文生．机械设计基础．第 3 版．北京:高等教育出版社,2001.
[4]银金光,王洪．机械设计基础．北京:科学出版社,2005.
[5]曲玉峰,关晓平．机械设计基础．北京:中国林业出版社,北京大学出版社,2006.
[6]邓昭铭,张莹．机械设计基础．第 2 版．北京:高等教育出版社,2005.
[7]陈立德．机械设计基础．北京:高等教育出版社,2004.
[8]赵祥．机械基础．北京:高等教育出版社,2001.
[9]郭仁生．机械设计基础．北京:清华大学出版社,2001.
[10]杨可桢．机械设计基础．北京:高等教育出版社,2001.
[11]黄劲枝．机械设计基础．北京:机械工业出版社,2001.